全国农学专业学位研究生教育指导委员会规划教材

现代渔业发展概论

陈新军　主编

科学出版社

北京

内 容 简 介

现代渔业发展是渔业发展领域综合知识课程，也是渔业发展领域农业硕士的主干必修课程。通过本课程的学习，使学生理解渔业产业特点和可持续发展的指导思想，渔业资源养护和管理的原理；了解渔业资源的基本情况和世界渔业发展的趋势；掌握中国渔业发展历史、资源现状及现行政策与措施；了解对渔业各产业具有重大影响的科技成果及发展趋势。

本书可供海洋渔业相关专业的高年级本科生、研究生作为教材使用，也可供水产与海洋相关工作人员参考使用。

图书在版编目(CIP)数据

现代渔业发展概论/ 陈新军主编. —北京：科学出版社，2020.5

全国农学专业学位研究生教育指导委员会规划教材

ISBN 978-7-03-064772-6

Ⅰ. 现… Ⅱ. ①陈… Ⅲ. ①渔业—高等学校—教材 Ⅳ. ①S9

中国版本图书馆CIP数据核字(2020)第055514号

责任编辑：陈 露 / 责任校对：谭宏宇
责任印制：黄晓鸣 / 封面设计：殷 靓

科学出版社 出版

北京东黄城根北街16号
邮政编码：100717
http://www.sciencep.com

南京展望文化发展有限公司排版

江苏省句容市排印厂印刷

科学出版社发行 各地新华书店经销

*

2020年5月第 一 版 开本：787×1092 1/16
2020年5月第一次印刷 印张：16 3/4
字数：380 000

定价：80.00元

(如有印装质量问题，我社负责调换)

《现代渔业发展概论》编委会

主　　编　陈新军

编　　委　（按姓氏笔画排序）

马旭洲　汪之和　宋利明　陈新军

前言

现代渔业发展是渔业发展领域的综合知识课程，是渔业发展领域农业硕士的主干必修课程。通过该课程的学习，使学生理解和掌握渔业产业特点和可持续发展的指导思想，渔业资源养护和管理的原理；了解渔业资源的基本情况和世界渔业发展的趋势；掌握中国渔业发展历史、资源现状及现行政策与措施；了解对渔业各产业具有重大影响的科技成果及发展趋势，从而为今后从事渔业的科学研究和管理工作打下基础。

本教材共7章。第一章为绪论，重点介绍渔业定义与特征，渔业的学科体系，以及渔业在国民经济和社会中的作用与意义。第二章为渔业资源、环境与发展，重点介绍人口、自然资源与环境，渔业环境与渔业资源的可持续利用，描述经济增长与渔业发展的关系，介绍现代渔业经济发展方式及渔业在现代社会的作用。第三章为世界渔业，重点介绍世界渔业发展现状，世界渔业生产的演变与结构变化，世界海洋捕捞业、水产养殖业、水产加工利用业、现代休闲渔业等发展现状及发展趋势，介绍国际渔业管理和世界渔业的现状与趋势。第四章为中国渔业，重点介绍中国渔业在国民经济中的地位和作用、在世界渔业中的地位，中国渔业资源与自然环境，以及中国渔业的发展历程与趋势。第五章为主要渔业学科概述，概述介绍捕捞学、渔业资源学、水产增养殖学、水产品加工利用、渔业信息技术、渔业经济学等内容。第六章为渔业蓝色增长与可持续发展，重点描述可持续发展基本理论、渔业资源可持续利用基本理论、渔业可持续发展的国际行动及碳汇渔业。第七章为全球环境变化与现代渔业，主要介绍现代渔业发展面临的全球环境问题，以及全球气候、环境变化对海洋渔业、水产养殖业的影响，探讨气候变化影响渔业供给的粮食安全问题。在本教材中，重点内容是第三章世界渔业、第五章主要渔业学科概述、第六章渔业蓝色增长与可持续发展、第七章全球环境变化与现代渔业。在教材的编写过程中，力求把国内外最新的研究成果补充到新的教材中，力图与国际接轨以适应专业发展的需要，但因篇幅和参考资料的局限，以及编写人员的水平有限，教材中可能有不当之处，恳请读者指正。

本课程是水产类渔业发展领域农业硕士的主干必修课程，是为从事渔业或与渔业相关工作的人们所开设的一门导论性课程。该课程可作为全国水产高等院校的全校任选课程，同时也可作为海洋科学与技术、海洋管理、海洋科学、海洋资源、渔业经济、经济管理等专业的限选课程。

本教材的总体框架由上海海洋大学陈新军教授提出，并由第四届全国农业专业学位研究生教育指导委员会渔业发展领域分委员会审定通过。

编　者

2019 年 12 月 18 日

目　录

第一章　绪　论

第一节　渔业定义与特征

一、渔业的定义与分类

1. 渔业的定义

在中国、日本、韩国等亚洲国家和地区，习惯将渔业称为水产业。按《中国农业百科全书》定义，“水产业”是指“人们利用水域中生物机制的物质转化功能，通过捕捞、增养殖和加工，以取得水产品的社会产业部门。在我国，广义的水产业还包括渔船修造、渔具和渔用仪器装备的设计制造、渔港建筑和规划、渔需物资供应，以及水产品的保鲜加工、储藏、运销、培育、收获、加工水生生物资源的产业”。按《水产辞典》定义，“渔业”是指“以栖息、繁殖在海洋和内陆水域中的水产经济动植物为开发对象，进行合理采捕、人工增养殖，以及加工利用的综合性产业”。在本文中，渔业（水产业）是以栖息、繁殖在海洋和内陆水域中的水产经济动植物为开发对象，进行合理采捕、人工增殖和养殖，以及水产品储藏与加工利用等的生产事业。

但是，在欧洲等西方国家和地区，习惯上，渔业是指捕捞业和水产品加工业，将捕捞、加工、储藏和运销等产业链作为一个完整的产业对待，是指从开发利用自然资源——捕获水生生物，并以终端消费者为服务目标的产业组合，所以用“fishing industry”表述。同时，将水产养殖看成农业的副业，没有专门列为产业。长期以来，联合国粮食及农业组织（FAO）设置的渔业委员会（Committee on Fisheries，COFI），主要关注和协调各国与捕捞有关的活动。因此，习惯上在提及“海洋渔业”时，往往指海洋捕捞生产，以及相关的水产品加工业，而海水养殖并不包括在内。直到20世纪末，全球水产养殖业迅速发展，产量和产值不断上升，水产养殖产品对人类社会的蛋白质贡献和经济贡献越来越大，COFI于2000年设立水产养殖分委员会（Committee on Aquaculture-COFI/FAO）。近几十年来，近海的海水网箱养殖迅速发展，产量大幅度增加，在海洋渔业中所占比重增加，品种包括传统的捕捞对象，引起了广泛的重视。因此，国际社会习惯以“fishery and aquaculture”（渔业与水产养殖）来表述。

2. 渔业的分类

渔业是国民经济组成部分之一。随着海洋和内陆水域渔业资源开发规模的扩大、人口的增加，水产品不仅已成为人们动物性蛋白质食物的重要来源之一，还为化工、医药等工业提供原料,为畜牧业提供饲料。

按我国的习惯和行政管理的结构划分,渔业可以分为水产捕捞业、水产增养殖业、水产品储藏与加工业。① 水产捕捞业:在海洋和内陆水域中捕捞自然生长的经济动物的生产事业,包括海洋捕捞业和内陆水域捕捞业。水产捕捞业是世界渔业的主要组成部分,20 世纪 50 年代其产量占世界水产总产量的 95%,到 21 世纪初仍约占 70%。随着水产养殖产量的不断上升,2013 年水产捕捞产量占世界水产总产量的比重下降到 50%左右,并继续下降。② 水产增养殖业:在适宜的内陆水域、浅海和滩涂对水产经济动植物进行人工繁殖,并对其进行饲养,以及人工放流和增殖的生产事业。前者通过人工饲养的称为水产养殖业,后者通过自然繁殖的称为水产增殖业。按水域划分又可将其分为内陆水域增养殖和海水增养殖。前者是利用池塘、湖泊、水库、稻田、江河等水域,增养殖鱼、虾、蟹、鳖等。后者则是利用浅海、滩涂、港湾等水域,增养殖贝类、鱼、虾、蟹等,以及栽培海藻类。20 世纪 50 年代水产养殖产量不及世界水产总产量的 5%,到 2013 年占比为 50.9%,超过了水产捕捞产量,并继续增加。③ 水产品储藏与加工业:由水产食品储藏、加工与水产品综合加工利用组成的生产事业。前者从事水产品的冷冻、冷藏、腌制、干制、熏制、罐头食品,以及各种生熟小包装食品的储藏和加工生产。后者从事饲料鱼粉、鱼油、鱼肝油、多烯脂肪酸制剂、藻胶、碘等各种医药化工产品的生产。对于促进捕捞与养殖产品的流通上市、提高水产品食用价值和有效利用率,起着关键性的作用。

此外,还有栽培渔业、休闲渔业、都市渔业。① 栽培渔业:也称“海水增殖业”,在适宜的海域,采用类似农业和畜牧业生产方式进行生产的海洋渔业,运用现代科学技术与装备,采用人工孵化、育苗、放流、人工鱼礁等技术,栽培海藻,增殖和养殖鱼、蟹、虾、贝类等,是海洋捕捞业和海水养殖业相结合的海洋生物资源开发、利用和管理的新系统。对水产资源的繁殖保护、提高水域生产力、保持生态平衡有重要意义。② 休闲渔业:以旅游、垂钓、娱乐、餐饮、健身、度假等休闲产业为基础,形成集旅游观光、休闲娱乐、渔业活动于一体的新型产业。实现了以第一、第二、第三产业结构互动,提高渔业的社会、生态和经济效益,以满足人们日益增长的精神文化需求。在美国、日本和欧洲等国家,娱乐性游钓渔业十分发达,近年来,我国的休闲渔业也迅速发展,成为渔业的重要组成部分。③ 都市渔业:利用大城市经济、文化、科学和技术等优势,发展以满足大城市消费者为主要目的的集约化渔业的生产事业,是传统渔业的升级和扩展,也是都市农业的组成部分,是具有城郊特色、都市特殊服务功能的现代渔业模式,包括集约化水产养殖业、生态渔业、创汇渔业等。

按作业水域划分,渔业可分为海洋渔业(marine fishery)和内陆水域渔业(inland fishery)。① 海洋渔业:可分为沿岸渔业(coastal fishery)、近海渔业(inshore fishery)、外海渔业(off shore fishery)和远洋渔业(deep sea fishery),而远洋渔业可分为过洋渔业(distant water fishery)和公海渔业(high seas fishery),公海渔业也称为大洋渔业(oceanic fishery)。同时,海洋渔业也可分为海水增养殖业和海洋捕捞业两部分,前者又可以分为海水资源增殖业和海水养殖业，后者指从事可持续开发和合理利用海洋渔业资源的生产事业，按作业海域划分为沿岸捕捞业、近海捕捞业和远洋捕捞业。广义的现代海洋渔业还包括渔产品的储藏、加工、运销和贸易等。② 内陆水域渔业：利用内陆水域的池塘、湖泊、水库、江湖和水田等从事渔业的生产事业，可分为淡水渔业和水库渔业。同时，它也可分为内陆水域增养殖业和内陆水域捕捞业。尽管内陆水域不完全是淡水，有许多湖泊是咸水，但内陆渔业常常被俗称为淡水渔业(fresh water fishery)。

此外，海洋捕捞业也可分为商业性渔业(commercial fishery)和个体小型捕捞业(small scale fishery)或传统捕捞业(traditional fishery)。相对于商业化渔业，还存在一种生计渔业(subsistence fisheries)，生计渔业是指捕获的鱼虾主要供家庭成员消费，少量出售换取生活必需品，有时采用以货易货的方式维持赖以生活的渔业。国际社会对生计渔业渔民的渔业权益给予了特别的关注和保护。

习惯上，还有按水产种类、作业方法或水域等对渔业进行分类和命名，如鱿钓渔业、金枪鱼渔业、拖网渔业、围网渔业和定置网渔业。

二、渔业资源的自然特点

渔业资源(fishery resources)也称"水产资源"，是指天然水域中，具有开发利用价值的经济动植物种类和数量的总称，也指天然水域中蕴藏并具有开发利用价值的各种经济动植物种类和数量的总称，主要有鱼类、甲壳类、软体动物、海兽类和藻类等。渔业资源是发展水产业的物质基础和人类食物的重要来源之一。渔业资源状况随着自身生物学特性、栖息环境条件的变化和人类开发利用的状况而变动，具有以下主要特征。

1. 可再生性

渔业资源是能自行增殖的生物资源。生物个体或种群的繁殖、发育、生长和新老替代，使资源不断更新，种群不断获得补充，并通过一定的自我调节能力达到数量上的相对稳定。人工养殖和增殖放流等也可保持或恢复资源的数量。但是，滥渔酷捕或环境变迁，造成渔业资源的生态平衡被破坏，补充的群体不足以替代死亡的数量，则会导致资源的衰竭和灭绝。

2. 流动性

大多数水产动物为了索饵、生殖、越冬等，而具有洄游的习性，如溯河产卵的大麻哈鱼、降河产卵的鳗鲡，以及大洋性洄游的金枪鱼，季节性洄游的大、小黄鱼和带鱼等。有许多种群会洄游和栖息在多个地区或国家管辖的水域内。因此，渔业资源的流动性会导致对该资源难以明确其归属和所有权，事实上，会出现"谁捕捞获得，谁就拥有"的情况，也就是对公共资源"占有就是所有"，这就是渔业资源的共享性，即经济学上的外部性。这些特性会造成渔业管理上的特殊性和困难，开发利用中对渔业资源的掠夺和浪费，以及为了优先占有而对开发能力的过度投资。鱼类的资源流动性往往会导致管理成本的增加，以及管理难度的加大，是一种特殊的共享公共资源。

3. 波动性

渔业资源是生活在水环境中的生物资源，直接受到水环境的影响，因此，地球气候和海洋环境的周期性变动会造成渔业资源种群数量上的波动，例如东南太平洋秘鲁鳀(*Engraulis rigens*)、西南大西洋阿根廷滑柔鱼(*Illex argentinus*)等。在生物自身繁殖和进化过程中，生态系统等各种因素的相互影响和不稳定性会造成其数量上的波动。人类活动和捕捞生产，也会对渔业资源的数量下降和结构改变产生重大影响。因此，合理开发利用渔业资源是实现渔业和人类赖以生存的生态环境可持续发展的重要工作。

4. 隐蔽性

鱼、虾、贝、藻等渔业资源栖息在水中，分布的环境有水草茂密的小溪、湖泊，或是风浪多变的海洋，而且不时地到处游动，因此，难以对其进行统计。渔业资源的隐蔽性会导致在评估渔业资源和探寻渔场方面的困难，在确定种群的数量和栖息地等方面都具有很大的不确定性，从而给资源管理和可持续利用增加了很大的难度。

5. 种类繁多

渔业资源种类繁多，主要种类有鱼类、甲壳动物类、软体动物类、海兽类和藻类。① 鱼类是渔业资源中数量最大的类群。全世界约有 21 700 种。主要捕捞的鱼类仅 100 多种。按水域划分，可将其分为海洋渔业资源和内陆水域渔业资源。中国鱼类种类有 3 000 种，其中海洋鱼类约占 2/3。② 甲壳动物类主要有虾、蟹两大类。虾有 3 000 多种，主要生存在海洋中。③ 软体动物类约有 10 万种，一半生活在海洋中，是海洋动物中最大的门类。例如，头足类的柔鱼、乌贼，双壳类的牡蛎、贻贝等。④ 海兽类又称为海洋哺乳动物，包括鲸类、海豹、海獭、儒艮、海牛等，大多数被列为重点保护对象。⑤ 藻类植物有 2 100 属，27 000 种，分布极广，不仅存在于江河湖海中，还能在短暂积水或潮湿的地方生长。属于渔业资源的藻类主要有浮游藻和底栖藻，包括紫菜、海带、硅藻等。

三、渔业产业的特点

1. 因自然特征而具有的特点

(1) 季节性

渔业生产的对象是水中的生物，所以其具有明显的季节性。对生产组织最具有影响的因素是较长的生产周期和集中而短暂的收获期或鱼汛。这种显著的季节性，加上水产品的易腐性，就要求生产者具有较大的水产品集中加工能力和储藏能力，以便于及时处理，产品均衡上市。但是，市场均衡供应与需求和鱼类集中收获之间存在矛盾，旺汛期间会造成短期内供应过剩、市场价格偏低、渔获物浪费的现象。因此，水产品的季节性对水产品加工储藏能力、产业的组合和功能都提出了特殊的要求，如何优化组织提高整体效益和效率，是水产品产业链所面临的挑战。

(2) 地域性

地域性是生物物种共有的特点。不同的水域、不同的水层栖息了不同的物种；即使是同一物种，也会因水域环境的不同而具有不同的品质和风味，形成以地域为标记的特产。水产品的地域性特点明显，与其他农产品相比，消费者对水产品品种的需求多样化，并且对水产品的产地和品种尤为关注。产地往往与水产品的品牌密切相关，使产品具有地理标志，如阳澄湖大闸蟹。因此，水产品的地域性和人们对产地的关注，是渔业产业发展和管理中需要注意的方面。此外，从资源保护和养护管理的角度，为了对某水域的渔业资源进行保护和加强监督管理，国际渔业管理组织提出了水产品需要附带产地证书和有关生物标签的要求。

（3）共享性

鱼类等水生生物资源在水域中活动和洄游，甚至跨越大洋和国界，这种流动性造成了渔业资源具有公共资源的特点。由于它的流动或跨界，对该资源所有权难以明晰，容易造成掠夺性捕捞。因此，在渔业资源管理上，为了实现渔业资源的可持续利用和渔业的可持续发展，要求利用该资源的各方进行合作，包括国家之间的合作和协调。例如，位于东海的中日共管水域的渔业，也就是目前国际上提倡的负责任渔业。但是共享性和所有权的不明晰会使开发者对资源谋求优先占有从而争夺资源，因此，该产业具有强烈的排他性。同时，对渔业资源信息的掌握和对资源的控制成为其核心竞争力。

（4）产品易腐性

水产品具有易腐性的特点，如果渔获物腐败变质，就会完全失去财富的效用和使用价值，即使没有腐败变质，若渔获物的鲜度下降，则水产品利用效果也会大幅度降低。因此，在无保鲜措施的时代，作业海域和水产品流通范围受到了很大的限制，捕捞生产只能局限在沿岸海域，水产品的消费也局限在沿海地区。随着冷冻技术的发展，促进了作业渔场的远洋化、流通的广域化以及加工原料的大量贮藏，为海洋渔业的大发展创造了条件，从而促进了近海和远洋渔业资源的大规模开发和利用。

水产品的质量与所采取的保存手段和技术有密切关系。与其他产品相比，渔业产品对生产技术、储存和物流管理都提出了特殊的要求。水产品主要作为食品消费，所以产品的安全性需要得到保证。该安全性表现在：不能采用传统的产品质量抽样检查的管理办法，而是要求所有的产品都可靠，符合质量标准。因此，要求对产业链的所有环节进行质量监督管理，建立完整的记录，实现具有可追溯性的生产管理体制，所以又称为档案渔业。从原料、渔获，直到消费者终端的整个产业链，每个环节都需要采用必要的保鲜、保活或冷冻冷藏等技术措施。然而，鱼、虾等水生生物的多样性使水产品的加工保存要求等因品种而异，对技术措施提出差异很大的需求。例如，供生食的金枪鱼就需要一旦被捕获，立即在船上进行处理，并迅速冷冻到−60℃。有些产品却要求保持鲜活状态。此外，产品的易腐性也影响了水产品的销售方式。例如，在批发拍卖水产品时，采用反向的、由高价向低价的降价竞拍方式，以保证水产品较快地被销售，避免流拍。

2. 其他产业特点

(1) 渔业是与"资源、环境、食品安全"密切相关的产业

众所周知,"资源、环境、食品安全"是当今世界热点问题,受到了各国领导的关注,举行了许多高峰会议和国际性讨论会,对社会发展提出了可持续发展的指导原则。可持续发展,资源、环境协调发展,以及保证人类食品安全等议题,均是渔业发展的关键性问题,因此,国际渔业界,包括政府、科学家和企业,通过协商,制订了一系列渔业管理国际协定,并通过加强区域性国际渔业组织的作用来落实对渔业的管理。在我国,虽然渔业在人们的心目中地位不高,但是,由于渔业与资源、环境、食品安全密切相关,渔业的任何活动都受到全社会的密切关注和监督。

(2) 效益的综合性

渔业的效益需用经济效益、生态效益和社会效益来综合衡量。除了与其他产业相同的要追求经济效益以外,渔业还必须注重生态效益和社会效益。渔业生产的对象是一种可再生的生物资源,如果注意渔业资源的养护,则可以实现可持续发展。如果一味强调经济效益,竭泽而渔,必将导致渔业资源加速衰竭,以产业崩溃告终。因此,注重生态效益是符合渔业可再生生物学特点的实践,当然,这也需要以一定的经济效益为代价。

此外,鱼类等水生生物是人类食物,是优质蛋白质的重要来源。在有些地区,水产品是民众的重要食品和生活来源。渔业还提供了就业岗位,渔村和渔港往往是经济活动的聚集地。因此,渔业发展关系到民生问题,渔业发展的社会效益是需要关注的重要问题。通过实行捕捞的准入制度和保障养殖水域的使用权,促进渔业地区协调发展,以及保护渔民的生产专属权利。从产业管理来看,渔业的产业链很长,从对自然资源的直接收获、人工养育,一直到加工利用、储藏运销等,所有环节都对综合效益有直接影响,因此,要特别注意产业链各环节之间的配合和优化,以提高综合效益。

(3) 产业的后发性

渔业涉及的产业和技术类型非常广,如捕捞生产,它与工程、环境、气象、生物、造船、电子仪器、通信信息、机械装备、合成纤维材料、加工利用、冷冻冷藏等密切相关,对这些领域的技术发展有很大的依赖性。如果没有造船工业、机械工程和电子工业的支持,就不可能发展远洋渔业。又如,超声波探测仪、船舶、液压机械、人造合成纤维等大大提高了捕捞作业的效率。渔业的发展紧密依靠其他行业的发展而发展的特点被称为"后发性"。针对渔业产业的后发性特点,需要特别注意将新的科技成果主动地应用到渔业中,这是渔业发展的重要推动力。

(4) 产业的外部性

外部性是指一个人或一群人的行动和决策使另一个人或一群人受损或受益的情况,可分为正外部性(positive externality)和负外部性(negative externality)。在渔业资源开发利用过程中,通常表现为负外部性。人类在开发利用渔业资源时,由于没有支付

自然资源的成本或资源租金,生产成本相对降低,往往“占有就是所有”,因此,往往是形成对渔业资源进行掠夺式开发,这些掠夺性的开发对渔业资源产生了极大的负外部性,导致渔业资源衰退甚至枯竭。我国的水产养殖业对农民致富发挥了重要作用,成为实现小康的重要途径,因此,近几十年来发展较快,取得了良好的经济效益。但是,水产养殖业的过度发展也给环境和生态带来了沉重的压力,产生了外部性,对自身的可持续发展问题提出了挑战。

(5) 产业的不稳定性

渔业生产的对象是鱼类等水生生物,它们自身的变化和数量上的波动会造成产业的不稳定。环境气候的变化也会导致栖息地变迁和资源的波动,生产状况有很大差异。迄今为止,渔业对自然界的依赖度仍然很大,该产业在生产规模、计划和经济效益等方面具有较大的不稳定性和较大的风险性,同时渔业投资具有较大的风险,规避风险和降低投机性成为渔业企业需要特别关注的事项。

(6) 渔业是一项系统工程,需要进行综合管理

渔业生产的产业链长,渔业活动涉及的部门多,在行政管理上,除了渔业主管部门以外,还涉及管理资源、环境、湿地、海洋湖沼、食品、船舶、海港、市场、贸易、外交等部门,近海渔业还涉及水利、港湾、渔业、海洋、军事等部门,所以政府部门间的协调和配合就成为重要的环节。此外,渔业的效益应考虑经济、资源、社会 3 个方面的协调。渔业的外部性使渔业成为一种“进入容易、退出难”的行业,往往聚集了弱势群体,加上历史和社会原因,渔业从业者受教育程度不高,文化和生活习惯具有特殊性,在进行渔业产业结构调整时,劳动力的转移空间较小、调整难度较大。因此,对渔业的调整不能仅仅依靠渔业自身的力量,还需要全社会支持。渔业不能单纯地作为一个产业而受到管理,政府各部门也需要对其进行相关协调,渔业得到综合管理,才能实现可持续发展。

(7) 消费者对水产品需求的多样性和习惯

我国人民具有消费鲜活水产品的习惯,相比于其他农畜产品,消费者更关注水产品的品种、产地、生产的季节等,具有强烈的地域特征。另外,消费习惯随时代改变,新一代的消费趋势会有较大改变。可以预料人类对加工成品或半成品的需求会逐步上升,会成为日常消费的主流。

3. 产业发展的趋势

(1) 产业结构转型

目前全球渔业处于历史性产业转型期。在过去的 30 年中,全球的渔业产量主要来自捕捞业,但是,在 20 世纪的最后十几年中,水产养殖业的迅速发展、标志着渔业的产业结构开始由“猎捕型”的捕捞业向“农耕型”牧场渔业的转变。大型海洋网箱养殖工程和陆基养殖工程的出现是 21 世纪现代渔业的标志。

(2) 实现工程化管理

现代渔业的发展方向是以科技为支撑,实现工程化。工程化主要体现在生产过程

和产品的标准化方面，贯彻质量第一和效率第一的原则。而标准化的基础是生产过程的定量控制，即数字化。同时，工程化还体现在产品质量的保证和食品安全，以及可追溯性上。

（3）注重综合效益

注重综合效益主要表现在渔业产业链延伸，提升综合效益方面。例如，休闲渔业的发展将物质生产与文化休闲、社区发展等结合。又如，水产品不仅是人类的重要食品，而且还是重要的工业原料，通过对其进行综合利用和深加工，尤其是通过海洋药物开发、生物燃料和生物质生产，提高产业的综合经济效益。再如，远洋渔业是一种资源性产业，不仅为社会提供高品质蛋白质和食品安全保障，而且还促进了就业和国际贸易，更是一个国家和地区的海洋权益体现，因此，渔业具有重要的经济效益、生态效益、社会效益。

第二节　渔业的学科体系

渔业学科也称“水产学”或者“水产科学”，是研究水产资源的可持续开发利用规律的综合性应用学科。其主要研究水产经济动植物的生长繁衍、分布、数量变动，采捕和增养殖，水产品储藏与加工等理论与技术，以及有关水产生产工具和设施的设计与应用，生产的经营与管理，影响生产的自然条件和人为因素，等等。其既具有农学属性，又具有工程、管理、经济、法学等学科性质。其分支学科为水产资源学、水产增养殖学、水产捕捞学、水产品储藏与加工工艺学、水产工程学、水产经济学和渔业管理学等。

一、水产资源学

水产资源学也称“渔业资源学科”，是水产学的分支学科之一，也是研究水产资源的生物学特征、群系及种群时空分布、移动和洄游、种群数量变动、种间关系、水产资源评估，以及与环境因子的关系等的应用性学科。其与水生生物学、鱼类学、水文学、气象学和数理统计学等学科的发展关系密切。其可为可持续开发利用水产资源、进行渔情预报、制订有关的渔业管理措施提供理论依据。其可分为水产资源生物学和水产资源评估学。

二、水产增养殖学

水产增养殖学是水产学的分支学科之一，是研究自然或人工水域中水产增殖与养殖的原理和技术，以及与水域生态环境相互作用等的应用性学科。其可以为扩大水产增殖和养殖的品种，以及提高其质量、提高增殖效果和养殖技术等提供依据。其可分为水产增殖学和水产养殖学。后者按研究内容可分为水产动物遗传育种学、水产经济动物营养与饲料学、藻类栽培学。

三、水产捕捞学

水产捕捞学也称“捕捞学”，是水产学的分支学科之一，是根据捕捞对象的种类、生活习性、分布洄游等，研究捕捞工具和技术、渔场形成机制和变迁规律的应用科学。其可以为可持续开发利用水产资源、发展水产捕捞业提供依据。其可分为研究捕捞工具设计、材料性能、装配工艺的渔具学，研究捕捞对象的鱼类行为学、捕捞方法的渔法学，研究捕捞场所形成机制的渔场学等。

四、水产品储藏与加工工艺学

水产品储藏与加工工艺学是水产学的分支学科之一，是研究水产品原料特性、保鲜与保活、储藏与加工、综合利用等原理及加工工艺的应用科学。其可以为提高水产品利用质量、食用价值、满足人们生活需求提供依据，可分为研究水产品原料特性的水产品原料学，研究水产生物的化学特性的水产食品化学，研究水产品储藏、加工和综合利用的水产品冷藏工艺学和水产品综合利用工艺学。

五、水产经济学

水产经济学也称“渔业经济学”，是水产学的分支学科之一，也是水产学与经济学的交叉学科，是研究水产生产、分配、交换和消费等经济关系和经济活动规律的应用科学。其可以为建立科学合理的水产经济体制、生产结构、可持续发展水产业的决策，并取得最佳投入和产出等提供依据。其可分为水产资源经济学、水产技术经济学、水产制度经济学。

六、水产工程学

水产工程学也称“渔业工程学”，是水产学的分支学科之一，也是水产学与工程学的交叉学科，是研究水产生产的有关设施、装备、测试仪器等特性、原理、规划与设计等的应用科学。其可分为渔业船舶工程学、渔港工程学、渔业机械工程学、水产养殖工程学、水产加工工程学、海洋生物工程学等。

七、渔业遥感学

渔业遥感学是海洋遥感与水产学的交叉学科，是利用海洋遥感卫星所获得的表温、水色、叶绿素、海面高度等数据，对渔业资源数量、分布和渔场等进行分析、评估和判断的一门学科，是渔业资源学、渔场学的研究手段和方法之一。因为海洋遥感在瞬时可同步获得大面积海洋的环境参数，及时反映海洋环境的分布特征，如锋区、涡流等，从而可以初步分析和判断出鱼类等水生经济动物的分布区域，提高侦察鱼群和探索渔场的能力。

八、渔业资源经济学

渔业资源经济学是水产学的分支学科之一，利用经济学的基本原理，研究在人类经济活动的需求与渔业资源的供给之间的矛盾过程中，渔业资源在当前和未来的优化配置及其实现规律的一门学科。其是应用经济学的一个重要分支，其研究对象是渔业资源和渔业资源经济问题。主要解决以下问题：一个社会在目前和将来如何分配它的渔业资源，如何在全体社会成员中分配由资源配置决策产生的效益，分析渔业资源在配置中存在的问题及其经济原因，提出用来解决这些问题的各种方案和政策工具，并对这些方案、政策的效益、成本及其对各方面的影响进行评价。

九、渔业法规

渔业法规概念中的“法规”指广义上的法规。简单地讲，渔业法规指有关渔业的法律规范的总和，即调整有关渔业的各种活动和关系的法律规范的统称。渔业生产活动主要在水域中进行，渔业捕捞生产具有很强的流动性，在海洋和邻接多国陆地领土的内陆水域中进行的渔业捕捞活动不可避免地会涉及国际海洋法等有关的国际法。因此，渔业法规在内涵上包括了属于国家法律体系范围内的国内渔业法规和国际渔业法规两大部分。

第三节　渔业在国民经济和社会中的作用

为应对当今世界最严峻的挑战之一，即在气候变化、经济和金融的不确定性，以及自然资源竞争日益激烈的背景下，到2050年如何养活90多亿人口，国际社会于2015年9月做出了承诺，由联合国各会员国通过了《2030年可持续发展议程》。在《2030年可持续发展议程》中，明确了渔业和水产养殖业对粮食安全和营养所做的贡献。

当陆上食物生产从捕猎/采集活动转变为农业活动几千年之后，水生食物生产也已从主要依赖野生水产品捕捞转变为养殖不断增多的水产品种。2014年是具有里程碑意义的一年，当时水产养殖业对人类水产品消费的贡献首次超过野生水产品捕捞业。按照《2030年可持续发展议程》设定的目标，满足人类对食用水产品不断增长的需求是一项紧迫任务，同时也是一项艰巨挑战。

从产业分类的角度看，水产业与农业、林业、矿业、工业、商业和运输业等一样，是国民经济的产业部门之一。渔业和水产养殖业是全世界几十亿人重要的食品和蛋白质来源，维持着十分之一以上人口的生计。因此，水产业在国民经济发展中具有重要的地位和作用，主要表现在经济发展、食物安全、社会就业、外汇收入和社会稳定等几个方面。

一、渔业提供丰富的蛋白质

渔业对国民经济所起的作用，主要是向国民提供食物，特别是动物性蛋白质。在畜牧业尚不发达时期,动物性蛋白质的供给大部分依赖于水产品。水产品是保障人体均衡营养和维持良好健康状况所需蛋白质和必需微量元素的极宝贵来源。根据 FAO 的统计,50 年来食用水产品的全球供应量增速已超过人口增速。除产量增长以外,促成消费量增长的其他因素还包括浪费量减少、利用率提高、销售渠道改良、人口增长带来的需求增长、收入提高和城市化进程,以及国际贸易。

水产品消费量的大幅增长为全世界人民提供了多样化、营养更丰富的食物,从而提高了人民的膳食质量。即便是食用少量的水产品,也能显著加强以植物为主的膳食结构的营养效果,很多低收入缺粮国和最不发达国家均属于此类情况。

二、渔业对国民经济发展的直接贡献

在我国,1978 年渔业总产值占大农业的比例约为 1. 6%,1997 年已达 10. 6%。渔民人均收入也从 1978 年的 93 元增加到 1997 年的 3 974 元,比农民人均收入高出 90%;2015 年全国渔民人均纯收入更是达到 15 594. 83 元。渔业已成为促进中国农村经济繁荣发展的重要产业,尤其是发展水产养殖业,是农民脱贫致富、奔小康的有效途径之一。据统计,按当年的价格计算,2015 年全社会渔业经济总产值为 22 019. 94 亿元,实现增加值 10 203. 55 亿元。其中渔业产值为 11 328. 70 亿元,渔业工业和建筑业产值为 5 096. 38 亿元,渔业流通和服务业产值为 5 594. 86 亿元。渔业产值中,海洋捕捞产值为 2 003. 51 亿元,海水养殖产值为 2 937. 66 亿元,淡水捕捞产值为 434. 25 亿元,淡水养殖产值为 5 337. 12 亿元,水产苗种产值为 616. 15 亿元。

三、渔业为国家增加财政和外汇收入

国际贸易在渔业和水产养殖业中发挥着重要作用,能创造就业机会、供应食物、促进创收、推动经济增长与发展,以及保障粮食与营养安全。水产品是世界食品贸易中的最大宗商品之一,估计海产品中约 78%参与国际贸易竞争。对于很多国家和无数沿海沿河地区而言,水产品出口是经济命脉,在一些岛国可占商品贸易总值的 40%以上,占全球农产品出口总值的 9%以上,占全球商品贸易总值的 1%。近几十年来,在水产品产量增长和需求增加的推动下,水产品贸易量已大幅增长,而渔业部门也面临着一个不断一体化的全球环境。此外,与渔业相关的服务贸易也是一项重要活动。

中国是水产品生产和出口大国,同时也是水产品进口大国(为其他国家提供水产品加工外包服务),而国内对非国产品种的消费量也在不断增长。挪威为第二大出口国,越南为第三大出口国。1976 年发展中国家的水产品出口量仅占世界贸易总量的 37%,但 2014 年其出口值所占比例已升至 54%,出口量(活重)所占比例已升至 60%。水产品贸易已成为很多发展中国家的重要创汇来源。2014 年发展中国家的水产品出口值为 800 亿美元,水产品出口创汇净值(出口减去进口)达到 420 亿美元,高于其他大宗农产品(如肉类、烟草、大米和糖)加在一起的总值。

四、渔业有利于安排农村劳动力,提供社会就业岗位

据统计,2014 年共有 5 660 万人在捕捞渔业和水产养殖业初级部门就业,其中 36%为全职,23%为兼职,其余为临时性就业或情况不明。在经历了较长时间的上升趋势后,就业人数自 2010 年以来一直保持相对稳定,而在水产养殖业就业的人数比例则从 1990 年的 17%上升为 2014 年的 33%。2014 年全球在渔业和水产养殖业就业的人口中,84%位于亚洲,随后是非洲(10%)和拉丁美洲及加勒比海地区(4%)。在从事水产养殖活动的 1 800 万人中,94%位于亚洲。2014 年,女性在直接从事初级生产的人数中占比 19%,但如果将二级产业(如加工、贸易)考虑在内,女性在劳动力总量中则约占半数。

除初级生产部门以外,渔业及水产养殖业还为很多人提供了在附属活动中就业的机会,如加工、包装、销售、水产品加工设备制造、网具及渔具生产、制冰生产及供应、船只建造及维修、科研和行政管理等。所有这些就业机会,加上就业者供养的家属,估计养活了 6.6 亿~8.2 亿人,占世界总人口的 10%~12%。此外,全世界 90%以上的捕捞渔民从事小型渔业,小型渔业在粮食安全、减轻及防止贫困等方面发挥着重要作用。在我国,2015 年渔业人口为 2 016.96 万人,渔业人口中的传统渔民有 678.46 万人,渔业从业人员有 1 414.85 万人。

五、渔业对全球可持续发展和水域生态系统的贡献

渔业资源不仅为人类提供了物质性功能,更为重要的是,还为人类提供了生态性功能,具有保水和维护生态系统平衡的作用。海洋和内陆水域(湖泊、江河和水库)如果能恢复并保持自身的健康和生产状态,就能为人类带来巨大的效益。要确保渔业和水产养殖业的可持续性,就必须对海洋、沿海和内陆水生态系统开展管理,包括对生境和生物资源的管理。FAO“蓝色增长倡议”不仅突出强调渔业和水产养殖业生态系统方法,还提出要促进沿海渔民社区的可持续生计,重视和支持小规模渔业和水产养殖业的发展,在水产品价值链全过程中确保公平获得贸易、市场、社会保护和体面劳动条件。“地球的健康,以及我们自身的健康和未来的粮食安全都将取决于我们如何对待这个蓝色的世界”,FAO 总干事若泽・格拉济阿诺・达席尔瓦说,“我们应当确保环境福祉与人类福祉相协调,从而实现长期可持续的繁荣。为此,FAO 正在致力于推动‘蓝色增长倡议’,它以对水生资源的可持续和负责任管理为基础。”

六、渔业对其他产业发展的贡献

水产品生产属于第一产业,与第二产业、第三产业有着紧密的联系。水产品生产必须依赖于其他产业的支持,同样,水产品生产又为其他产业提供了原料和材料。例如,食品、医药、饲料、轻工、农业等需要使用渔业产品的行业,同时,渔业本身又得到了饲

料、化纤、制冷、建筑、机械、造船等行业提供的产品。

更为重要的是，第一，水产业是食品供给产业，而食品的稳定供给是稳定国民生活、使社会安定的重要基础条件，因而其比单纯的经济活动有着更为重要的意义。如果考虑到将来世界人口增长与粮食生产增加之间的差距会进一步扩大，那么人们对水产业在国民经济中的重要性就会有进一步的认识。第二，目前的经济活动是以大城市为中心的，而水产业则以沿海的中小城市、村庄、岛屿等为据点，因此，水产业在特定的地区经济中所处的地位是相当重要的。如果考虑到各地区国民经济的均衡发展，那么水产业的重要性就超出它在全国经济中所占比重的意义。同时，渔业有利于调整农村经济结构，合理开发利用国土资源，推动新材料、新技术、新工艺、新设备等高新技术的发展。

思考题

1. 渔业的定义与主要分类。
2. 渔业资源的概念及其特点。
3. 渔业产业有哪些特点?
4. 渔业学科主要包括哪些内容?
5. 请简要描述渔业在国民经济和社会中的作用。

第二章　渔业资源、环境与发展

第一节　人口、自然资源与环境

一、人口

中国是人口大国，拥有丰富的人力资源。人力资源是典型的流动性资源，具有明显的迁移性。人口的迁移总是与地区的经济发展区位优势和资源环境区位优势密切相关的。人力资源作为最活跃的经济要素，对经济发展和经济增长有明显的推动作用。在研究渔业经济活动、制订发展战略和规划时，必须了解一个国家的人口资源量与变动趋势、人口结构、人口分布和人口流动趋势等情况，它们对水产品的需求、产业和市场的发展等都有重要影响。

1. 人口增长预测与需求量

近百年来，随着全球经济增长和社会进步，全球人口呈现出快速增长趋势。但是，人口增长也给人类的生存、就业、教育、医疗、养老、资源和环境带来了巨大压力。

随着全球人口的增长和经济发展，人均水产品年消费量呈稳步增加的趋势。从1961年的人均9.0 kg增加到2003年的16.5 kg。20世纪末，传统的水产品消费大国——日本的人均年水产品消费量已经达到63 kg。人口的增加和人均消费量的提高使水产品的产业发展和对渔业资源的需求面临着重大的挑战。

中国是世界人口第一大国，20世纪末人口已达到13亿。1957年我国水产品总产量达到346.89万t，是1949年的6.6倍，年均递增26.6%。1975年我国水产品人均占有量约为5 kg，1999年达到32.6 kg，超过世界平均水平。我国在建设小康社会的过程中，经济发展和人口的增加将给渔业资源带来双重压力。2000年我国曾做过一项水产品需求预测研究，研究表明，到2030年我国对水产品的需求将增加约1 500万t。该增量将使内陆养殖，近海、外海养殖，远洋捕捞，以及相关的饲料、加工、运输等产业都面临着挑战，并且会产生机遇。

2. 人是流动性资源

流动性资源是指在时间和空间上会变迁、移动的资源。流动性资源包括水、空气、昆虫、鸟类和鱼类。人力资源也是一种典型的流动性资源。人力资源的流动有人口流动和人口迁移之差异。人口流动是动态概念，指人口的流动过程。人口迁移通常是政府部门所组织的从原居住地搬迁到新居住地的运动过程。两者都是动态的过程，可合称为人口移动。但是,前者通常是短期的流动,具有自发性特点,市场调节作用力大,后者具有长期性和永久性特点,政府影响明显。

人口移动通常是环境条件和社会经济发展差异背景下的运动。环境条件、社会经济发展的差异和变化是推动人口流动和迁移的外在动力,而人类追求自身生存和发展的需求是推动人口流动的内在因素。人口的适度流动会有助于促使人类资源按照市场原则和自然资源及环境条件进行合理配置,从而推动各种经济要素最优配置,促进人口、资源、生态、经济与社会的协调发展。中国是发展中国家,农业人口多,中西部地区环境条件比较恶劣,经济发展相对于东部沿海地区慢。随着中国经济的发展,人力资源的迁移流动将有利于推动人口城市化,满足沿海地区经济高速增长对人力资源的需求和控制人口数量,改善人口素质。20 世纪 90 年代,我国的海洋渔业经济得到了快速发展,海洋捕捞渔业的经济比较优势明显高于养殖渔业,而养殖渔业的经济比较优势又高于种植业,再加上东部沿海地区相对于中西部明显的比较优势,东部沿海地区吸纳了大量内陆人力资源,充实海洋渔业产业的劳动大军。当然,过分的集聚也给沿海渔业资源带来了沉重的压力。

3. 人是最活跃的经济要素

经济增长要素包括土地资源(渔业资源和水资源)、人力资源、资本资金和知识要素等。知识要素包括技术与制度。在上述 4 种经济要素中,与土地资源(渔业资源和水资源)、资本资金相比,人力资源是最活跃的经济增长要素。经济学研究人的行为,研究稀缺资源的有效配置,经济学在研究人的行为时,假定“经济理性人”的行为是理性的;当一个决策者面临几种可供选择的方案时,“经济理性人”会选择一个能令其效用获得最大满足的方案。其他资源是活的要素,而其他资源更多地体现出被人开发和使用的特点。

4. 人类发展指数

人类的发展所涉及的因素和指标远远不止 GDP 的升降,更重要的是社会发展和财富的积累。人类应创造一种能让人们根据自己的需求和兴趣,充分发挥本身潜力,富有成效和创造性的生活环境。为此,1990 年联合国提出了人类发展指数(human development index, HDI),用以测量一个国家或地区,综合人类的寿命、知识与教育水平,以及体面生活的总体成就,是对传统 GNP 指标的挑战。1990 年以来,人类发展指标已在指导发展中国家制定相应发展战略方面发挥了极其重要的作用。之后,联合国开发计划署每年都发布世界各国的人类发展指数(HDI),并在《人类发展报告》中使用它来衡量各个国家人类发展水平。2017 年联合国发布的《人类发展报告》中,挪威蝉联冠军,中国香港排名第 12 位,中国大陆排名第 90 位。从宏观角度,渔业不仅提供优质的蛋白质和美味的水产品,而且还包括与人类赖以生存的生态系统的和谐、休闲观赏渔业和渔文化在内的精神文化享受等。

二、自然资源

1. 概念和特点

《辞海》对自然资源的定义为,自然资源指天然存在的自然物(不包括人类加工制造的原材料),是生产活动所需原料的来源和布局场所,如土地资源、矿产资源、水利资源、生物资源、气候资源、渔业资源等。联合国环境规划署的定义为,自然资源是在一定的时间和技术条件下,能够产生经济价值,提高人类当前和未来福利的自然环境因素的总称。由此可知,自然资源是自然界中,在不同空间范围内,有可能为人类提供福利的物质和能量的总称。自然资源是人类生活和生产资料的来源,是人类社会和经济发展的物质基础,也是构成人类生存环境的基本要素。在全球人口规模不断增长,人类对物质的需求不断膨胀和社会生产力高速发展后,资源短缺将困扰世界,制约经济增长和社会发展。其主要特点为:

1)资源的有限性。除恒定性资源以外,许多自然资源并非是取之不尽、用之不竭的。人类赖以生存的地球,其表面积的70%为海洋所覆盖,土地面积只有约1 490亿 hm^2,其中能耕种农田的土地只有14亿 hm^2,放牧地只有21亿 hm^2。地球上的森林面积曾经达到76亿 hm^2,占地球土地面积的2/3,1975年减少到26亿 hm^2,到2020年可能降至18亿 hm^2。在浩瀚的宇宙天体中,唯有地球有江河湖海、雨露霜雪、花红柳绿。水是地球上人类和各种生命的营养液。然而,人类社会正进入贫水时代,人类将为水而战。全球水资源有1 385 985亿 m^3,淡水仅占2.53%,其中真正能利用的淡水资源只占全球淡水总量的30.4%。目前,全世界有60%的地区供水不足,40多个国家面临严重水荒。

2)利用潜力的无限性。首先,自然资源的种类、范围和用途并非是一成不变的,随着技术的进步和发展,使用范围不断拓展。例如,深水抗风浪网箱技术的发展使远离陆地的、海况条件差的水域也可以用于鱼类养殖,为人类创造财富。其次,有些自然资源虽然数量有限,但是其蕴藏的能量巨大,随着技术的进步,其利用潜力将是无限的。最后,有些再生性生物资源的蕴藏量虽然有限,但随着技术和管理制度的进步,其可在最大利用水平上无限可循环使用。

3)多用性。例如,渔业资源既可以直接为人类提供动物蛋白,也可以用于休闲渔业,为人类提供观光休闲服务。自然资源的多用性要求人类在使用自然资源的过程中要考虑其机会成本,以效率最大化为目标,实现自然资源的效益最大化。

2. 自然资源的分类

在资源经济学中,最常见的自然资源分类方法是按其再生性将其分为再生性资源和非再生性资源。按自然资源的耗竭性划分,可以将其分为耗竭性资源和非耗竭性资源。按可再生性划分,可以将耗竭性资源分为再生性资源和非再生性资源,非耗竭性资源可进一步被分为恒定性资源和易误用及污染的资源(表2-1)。

表 2-1　自然资源的分类

自然资源	耗竭性资源	再生性资源	土地、森林、作物、渔业资源、遗传资源等
		非再生性资源	宝石、黄金、石油、天然气和煤炭等
	非耗竭性资源	恒定性资源	太阳能、潮汐能、原子能、风能、降水等
		易误用及污染的资源	大气、江河湖海的水资源、自然风光等

再生性资源是指由各种生物及生物与非生物因素组成的生态系统。渔业资源是典型的可再生性资源,在合理的养护与保护条件下,渔业资源可以可持续利用。如果开发使用过度,管理不当,渔业资源就会被过度利用,最终导致渔业资源耗竭与崩溃,危及渔业资源的再生能力。

非再生性资源指各种矿物和燃料资源。非再生资源是在经历亿万年漫长的岁月后缓慢形成的,存量也是固定的。非再生性资源的特征是,随着人们对资源的开发利用,资源存量不断减少,最终耗尽。煤和铁等矿藏是典型的非再生性资源。在制度安排中,人类应考虑该类资源的开发成本和收益之间的关系,确定合理的开发时间。

非耗竭性资源是指在目前的社会与技术条件下,在其利用过程中不会导致明显消耗的资源。非耗竭性资源大体上可分为恒定性资源和易误用及污染的资源。前者包括太阳能和风能,这些资源在使用过程中一般不会随着使用强度的增大而减少,因此,人类应充分对其加以利用。后者包括自然风光和水资源。中国水资源总量为 2.8 万亿 m^3,居世界第 6 位,但人均淡水资源量仅有 2 300 m^3,只相当于世界人均水平的 1/4。中国被列为世界上最缺水的 13 个国家之一。中国不仅水资源相对较少,而且分布极不均衡。水资源的 81%集中分布在长江流域及其以南地区,淮河及其以北地区的水资源量仅占全国总量的 19%。

水资源是渔业生产中必需的资源。淡水养殖、海水养殖、捕捞渔业、加工渔业和休闲渔业等渔业生产活动都离不开水资源。水资源虽然有一定的自净化能力,但是,过度使用容易导致污染。水资源是典型的流动性和易污染性资源,因此,在使用过程中容易产生外部不经济性,导致社会成本明显。水又是兼有无形状和有形状、动产和不动产的物质。当水与其所依附的土地空间,如河床、湖泊、水库等结合在一起,成为江河和水域的时候,其成为有形状物、不动产。

三、渔业资源

1. 渔业资源的种类

《农业大词典》和《中国农业百科全书》(水产卷)中将渔业资源定义为:"水产资源是指天然水域中具有开发利用价值的经济动植物的种类和数量的总称。"按大类划分,渔业资源可以分为鱼类、甲壳类(虾类和蟹类)、软体动物(贝类等)和哺乳类等动物性渔业资源,以及藻类等植物性生物资源。

(1) 鱼类

鱼是全部生活史中一直栖居于水体的脊椎动物,鱼用鳍使身体前进并保持平衡,用鳃吸入水中的氧气。鱼类是地球上丰富的生物资源,不论是在数量上还是在种类上,鱼类都在哺乳类(纲)、鸟类、爬行类和两栖类之上。地球上的鱼类基本上分为两大类,即淡水鱼类和海洋鱼类。其中,淡水鱼类有 8 000 余种,海洋鱼类有 12 000 余种。

海洋鱼类种类繁多,但捕捞价值高的鱼类并不多。在 12 000 种海洋鱼类中,约有 200 种是经济鱼类,它们的合计渔获量约占世界海洋鱼类渔获量的 70%。中国近海海洋渔业资源有三大特征: ① 缺乏广布性和生物量大的鱼种;② 中国沿海海域跨热带、亚热带和温带 3 个气候带,冷温性、暖温性和暖水性海洋生物都有合适的生存空间,因此,海洋生物种类组成复杂多样;③ 渔业资源数量有明显的区域性差异,即随着纬度的降低,渔业资源品种依次递增,而资源密度依次递减。在中国的北方海域,鱼类种类少,但单一鱼种的资源生物量较大。南方海域物种多,鱼类色彩斑斓,体形奇异,常有较高的观赏价值。

淡水鱼类可分为终生生活在淡水中的鱼类和在海淡水之间洄游的鱼类两种。终生生活在淡水中的鱼类一般都是长期从河川和湖沼演化而来的,如北美洲的太阳鱼。淡水鱼类中,种类最多的是鲤科鱼类,鲤科鱼类在我国淡水养殖渔业中占有极其重要的地位。在海淡水之间洄游的鱼类是一生中有一段时间生活在海洋中,一段时间生活在淡水中的鱼类,通常可分为三类: 一类是幼鱼和成鱼在淡水河口、河川、池塘和溪流中生长,生殖时回到海中繁衍后代的降河产卵鱼类(鳗鱼);另一类是洄游过程正好与鳗鱼相反,是溯河产卵鱼类,如鲑鱼和中华鲟;第三类是在沿海河口间洄游的鱼类,如在长江口的海淡水区域洄游的刀鲚。

(2) 甲壳类(虾类和蟹类)

甲壳类分为虾类和蟹类两种。虾类大约有 3 000 种,蟹类有 4 500 种。虾和蟹是经济价值较高的水产动物。中国近海和沿海捕捞的主要海洋虾类有毛虾、对虾、鹰爪虾和虾蛄,主要捕捞的蟹类有梭子蟹和青蟹等。

(3) 软体动物

软体动物大约有 10 万种。海洋中的软体动物是海洋动物中最大的门类,分布广泛。软体动物是洄游范围较小的水产经济动物。重要的经济软体动物主要是头足类和贝类,头足类有鱿鱼、乌贼和章鱼,我国重要的海水养殖经济贝类有牡蛎、蛤、贻贝和扇贝等。"一方水土养一方人",在色彩斑斓的动物世界,不同海域的生物资源都有明显差异。例如,江苏省南通产的文蛤就具有明显优于其他海域文蛤的特点。

(4) 藻类

藻类是海洋植物,通常都是定居性生物。我国养殖的主要经济藻类有海带、裙带菜、紫菜和江蓠。江苏省和福建省是我国紫菜的主要养殖区域。

2. 海洋渔业资源的再生性与流动性

(1) 海洋渔业资源是典型的再生性资源

海洋生物资源的重要特征之一是具有再生性,相比之下,矿物资源是不可再生的,如石油和铁矿砂,它们在地球上的存量是有限的。而鱼类资源和水资源虽然都是可再生资源,但是它们的更新机理完全不同。鱼类资源依靠内在遗传因子和潜在增殖力,不断进行增殖而得到补充。而大河溪流则完全依靠外部力量从地下和降水得到补充与更新。水资源的更新不具备反馈机制,而鱼类资源的再生具有微妙的自我反馈机制,能在一定范围内根据自身状况调整或更新,具有抵抗外部压力的能力。

海洋渔业资源的再生力使资源犹如一条橡皮筋,捕捞强度犹如施加在橡皮筋上的外力。当施加在橡皮筋上的外力小于橡皮筋能够承受的压力时,撤销外力,橡皮筋会恢复到原来的状态。但是,当外力大于橡皮筋能够承受的压力时,橡皮筋就可能会断裂。因此,从生物学意义上来说,渔业资源制度的主要管理目标就是控制捕捞强度不能超过特定海洋渔业资源种群的再生能力,防止渔业资源被过度开发。

(2) 海洋渔业资源是流动性资源

海洋渔业资源不同于其他可再生资源的一个典型特征是它具有流动性,而且与鸟类、石油和人类等流动性资源不同的是,在流动过程中其还具有不确定性和隐蔽性。鱼类产卵或越冬以后,需要强烈摄食,它们为了生存与生长必须索饵洄游以寻找饵料丰富的场所。鱼类性成熟时,体内性激素大量分泌到血液中,内部刺激引起鱼类繁殖产卵也会导致洄游。这种为了繁衍后代而维持种群数量的洄游称为产卵洄游。产卵洄游是为了寻找适合后代生长发育的水域环境。鱼类是变温动物,在生长过程中需要适当的水温,当水温下降时,鱼类要寻找水温合适的越冬场所,常常集群进行大范围长距离越冬洄游。还有一些鱼类,如大麻哈鱼,会从茫茫大海中,准确地找到自己出生的河口,历经千难万险,逆流而上,完成一生一次的生命大洄游。

四、环境与环境问题

1. 环境、环境系统的概念及其特征

(1) 环境概念

从词意上理解,"环境"是泛指某一中心项(或叫主体)周围的空间及空间中存在的事物。实际上,环境是一个非常复杂的概念,要准确、全面地对其下定义是很困难的。迄今,有关环境的定义大体可以分为三类,即分别以"人类"为中心的环境观、以"生物"为中心的环境观和以"实用"为中心的环境观。

1) 以"人类"为中心的环境观。该观点认为"环境"的中心项是人,我们所研究的环境是人类生存的环境,它包含自然环境和社会环境两方面。自然环境在人类出现前就客观存在,就是地球的大气圈、水圈、岩石圈和生物圈等;社会环境则是人类发展的结果,包含人类创造的物质生产和消费体系以及文化体系等。以"人类"为中心观是当今世界上的一种主要环境观。

但是，在历史上，以“人类”为中心的环境观曾导致“人类至尊观”，即人类是地球上万物的主宰。人类可以按自身的价值观任意处置和消灭环境中的其他物种，不计后果地开发、利用和“改造”环境，因而造成各种环境灾难，使人类付出沉重的代价。

2）以“生物”为中心的环境观。该观点认为“环境”的中心项是包括人类在内的生物界，环境及其中心项之间没有明确的分界线。我们所研究的是生物生存的环境，它包含非生物环境、生物群落和人类社会环境。“环境”是影响生物生长、繁衍和发展的各种因子组成的整体。而人类与生物界的各个物种之间存在相互联系、相互影响和相互制约的关系，共同组成一个整体的、相对的中心项。实质上，这是生态学的观点。

在评估人类行动对自身生存条件影响的同时，应充分考虑对生物的影响，特别是将自然界不曾存在的因子施加于环境时更应如此。

3）以“实用”为中心的环境观。该观点是把“环境”看成为物理-化学-生物、社会经济、文化和美学等诸要素的复合体。《中华人民共和国环境保护法》规定：“本法所称环境是指：大气、水、土地、矿藏、森林、草原、野生动物、野生植物、水生生物、名胜古迹、风景游览区、温泉、疗养区、自然保护区、生活居住区等。”这是从实际工作需要出发，把环境中应予保护的要素或对象明确罗列出来，是对“环境”一词的法律适用对象和范围作出规定以保证法律的准确实施。

随着人类可持续发展战略在全球的推行，以生物为中心的环境观逐渐受到人们的重视；而在世界各国和国际组织的环境立法和环境管理文件中大多采用实用的环境观，依据不同的目的和对象，具体规定环境的内涵。

（2）环境系统及其特征

1）环境系统

环境是一个巨大、复杂多变的开放系统，是由自然环境和人类社会经济环境这两大互相联系和互相作用的系统组成的整体。“环境”具有系统的一切特性、功能和行为，因此可称为环境系统。环境是由许多环境要素构成的。环境要素是构成环境系统的子系统，是环境中互相联系又相对独立的基本组成部分；每个环境要素又由许多子要素组成；环境系统则是各种环境要素及其相互关系的总和。

环境要素可分为非生物的和生物的。非生物要素亦称物理要素或物理-化学要素，如大气、水体、土壤、岩石、城市的建筑物和基础设施等；生物要素指有生命体，如动物、植物、微生物等。人类社会是一种基本的、特定的环境要素，也可看作是生物要素的一个子要素。生物要素的各子要素之间、各非生物要素之间以及生物和非生物要素之间彼此作用，且互相密切联系。所以，研究某一个要素时，必须与其他要素联系起来，全面考虑。

环境系统和生态系统两个概念的区别在于前者是将环境作为相对独立于人的整体看待，而后者把生物与环境看成整体，并且侧重反映生物种群之间以及生物与环境之间的相互关系。环境系统从地球形成之后即存在，生态系统是生物出现后形成的系统。环境系统的范围可以是全球性的，也可以是局部性的。例如一个城市、区域和河流等都可以是一个单独的环境系统。环境系统也可以是几个要素交织而成，如空气-水体-土壤系统，水-土壤-生物系统，城市污水-土壤-农作物组成的污水灌溉系统，等等。

2）环境系统的特征

环境系统是复杂多样、千变万化的，尽管经过很多代科学家的努力，我们对环境系统的了解仍然不足，但已探索出的共同特征仍是我们研究和认识环境的基础，也是解决环境问题的依据。环境系统具有如下特征：

① 整体性。环境是一个统一的整体，组成环境的每一个要素，既具有其相对独立的整体性，又有相互之间的联系性、依存性和制约性。在研究和解决大大小小、形形色色的环境问题时，必须从整体观念出发，充分考虑各种环境要素内部的各子系统之间的关系、环境要素之间的关系、环境要素与环境系统整体之间的关系及其相互作用。

② 地域差异性。环境的地域差异性指地球上处于不同地理位置和不同大小面积的环境系统具有不同的整体特性。研究和解决各种环境问题必须掌握区域的自然和社会经济特点。

③ 变动性和稳定性。环境系统处于自然过程和人类社会行为的共同作用中，因此，环境的内部结构和外部状态始终处于不断变动中。这种变动既是确定的，又带有随机性，反映在系统所处的状态参数的变化，以及输入系统的各种因素（干扰）的变化上。这种变动可能是有利的，也可能是有害的。另一方面，环境系统又具有一定的调节能力，对于来自内部或外界的作用或影响能够在一定限度内进行补偿和缓解，使得环境处于相对稳定状态。但是，当自然界的自发过程和人类行为的干扰远超过系统的调节能力时，系统的状态乃至结构会发生显著的变化。

④ 资源性及其有限性。环境系统是人类和生物界生存和发展所需巨量和多样的物质来源。环境系统是环境资源的总和。虽然环境资源是非常丰富多样的，但是有限的。例如环境系统中的淡水资源量是有限的，水资源对污染物的自净能力也是有限的。处于不同结构和状态下的环境系统具有不同的、能为人类和生物界利用的功能。例如，土质类似的土地在位于干旱地区和多雨地区所能种植和收获的植物品种和数量是不同的，同样流量但河床条件不同的河流的纳污能力也是不同的。

2. 环境问题分类及其实质

（1）环境问题分类

自从工业革命以来，我们人类所依赖的渔业资源就在加速被开发利用甚至被过度开发。尽管现代科技日新月异，人类至今仍然未找到如何有效地管理自身的地球生存环境的途径和方法。在人类社会跨入 21 世纪之时，许多传统的、高经济价值的渔业资源已遭到了严重破坏，生物多样性大量丧失，生态环境遭到了严重的破坏。国际上关注的几大环境问题，即全球气候变暖、臭氧层空洞、生物多样性的锐减，以及耕地减少、土壤退化、水土流失和荒漠化等,都已成为跨地区和跨国界的全球性环境问题,人类已无法逃避环境所带来的压力和挑战。

从问题的成因来看,环境问题可以分为两类,即原生环境问题和次生环境问题。所谓原生环境问题,又称为第一环境问题,它是由于自然界固有的不平衡性,如地震、海啸、火山喷发等因素造成的环境问题。这类环境问题是人力所不能控制的,其影响也是人类所不能完全预测的。

由于人类社会生产活动会对自然环境造成不良影响,例如,人类生产、生活过程中产生的废水、废气和固体废物会造成环境物质组分的变化,对矿产资源的不合理开采和大型工程建设会造成地面沉降、诱发地震,对森林的滥伐、对草原的过度放牧会造成水土流失和沙漠化,不适当的农业灌溉会引起土地退化,过度捕捞导致渔业资源衰退等。这些现象被称为第二类环境问题或次生环境问题。这类环境问题是当前环境科学研究的主要课题。

为了研究方便起见,可将第二类环境问题分为两种。一种是自然环境的破坏,环境破坏是人类不适当开发利用的一个或数个要素,使它们的数量减少、质量降低,从而破坏了或降低了它们的环境效能,使生态平衡受到破坏、某种资源枯竭而危及人类的生存与发展的一种环境现象。如水土流失、土壤沙漠化、生态破坏失调、渔业资源过度捕捞等。另一种则是环境污染,由于人类向环境排放了超过环境自净能力的物质和能量,致使环境的物理、化学、生物学性质发生了不利于人类或其他生物正常生存和发展的变化的现象。如果说自然环境的破坏往往主要由于人类过量地从环境索取物质和能量,超过了环境所能提供的限度,那么环境污染则是人类向环境排放了超过环境容量的物质和能量。这两种情况相互联系,相互作用。严重的环境污染可以致使生物大量死亡而破坏生态平衡,使自然环境受到破坏,自然环境的破坏又降低了环境的自净能力,加剧了污染程度。

地球环境问题按出现的地域范围可分为区域性和全球性两大类。区域性环境问题主要是由区域内人群活动造成的,也与区域外人群活动造成的影响密切相关。对全球性环境问题的极大关注始于20世纪60年代。1962年,Rachel Carson出版了著名的划时代著作*Silent Spring*(《寂静的春天》)。该书陈述极少量的杀虫剂是如何在食物链中富集并且影响到离污染源千万公里外的企鹅。她使人们醒悟到自然环境系统的相关关系,以及维持一个充满生机的自然环境的复杂性。目前世界上最受关注的环境问题为全球变暖、大气臭氧层空洞、酸雨、丧失生物多样性、环境污染。

(2) 环境问题的实质

环境问题的实质在于人类经济活动索取资源的速度超过了资源本身及其替代品的再生速度和向环境排放废弃物的数量超过了环境的自净能力。这是因为:① 环境容量是有限的;② 自然资源的补给和再生、增殖是需要时间的,一旦超过了极限,要想恢复是困难的,有时甚至是不可逆转的。海洋渔业资源也有其可持续产量,过度捕捞会造成渔业资源的枯竭。

(3) 世界主要环境问题

环境是人类赖以生存的基础，但是，人类在寻求经济增长和社会发展的道路上遇到的一个棘手问题是，如何处理经济增长与生态系统破坏和环境污染问题。围湖造田、开荒毁林、超载放牧、过度捕捞和不合理的灌溉等人类非理性行为使整个地球的环境受到破坏。土地沙漠化、盐碱化、水土流失、植被破坏、全球气候变暖、酸雨、臭氧层被破坏、赤潮等环境污染和生态系统失衡等现象屡见不鲜。环境问题和生态系统的破坏给人类带来的危害是巨大的，会直接影响人类的生存条件。对于渔业生产而言，气候变暖、酸雨和赤潮等会严重威胁海洋捕捞渔业和养殖渔业的丰歉。

1) 气候变暖

自 1860 年有气象仪器观测记录以来，全球平均温度升高了 0.4~0.8℃。科学家对未来 100 年的全球气候变化进行预测，结果表明，到 2100 年，地表气温将比 1990 年上升 1.4~5.8℃。气候变暖可能带来的危害有海平面升高、冰川退缩、冻土融化，改变农业生产环境，使人类发病率与死亡率提高，给人类带来极大的危害。气候变暖后的海水会影响鱼类的分布和生存环境，影响渔业生产。

2) 酸雨

目前酸雨已经成为全球备受关注的环境问题之一。酸雨就是 pH 小于 5.6 的降水。酸雨是人类向大气中排放过量二氧化碳和氮氧化物而造成的。在 20 世纪末期，美国有 15 个州降雨的 pH 小于 4，比人类食用醋的酸度还要低。酸雨对生态系统的影响很大，它可以导致湖泊酸化，影响鱼类生存、危害森林、“烧死”树木，加速建筑结构、桥梁、水坝设备材料的腐蚀，以及对人体健康产生直接或潜在影响。

酸雨对生态系统的影响非常大，最为突出的问题就是湖泊酸化。当湖水或河水 pH 小于 5.5 时，大部分鱼类难以生存，当 pH 小于 4.5 时，各种鱼类、两栖动物和大部分昆虫与水草将死亡。

3) 赤潮

赤潮是一种自然生态现象，赤潮又称为红潮或有害藻水华。赤潮的发生与海域环境污染有直接关系。赤潮通常是指海洋微藻、细菌和原生动物在海水中过度增殖，从而使海水变色的一种现象。

在蔚蓝、浩瀚的大海里，赤潮飘逸在水面，对于海洋生物却是可怕的“幽灵”。赤潮由大量藻类组成，会产生毒素，毒素不仅会使贝类、鱼类死亡，而且还会在贝类和鱼类体内会累积，人食用含有毒素的贝类和鱼类后也会中毒，严重时会死亡。有些贝类，如贻贝、牡蛎、扇贝等，对毒素并不敏感，而其自身累积能力很强，很容易引起贝类食用后中毒。有些赤潮藻类虽然无毒，但它在自身繁衍中会分泌大量黏液，附在鱼贝类的鳃上，阻碍生物呼吸，从而导致海洋生物死亡。

中国的赤潮高发区为渤海、大连湾、长江口、福建沿海、广东和香港海域。这些海域沿岸人口集中，经济活跃，过度排放的工业与生活污水使近沿海水域无机氮和磷酸盐污染严重，从而导致赤潮发生。

环境污染的加剧导致赤潮发生的频率增大，规模不断扩大，严重破坏了海洋渔业资源的生存环境和海水养殖业的发展，威胁海洋和人类的生命安全。赤潮已经成为海洋中重要的自然灾害。

五、渔业环境的概念及其要素组成

1. 渔业环境的概念

根据环境的功能，人们把环境分成许多类，如农业环境、工业环境、交通环境等。渔业环境就是以渔业生物为中心、以发展渔业经济生产为主要功能的一类环境。因此，渔业环境是指适宜水生动物和植物生活的，并且适合人类从事捕捞、养殖等渔业生产的一切天然的或者经过人工改造的自然条件。具体地说，主要是指天然的或者经过人工改造的捕捞渔场和水生动物、植物的养殖场。

在环境立法实践中，我国采用了两个不同的名称来表述渔业环境，即渔业水体和渔业水域，如《中华人民共和国水污染防治法》第六十条规定，“渔业水体”是指划定的鱼虾类的产卵场、索饵场、越冬场、洄游通道和鱼虾贝藻类的养殖场。《中华人民共和国海洋环境保护法》中则采用了“渔业水域”的名称，该法第45条规定，“渔业水域”是指鱼虾类的产卵场、索饵场、越冬场、洄游通道和鱼虾贝藻类的养殖场。《中华人民共和国渔业法实施细则》中也采用了“渔业水域”的名称，该细则的第三条规定，“渔业水域”是指中华人民共和国管辖水域中鱼、虾、蟹、贝类的产卵场、索饵场、越冬场、洄游通道和鱼、虾、蟹、贝藻类及其他水生动植物的养殖场所。而国家环境保护局在1989年修订发布的《渔业水质标准》中又规定，本标准适用于“鱼虾类的产卵场、索饵场、越冬场、洄游通道和水产增养殖区等海、淡水的渔业水域”。

2. 渔业环境的构成要素

环境要素，是指构成环境整体的各个独立的、性质不同的而又服从整体演化规律的基本物质组分，是组成环境整体的结构单元。这些环境要素也是人类认识环境、评价环境、改造环境、保护环境的依据。因此对构成渔业环境的要素进行分析是十分必要的。从生态学角度看，可以把渔业环境要素分为非生物要素和生物要素。

（1）非生物要素

1）水。水是水生生物赖以生存的媒介。水存在的物理形态、水体的运动对捕捞渔场的形成、养殖水体的水质都有重大的影响。例如，世界上著名的海洋天然渔场大多形成在上升流海域。近年来时常发生的赤潮污染事故，其主要原因也是由于水体的流动弱、交换能力差，引起水体富营养化造成的。

2）水中的悬浮物质。这包括漂浮水面的物质和悬浮于水中呈固态不溶解的物质，也是构成渔业环境的要素之一。我国的《渔业水质标准》有明确的规定。

3）水中的溶解物质。水中的溶解物质种类繁多，存在形式也多种多样。人们常根据水中溶解物质对水生生物的影响的一些共性，把它们分为五类，即主要离子、溶解气体、植物营养物质、有机物质、有毒物质。我国的《渔业水质标准》主要是对这些物质规定了限定值。

4）渔业水体的底质、地形、底泥构成以及养殖用的水体、设施等。这些同样是构成渔业环境的重要因素。例如，为了改善渔业环境，提高海域初级生产力，我国从 1979 年开始在海洋中投放人工鱼礁达 28 700 个，浅海投石 10 万立方米。随着海水养殖和淡水养殖的快速发展以及工厂化养殖的兴起，开始了对水产养殖工程的研究，设计和改善渔业环境。

（2）生物要素

构成渔业环境的生物要素是指以渔业生物为中心的一切其他生物，包括鱼类的饵料生物、能进行光合作用的水生植物、捕食鱼类的其他动物、有害的赤潮生物、寄生生物、腐生生物、细菌、真菌等，即构成渔业水体这一完整生态系统的生产者、消费者、分解者。目前许多国家开展的人工放流以及对饵料生物和赤潮的防治研究，即是通过改善构成渔业环境的生物要素来增殖、保护渔业生物资源。

3. 影响渔业环境的主要因素

渔业环境的好坏对鱼类的生长、栖息起着决定性的作用，它是渔业生产赖以发展的基础。影响渔业水域环境的主要因素是水质污染和对水域环境的人为破坏。水质污染包括石油污染、重金属污染、农药污染、有机物污染、放射性污染、热污染、固体废弃物污染等。对水域环境的人为破坏是指未经充分调研盲目围海（湖）造田、拦河筑坝，或进行海底爆破、修造水下工程等。

渔业水域污染对渔业的危害主要表现在：鱼类的生存空间缩小，资源量减少，质量变差，个体变小或成畸形；破坏渔业生态系统，危害了其他生物的生长繁殖，进而损害了鱼类的饵料生物来源，甚至使水体失去渔业利用价值；鱼类因体内残留了大量的有毒物质而失去食用价值；人类食用有毒鱼类后，危害了人体健康。

第二节　渔业环境与渔业资源的可持续利用

一、渔业环境的作用

1. 提供人类活动不可缺少的各种自然水生生物资源

渔业环境是人类从事渔业生产、渔业活动的物质基础，也是各种生物生存的基本条件。环境整体及其各组成要素都是人类生存与发展的基础。可以说，各种渔业经济活动都是以这些初始产品为原料而开始的，然而水生生物资源的多寡也决定着渔业经济活动的规模。

2. 对人类经济活动产生的废物和废能量进行消纳和同化

即环境自净功能或环境容量。经济活动在提供人们所需产品时,也会有一些副产品。限于经济条件和技术条件,这些副产品一时不能被利用而被排入渔业环境,成为废弃物。渔业环境通过各种各样的物理、化学、生化、生物反应来消纳、稀释、转化这些废弃物的过程,称为渔业环境的自净作用。如果渔业环境不具备这种自净功能,那人类将无法想象渔业水体的质量和状况。

3. 提供环境舒适性的精神享受

渔业环境不仅能为经济活动提供鱼类、虾蟹类、贝类等物质资源,还能满足人们对舒适性的要求,如休闲渔业、滨海旅游等。清洁的水资源是工农业生产必需的要素,也是人们健康愉快生活的基本需求。随着经济的发展和人民生活水平的提高,人们对于环境舒适性的要求会越来越高。

二、全球环境对渔业资源可持续利用的影响

1. 富营养化

人类行为污染已经遍及地球的每个角落,即使南极也无法幸免。据统计,人类现在每年排放到大气中的各种废气近百亿吨,工业废水及生活污水总量更高达 2 亿多吨。废水和污水除了一小部分残留于江河湖泊,其余的最后都汇入海洋。排到大气里的废物(包括温室气体在内)通过下雨、降雪和空气对流等多种渠道,最后也大多汇入大海。人类活动造成的污染形形色色。其中水体富营养化是造成水域生态系统构造发生量变和质变,并最终导致渔业退化,尤其是具重要经济价值的名优品种产量急降的重要原因之一。

20 世纪中叶起,化学肥料的使用和矿物的燃烧开始破坏这种长期以来形成的平衡,氮、磷等营养盐在河川湖泊和港湾开始大量积累。其绝大部分最后都流入海洋,如欧洲北海莱茵河口氮、磷含量从 50 年代后开始迅速上升,$NO_3^- - N$ 浓度至 70 年代中期已达 280 μmol/dm^3。目前,世界各地化肥的使用量仍以指数上升,而世界上绝大多数的土地已无法再吸收或分解持续增加的氮。继续增加的多余的氮必然进入河川,最终归于海洋。在近三四十年间,海洋里的氮含量已经增加了 2~3 倍,磷的增加幅度较小,但也非常明显。

石油燃料的过度使用使得大量氮废气进入大气层,这些含氮物质的相当一部分通过直接沉降或经河川流入海洋,在远离工业区或大城市的偏远海域,水体中的氮约有 10%是来源于空气,而在工业区或大城市的下风区及周边水域,这个比例可高达 50%以上。另外,沿海人口的剧增也加速了沿岸水域的富营养化。

水体富营养化会直接导致水中浮游植物数量的增加,提高水域的基础生产力,从而使一些渔业品种的产量增加。但浮游植物,尤其是鞭毛藻、褐胞藻和定鞭金藻等数量的过度增加,往往造成有害有毒赤潮的频繁发生。赤潮对淡水和海洋渔业都具有严重的

危害。海湾网箱或池里养殖的鱼虾往往因赤潮在一夜之间全军覆没。据统计,2001～2009年浙江海域共发生赤潮287起,累计面积8 000 km^2,其中有毒有害赤潮达38次。2005年5月,南麂列岛周边海域发生的米氏凯伦藻赤潮,造成养殖鱼类和贝类大量死亡,直接经济损失达1 970万元。

浮游植物的过量增殖还会造成水体缺氧,直接杀死水生动物,尤其是网箱养殖海产品,或使生活在这些水域的鱼类逃离。例如,日本从1969年起,在宇和岛周边水域的大型增养殖基地频繁发生有毒赤潮,给海产养殖业带来了沉重的打击。1994年暴发的大规模的膝沟藻赤潮,造成了8亿日元的经济损失。经调查,Koizumi等认为1994年养殖海产品因赤潮死亡的原因是缺氧和无氧水团大规模形成并伴有高浓度硫化物和氮生成所致。在水体缺氧期间,湾内养殖的珍珠贝也大量死亡。

2. 全球气候变暖

联合国政府间气候变化专业委员会认为在过去一个世纪中,由于温室效应的影响,地球平均气温已上升0.5～1℃,包括渔业在内的地球生态圈无论在结构与功能上都受到极为显著的影响,未来50至100年,气候变化对世界渔业的影响甚至可能超过过度捕捞。鱼是一种变温性动物,它们适应环境温度变化的方法是改变栖息水域。如果其原有栖息水域水温升高,鱼类往往选择向水温较低的更高纬度或外海水域迁移。全球气候变暖对生活在中、低纬度鱼群的产量影响较小:其一,中、低纬度在全球温暖过程中温度变化幅度相对较小;其二,中、低纬度的渔业产量的限制因子主要以饵料、赤潮和病害为主。相比而言,以光和温度作为主要限制因子的高纬度地区的渔业生产受全球温暖化的影响要大得多,这也与在全球温暖化过程中高纬度水域的水温、风、流、盐等物理因子的变化更为显著有关。加拿大、日本、英国和美国的科学家分析了近40年来北半球寒温带海水温度与红大麻哈鱼栖息范围的动态关系,发现未来海洋表层水温变暖的趋势将使极具经济价值的红大麻哈鱼从北太平洋的绝大部分水域消失。如果到21世纪中叶,海水表面温度上升1～2℃,那么红大麻哈鱼的栖息水域将缩小到只剩下白令海。栖息范围的缩小同时意味着这种洄游性鱼类的繁殖洄游距离将大幅度延长,结果使产卵亲鱼的个体变小,产卵数下降。

水温的升高使鱼类时空分布范围和地理种群量发生变化,同样也会使水域基础生产者的浮游植物和次级生产者浮游动物的时空分布和地理群落构成发生长期趋势性的变化,最终导致以浮游动植物为饵的上层食物网发生结构性的改变,从而对渔业产生深远的影响。

Southward等综合过去70年对英吉利海峡西部浮游动物和潮间带生物数量的时空变动的调查结果,发现全球气候变暖使得暖水种类的种群数量增加,栖息范围扩大,而冷水种类的种群数量下降,栖息范围缩小。从20世纪20年代至今,暖水性浮游动物和潮间带生物栖息分布的北限已向北移动了222.24 km,物种数量增减的幅度达2～3个数量级。Southward等预测,到21世纪中叶,如果海水温度上升2℃,那么浮游生物、底栖生物和鱼类栖息分布范围的变动幅度将达到370.4～740.8 km，北海浮游生物、底栖生物和浮游鱼类的群落结构都将重组。浮游动植物地理群落组成的变化和数量的增加将使直接以此为食的一些较低等的小型海产品的种群数量增加，但一些处于食物链较上层的大型经济鱼类由于自身生理条件的限制，无法迅速改变自己的生存区域或饵料对象，其种群数量最终将因饵料的缺乏而下降。这就是近年来世界渔业总产量并没有显著下降，而一些典型的重要经济渔业却一蹶不振的主要原因之一。而且这种因生态群落结构性的变化引起的渔业衰退比捕捞过度更加缓慢与长久，往往用禁渔、休渔等方法也无法恢复。

全球气候变暖的重要后果之一是海平面的上升。世界海岸是人口最为密集和经济活动最为活跃的地带。在巨大的人口压力面前，人类必将用加固海防建设而不是向内地退却的方法来消除海平面上升带来的诸如淹浸等的影响。这样，势必导致许多湿地和浅滩被淹没，并使生活在这些地区的红树林、珊瑚和海藻等的面积下降，而红树林、海藻和珊瑚是许多鱼类繁殖的理想场所，其面积的减少对渔业生产的负面影响是巨大的。到2100年，海平面如果上升50 cm，美国的沿岸湿地将减少10 360 km^2。因为世界上约70%的鱼类至少在其生活史的某个环节依赖于近岸或内湾水域，海平面上升造成的近岸和内湾水域物理构造的重大改变必将给渔业带来巨大的影响。虽然在短时间内，渔业产量可能因海平面上升带来的近岸水体营养盐含量增加而受益，但最终将因沿岸生态系构造的改变而下降。据推算，海平面平均上升25 cm，将使美国湾岸的褐对虾的产量下降25%；海平面上升34 cm则将下降40%。

3. 臭氧层破坏

臭氧层空洞的危机，虽然不像环境污染那样显而易见，但是少了臭氧层就等于让紫外线轻易地入侵地球，造成了自然生态甚至于人类本身的一场大灾难。例如紫外线辐射的能量相当强，会对植物的生长造成致命的伤害，影响陆地上的生态。过强的紫外线辐射同时也会杀死海洋表层的浮游性生物，而这些位于食物链底层的生物一旦死亡，也会影响到整个海洋生态系的平衡。

在腐食食物链中扮演着最重要角色的细菌对紫外线辐射也相当敏感。如果把细菌暴露于紫外线辐射30 min，5 m以浅的近岸表层水中的细菌活力将降低30%，细菌胞外酶活性将降低70%。此外，紫外线辐射对中、大型水生生物的卵和幼虫都具有一定的杀伤力，而绝大多数海洋动物在其生活史都经过浮游幼虫阶段，因而紫外线辐射增加对海洋生物的影响几乎是涉及食物网的各个层次。值得关注的是，各类生物有机体都具有对紫外线辐射损伤的修复机制，而修复机制又有显著的种间差异，也就是说有些生物对紫外线辐射比另一些更敏感。这样长此以往，那些对紫外线辐射敏感的生物的种群数量必然受到抑制，而不敏感的或修复能力强的生物的种间竞争能力将会得到加强，最终导致水生生态群落发生结构性的变化。目前尚不知这种生态群落结构性改变对渔业生产的影响有多大，但从长期趋势来看，完全可能超过紫外线辐射对基础生产力的直接抑制作用。

综上所述，人类行为引发的全球性捕捞过度、水体富营养化、气候变暖和臭氧层被破坏等都对世界渔业产生极大的影响，而捕捞过度使鱼群抵御环境变化的能力降低，并直接破坏渔业资源，从而进一步加剧全球变化对海洋渔业的影响。水体富营养化造成的有害赤潮及鱼虾病害频发，往往给渔业，尤其是增养殖渔业带来巨大经济损失。气候变暖引起的海水升温和盐度改变，不仅直接影响海洋生物的生理、繁殖及时空分布，而且通过对海平面、上升流、厄尔尼诺现象、珊瑚礁、信风、径流、臭氧层的影响间接地影响世界渔业的格局。水体富营养化和全球温暖化水域生态系的结构与功能的长期的甚至是不可逆转的影响成为世界渔业的最主要影响因素。

三、渔业环境保护与渔业经济可持续发展

渔业环境与渔业经济是紧密联系的。渔业环境是渔业经济发展的基础，经济发展对渔业环境的变化起主导作用。渔业经济的发展可对渔业环境产生好的或坏的影响，而渔业环境的发展又反过来影响着渔业经济的发展。渔业环境与渔业经济的辩证关系表现如下。

1. *渔业环境是渔业经济发展的基础*

1）人类从事的渔业经济活动，包括生产、分配、流通、消费，通过一系列的劳动加工，从自然界中获取渔业资源以满足人类社会生存发展的需要。如果没有渔业环境提供大量的渔业资源作为经济生产过程的原材料，任何渔业生产活动都将无法进行。

2）在渔业经济活动过程中，总有一定数量的废物排入渔业环境，而渔业环境具有扩散、贮存、同化废物的机能，利用环境这种机能可以减少人工处理设施的投资与费用。如果破坏了渔业环境的这种机能，就要危害人类健康，要付出昂贵的处理废物和恢复环境机能的费用，从而影响渔业经济的发展。

3）某些渔业经济活动需要一定的环境条件做保证。如水产养殖业需要良好的水质、充足的光照等，否则，将会影响到水产品的质量和产量。

2. *渔业经济发展对渔业环境变化起着主导作用*

随着社会的发展、科学技术的进步和人口的不断增长，人类对自然界的干预能力逐渐增强，人们可以按自己的意愿改造自然。在原始社会，人类以采集和狩猎的生产方式为主，对渔业资源的索取要求不高，对周围环境影响不大。渔业生产活动是在自然界承受的范围内进行的。但是在工业革命以后，动力渔船、探鱼仪等的应用，人类开发利用渔业资源的速度和强度大大增加，同时人类的经济活动向自然环境排放大量废物，使环境污染日益严重，生态破坏和资源枯竭加重。人类发展生产的历史表明，当人类按自然规律办事，合理利用和改造自然时，就可保持较好的环境质量；反之，若一味按自己的意愿办事，违背客观规律，就会使环境质量不断下降。这说明经济发展对环境起主导作用，但不是决定性作用。

3. 渔业环境和渔业经济相互促进、相互制约

良好的渔业环境状况对渔业经济发展具有促进作用。它可以使渔业资源的再生增殖能力大于经济增长对渔业资源的需要,可为渔业生产发展提供良好的生态环境。渔业环境保护的要求可促使企业采用无污染、少污染的先进技术,提高资源的利用率,减少污染物的排放,还可以广泛开展废弃物的综合利用,发展渔业资源综合利用技术,避免对渔业环境的破坏性影响。渔业环境对渔业经济的制约作用,主要表现在渔业环境受污染和破坏后,不仅使社会遭受巨大的经济损失,而且环境资源的枯竭将直接导致渔业经济发展受阻。如近海渔业水域的污染,严重影响着水产养殖业的发展,同时也影响到水产品的质量,从而影响人们的身体健康。所以,渔业环境对渔业经济的制约,不是限制渔业经济活动的发展,而是限制其在经济发展中不合理利用环境资源的活动,使之符合自然生态规律。

4. 渔业环境与渔业经济需要协调发展

随着对环境与经济相互关系研究的深入,人们认识到:人类社会的进步必须发展经济,同时也要处理好经济发展与渔业环境保护的关系,防止渔业环境污染和破坏。渔业经济发展与渔业环境保护的关系是对立统一的。两者之间既有矛盾的一面,又有可以协调的一面。经济发展带来了环境问题,却增强了解决渔业环境问题的能力;渔业环境问题的解决,又增强了经济持续发展的能力。只要认真对待,采取适当的政策,渔业经济发展与渔业环境保护是可以在发展中统一起来的。基于这种认识,提出渔业经济与渔业环境需要协调发展,以实现经济效益、环境效益和社会效益的统一。实行协调发展战略既可照顾到眼前的利益,又可兼顾长远利益;既可照顾到局部利益,又可兼顾整体利益,是一种统筹兼顾、健全发展的理论。

渔业环境与渔业经济的协调发展,包含两层意思:一是只有保持渔业环境与渔业经济的协调,才能保持经济的稳定和持续发展;二是正确处理渔业环境与渔业经济的关系,环境与经济是可以协调发展的。

第三节　经济增长与渔业发展

一、渔业经济增长的要素

1. 推动经济增长的要素分类与特点

推动经济增长的源泉有人力资源、土地等自然资源、资本资源和知识资源。知识资源又可以进一步分为技术要素和制度要素。渔业资源和水资源是渔业经济增长的物质基础,渔业资源和水资源对渔业经济增长的作用犹如土地之于农业生产。古典经济学鼻祖亚当·斯密认为“土地是财富之母,劳动是财富之父”,而渔业资源和水资源就是渔业经济增长之母,离开了水资源和渔业资源,渔业生产活动将无法展开。亚当·斯密在

《国富论》中还写道:“财富并非由金或银带来,全世界的财富最初都是通过劳动得到的。”渔业生产劳动者在渔业经济增长过程中也是重要的源泉之一。在所有经济要素中,人力资源是最活跃的经济要素,人力资源是使用与控制资本资源、知识资源和土地资源的经济要素。随着人类对经济学研究的深入,人类开始更重视制度在推动经济增长中的作用,因为制度具有调整人力资源活力的功能,所以其有助于提高人的劳动积极性而推动经济增长。

渔业资源和水资源拥有与其他经济活动使用的自然资源不同的特性,使渔业生产活动中的人力资源、资本资源、技术和制度要素的经济增长作用与这些要素在其他产业扮演的角色具有一定的差异。了解渔业资源与水资源的生物生态特性和由此带来的经济社会属性就具有重要意义。

2. 渔业资源的经济社会特性

(1) 渔业资源的稀缺性和应用潜力的无限性

相对于人类需求的无限性,渔业资源也是典型的稀缺性资源。工业革命后,人类对渔业资源的采捕强度不断提高,在第二次世界大战以后愈演愈烈。1950 年,世界海洋渔业的捕捞总产量就达到了 2 110 万 t,超过了二战前的最高水平。随着社会进步、人口增长和生活水平提高,人类对水产蛋白质的偏好升温,优质水产品价格持续高涨,对水产品的需求量不断增长。20 世纪末,中国绝大部分近海海域的渔场已被过度开发,渔业资源严重衰退。

技术进步和制度创新能提高渔业资源的应用潜力。深水网箱技术的开发为人类拓展了可以用于鱼类养殖的深海海域。渔业管理制度的创新能有效控制对渔业资源的过度捕捞,从而提高开发潜力。

(2) 渔业资源的整体性

每一种生物都处在食物链上的一定营养级上,处于食物网的某一个位点上。在一个生态群落中,生产者制造有机物,消费者则消耗有机物。生产者和消费者之间既相互矛盾又相互依存,构成一个稳定的生态平衡系统。在这个系统中的任何一个环节,一个物种受到破坏,原有系统就会失去平衡,整个系统就可能崩溃。渔业资源作为生物资源,是生态系统的重要组成部分,因此,在设计渔业制度时,必须充分考虑生态系统的平衡性,考虑生态系统中的各种资源要素的相互关系。

(3) 渔业资源的地域性

不同海区的渔业资源有明显的区域性。例如,黄海和渤海海域渔业资源的生物总量大,但鱼类的种类较少;而南海海域渔业资源的生物总量偏小,但是鱼类种类较多。作为海域的特种水产品,大连的扇贝、南通的文蛤和紫菜、舟山的带鱼都是我国广大消费者钟情的名牌水产品。

(4) 渔业资源的多用性

渔业资源具有多用性。例如,海水资源可以用于养殖,也可以用于航海和旅游事业。渔业资源可以直接被捕捞,为人类提供优质蛋白质,也可以发展游钓等休闲渔业,为人类提供娱乐服务。因此,在渔业资源的开发利用过程中,当以某种方式开发渔业资源时,就失去了以其他方式利用渔业资源的机会。在制定渔业制度时,必须充分考虑渔业资源的优化配置和开发过程中的机会成本。

(5) 渔业资源的产权特征

《中华人民共和国宪法》总纲第九条规定"矿藏、水流、森林、山岭、草原、荒地、滩涂等自然资源,都属于国家所有,即全民所有"。我国海洋渔业资源的产权是明晰的。但是,渔业资源的流动性和迁移性使其使用权难以明晰,"无主先占"容易导致过高的交易成本。

海洋渔业资源的流动性使其成为具有公有私益性的公共池塘资源。公共池塘资源在低管理成本下不能实现使用的非排他性,而且资源的消费具有明显的竞争性。海洋渔业资源的私益性刺激海洋渔业资源使用者大规模的竞争性开发,容易产生公共事物悲剧。我国的《中华人民共和国渔业法》虽然规定了渔业资源的产权属性,但是明晰渔业资源产权的使用权或经营权相当困难。在20世纪末期和21世纪之初,我国渔业资源产权的使用权通常采用许可证制度配置给从事海洋捕捞渔业生产的专业捕捞渔民,用养殖许可证将养殖水域的使用权配置给养殖企业或农户。

二、渔业资源利用的经济现象

1. 公共池塘资源(渔业资源)的悲剧

鱼类和海洋水资源的流动性使资源使用权界定与确认困难。渔业资源的公有私益性,以及理性经济人追求效用最大化的行为,是造成公共事物悲剧的原因。古希腊哲学家亚里士多德在其《政治学》中断言:"凡是属于最多数人的公共事物常常是最少受人照顾的事物,人们关怀着自己的所有,而忽视公共的事物。"英国学者哈丁(1986)认为,"在共享公共事物的社会中,毁灭是所有人都奔向的目的地,因为在信奉公共事物自由的社会中,每个人均追求自己的最大利益"。亚里士多德和哈丁的论述表明,公共物品被滥用是必然的。海洋渔业资源既具有典型的公有性,又具有满足消费者私利的私益性,因而,海洋渔业资源很容易被滥用从而引起捕捞过度。

2. 外部性市场失灵

外部性市场失灵是由经济活动的企业成本与社会成本不一致造成的。工厂排放废水污染环境,工厂的私人成本没有增加,社会治理环境的社会成本就会提高,造成外部成本大于私人成本的外部不经济性。

海水养殖生产具有外部不经济性。养殖生产者进行海水网箱养殖,为追求利润最大化和提高生产率,倾向于过度放养。在过度放养时,为控制疾病需投放添加抗生素的饲料和使用农药。饲料和农药会随着海水的流动,造成相邻水域污染。这时就会因外部不经济性带来社会成本增加。大量海洋捕捞渔船集中在一个较小的渔场进行作业,会产生拥挤效应，带来渔业矛盾和摩擦，导致外部不经济性。在捕捞(养殖)渔民数量较少时，生产者可以通过谈判形成一个联合体，缓解矛盾。但是，当经济活动主体个数增多，市场难以将外部效应内部化时，市场机制就会在渔业生产活动中失灵。

3. 公共物品性市场失灵

公共物品的供给是不可分的，不能完全按市场机制来配置。因此，公共物品是私人无法生产或不愿意生产的物品，是必须由政府提供，或由政府、企业和个人共同提供的产品或劳务。海洋渔业资源是典型的公共性物品。每一位渔民或每一条渔船的捕捞作业行为仅仅考虑的是个人的边际产出和边际收益，而不顾及增加捕捞强度对其他渔船的影响。在群众渔业成为主体的情况下，公共池塘资源开发利用的公共性失灵会带来经济效率损失和市场调节公共性物品的失灵。

三、从线性到循环：经济增长方式的转变

就经济社会发展与环境资源的关系而言，经济发展过程中经历了三个过程：① 传统经济增长范式；② 生产过程末端治理经济增长范式；③ 循环经济增长范式。

1. 传统经济增长范式

在传统经济增长范式中，人类与环境资源的关系是，人类犹如寄生虫一样，向资源索取想要的一切，又从来不考虑环境资源的承受能力，实行一种“资源—产品生产—污染物排放”式的单向性开放式线性经济增长范式(图2-1)。早期人类的经济活动能力有限，对资源环境的利用能力低。环境本身也有一定的自净能力。因此，人类经济活动对资源环境的破坏并不明显。但是，随着技术进步、工业发展、经济规模扩大和人口增长，人类对环境资源的压力越来越大。传统经济增长范式导致的环境污染、资源短缺现象日益严重，人类生存受到自身发展后果带来的惩罚。

图2-1　传统的线性经济增长范式

2. 生产过程末端治理经济增长范式

生产过程末端治理经济增长范式开始重视环境保护问题，强调在生产过程的末端实施污染治理。目前，许多国家和地区依然采用末端治理的经济增长范式。支撑该经济增长范式的理论基础主要有庇古的“外部效应内部化”理论和“科斯定理”。前者认为通过政府征收“庇古税”可以控制污染排放，后者认为只要产权明晰，就可以通过谈判方式解决环境污染和资源过度利用问题。后来又出现了“环境库兹涅茨曲线”理论，认为环境污染与人均GDP收入之间存在倒“U”形关系，随着人均GDP达到一定程度，环境污染问题就会迎刃而解。这些理论对遏制环境污染问题的扩展曾起到了巨大的作用。

生产过程末端治理经济增长范式虽然也强调环境保护，但是，其核心是，一切从人类利益出发，把人视为资源与环境的主人与上帝，从来不顾及对环境及其他物种的伤

害。恩格斯说过:“我们不要过分陶醉于人类对自然界的胜利。对于每一次这样的胜利,自然界都要对我们进行报复。对于每一次胜利,起初确实取得了我们预期的结果,但是往后却发生了完全不同的、出乎意料的影响,常常把最初的结果又消除了。”从资源严重短缺和环境污染日趋严重的现实来看,人类必须认真反思生产过程末端治理经济增长范式。

3. 循环经济增长范式

(1) 何谓循环经济增长范式

经济增长稍一加速,很快就会遇到资源与环境瓶颈问题。所以人类必须反思传统经济增长范式带来的问题,探讨经济增长范式的转变。20 世纪 60 年代,美国经济学家鲍尔丁提出了“宇宙飞船理论”,萌发了循环经济思想的萌芽。强调经济活动生态化的第 3 种经济增长范式——循环经济增长范式随之应运而生。循环经济增长范式强调遵循生态学规律,合理利用资源与环境,在物质循环的基础上发展经济,实现经济活动的生态化。循环经济增长范式的本质是生态经济,强调资源与环境的循环使用,是一个“资源—产品—再生资源”的闭环反馈式经济活动过程。

(2) 循环经济增长范式的特点

循环经济增长范式最重要的特点包括: ① 经济增长主要不是靠资本和其他自然资源的投入,而是靠人力资本的积累和经济效率的提高;② 提高经济效益主要依靠技术和制度等要素;③ 经济增长从“人类中心主义”转向“生命中心伦理”;④ 重视自然资本的作用;⑤ 关注生态阈值。

(3) 循环经济增长范式的 3R 原则

循环经济增长范式强调 3R 原则,即减量化(reduce)、再使用(reuse)和再循环(recycle)原则。在人类经济活动中,不同的思维范式可能会带来不同的资源与环境使用范式。一是线性经济与末端治理相结合的传统经济增长范式;二是仅考虑资源再利用和再循环的经济增长范式。最后是包括 3R 原则在内的,强调避免废物优先的低排放或零排放的经济增长范式(图 2-2)。

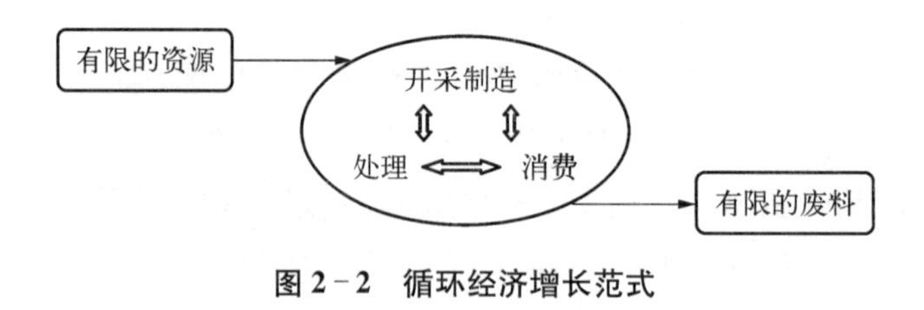

图 2-2 循环经济增长范式

第四节 现代渔业发展方式

中国人口众多,土地、水等自然资源相对短缺,粮食问题始终是经济发展中的首要问题。1978 年以后，中国经济得到快速发展，渔业经济也得到长足发展。1989 年，中国的水产品总产量达到 1 332 万 t，首次居于世界第一位，到 2007 年已经连续 18 年居世界之首。1978 年中国水产品总产量只占世界水产品总产量的 6.3%，2007 年中国的水产品总产量就占世界水产品总产量的 1/3 强。中国的渔业为中国粮食安全、调整和优化农业产业结构、增加农民收入、吸纳农业剩余劳动力和出口创汇做出了应有的贡献。

20 世纪末期，我国渔业产业发展与其他产业相似，主要是依靠占用大量自然资源、使用廉价人力资源和引进外国资本发展起来的。中国的渔业经济增长范式是典型的线性增长范式。进入 21 世纪以后，中国的渔业经济增长、渔业发展、渔村建设和渔民生活都面临着巨大挑战。海洋与淡水渔业资源被过度捕捞，捕捞强度大大超过了渔业资源的再生能力，捕捞渔船的经济效益不断下降。缺乏合理的规划而滥用海域和淡水资源，导致水域资源污染日趋严重，水产品价格持续降低，渔业可持续发展面临着严峻挑战。转变渔业经济增长方式，推进循环经济型的现代渔业经济增长范式成为 21 世纪渔业经济可持续发展的必然趋势。

一、传统渔业经济增长范式中的要素投入

1. 渔业劳动力持续增长，经济效率下降

中国是劳动力剩余的国家，在传统渔业经济增长范式下，渔业劳动力连年持续增长。在海洋捕捞渔业中，2001 年专业捕捞劳动力就达到 120 万人。在海洋捕捞渔村实行承包渔船经营期内的 1989~1994 年，中国海洋捕捞专业劳动力增长 11.2 万人，平均每年增长 2.2 万人。过剩的渔业人力资源投入对海洋渔业资源构成巨大威胁，导致捕捞过度，1999 年以后渔业经济效率开始持续下降。由于东部沿海地区较发达，养殖渔业具有高于种植业的比较优势，淡水海水养殖渔业产业的劳动力投入也持续增长。

2. 渔业投资持续增长，经济效率下降

1978 年中国的海洋捕捞功率为 169 万 kW，实行渔船承包经营体制后，海洋捕捞渔船快速增加。2004 年捕捞功率达到 1 374 万 kW，比 1980 年净增长 1 174 万 kW。但是，在海洋渔业投资持续增长过程中，单位捕捞努力量的经济效率不断下降，每千瓦努力量的渔获量由 1975 年的 2.12 t 下降到 1989 年和 1990 年的历史最低点。

陈新军（2004）以东海渔业区渔业资源为对象，对中国近海渔业资源可持续利用进行了实证研究，结果证明，东海渔业区渔业资源的开发利用经历了轻警、中警、重警和巨警阶段。在重警阶段（1984~1996 年），渔货物营养级水平偏低；优质鱼类渔获量占总渔获量的比重只有 30%~40%、每千瓦渔获量均在 0.90t 以下。截至 20 世纪末，中国海洋捕捞渔业的渔船经济效益已经相当低下，无论是生物学意义上，还是经济学意义上的海洋渔业可持续发展都面临着危机。

3. 自然资源的投入

中国海洋渔业资源的特点是生物物种具有多样性，但是种群生物量普遍较低。到

21世纪初期,中国海域已经开发的渔场面积有81.8万平方海里,大部分渔业资源被过度利用。200海里专属经济区制度的实施将进一步使中国的海洋捕捞渔场面积减少。中国的浅海和滩涂总面积约为1 333万 hm^2,按20世纪末的科学技术水平,可用于人工养殖的水域面积为260万 hm^2,而已经开发利用的面积就达到了100万 hm^2。中国的土地资源也十分稀缺。中国陆地自然资源的人均占有量低于世界平均水平,人均耕地面积为1.19亩*,相当于世界平均水平的1/4,广东省、福建省和浙江省等省份的人均耕地面积只有0.6亩左右,低于联合国规定的人均耕地警戒线0.79亩。中国的淡水资源极为稀缺,人均占有量仅为世界平均水平的1/4。随着人口增长、生活水平提高,人类对淡水的需求将持续增长。在多年的渔业经济高速增长过程中,中国的自然资源已被过度投入使用,持续增长的量还将受到经济社会发展的制约。

4. 知识要素的投入

除资源、劳动力和资本制约渔业经济增长之外,技术进步和制度变革是影响现代经济发展与增长的重要因素。但是,海洋渔业资源和水域资源具有不同于土地资源的经济社会特征,是典型的公共池塘资源。在海洋捕捞渔业中,技术进步是把双刃剑,既可以推动经济增长,也可能因应用管理不当,对海洋渔业发展带来不利影响。20世纪60年代,捕捞技术的进步推动世界渔业进入高速发展时期。伴随着世界渔业的发展,中国海洋捕捞强度也日益增长。1971年中国渔轮实现了机帆化,渔船装上了起网机。渔船机械化扩大了作业渔场,渔业经济得到了发展。但是,由于没能够有效管理捕捞技术的应用,技术进步导致捕捞强度过快增大,最终导致渔业资源过度利用,捕捞效率下降。制度也是经济增长的源泉。制度通过降低交易成本、克服外部不经济性和提高要素利用效率而有明显的提高经济效益的作用。在未来中国渔业经济发展的历程中,应重视技术和制度等知识要素对渔业经济增长的作用。

二、现代渔业经济增长路径

20世纪下半叶以来日趋严重的环境问题,迫使人类反思经济增长的路径。1万年以前的农业革命和18世纪的工业革命,虽然在人类历史长河中有极其重要的意义,但是这两场革命也给环境、生态系统和生物资源带来了一定程度的破坏和危害。通过转变经济增长方式进行一场深刻的环境革命已经成为人类必须面对的现实。未来渔业经济增长必须推动传统的线性经济增长范式向循环经济型的现代渔业经济增长范式转变,摒弃以人力资源、资本和自然资源为主要经济增长动力的渔业经济增长范式,向以技术和制度为主要经济增长动力的渔业经济增长范式转变。

1. 优化提高产业结构,从强调渔业生产向强调渔业资源环境提供服务方向转变

渔业也称为水产业,是以栖息和繁殖在海洋和内陆水域中的经济动植物为开发对

* 1亩≈666.7平方米。

象,对其进行合理采捕、人工增殖、养殖和加工,以及用于观光、休闲等为人类提供各种商业服务的产业部门。渔业作为一个生产体系,成为国民经济的一个重要组成部分。

水产捕捞业和养殖业是人类直接从自然界取得产品的产业,称为第一产业。水产品加工业是对第一产业提供的产品进行加工的产业,属于第二产业。休闲渔业是为消费者提供最终服务和为生产者提供中间服务的产业,也称为第三产业。第三产业还包括渔业保险与金融、水产品流通与销售、游钓渔业、观赏渔业等。渔业产业结构是指渔业内部各部门,如水产捕捞、水产养殖、水产品加工,以及渔船修造、渔港建筑、流通和观赏休闲等部门,在整个渔业中所占的比重和组成情况,以及部门之间的相互关系。

水产捕捞业、养殖业和加工业等第一、第二产业是利用资源环境生产水产品的产业,休闲等产业是利用环境资源为人类提供服务的产业。前者通过消耗大量环境资源资本实现经济增长,后者在实现渔业经济增长的过程中,消耗自然资本的量相对很低。因此,应通过产业结构优化和产业结构高度化构建一种以提供渔业环境资源服务性为特征的渔业经济增长模式。

渔业产业结构优化是指通过产业结构调整,使各产业实现协调发展,并满足不断增长的需求的过程。产业结构高度化是要求资源利用水平随着经济与技术的进步,不断突破原有界限,从而不断推进产业结构朝高效率产业转变。产业结构高度化的路径包括沿着第一产业、第二产业和第三产业递进的方向演进;从劳动密集型向技术密集型方向演进;从低附加值产业向高附加值产业方向演进;从低加工度产业向高深精加工产业方向演进;从产品生产型向服务型产业演进。

2. 推进配额管理制度建设,转变捕捞渔业经济增长方式

捕捞业要在以增加捕捞努力量换取产量增长的资源环境破坏型增长方式,转变为在科学评估渔业资源量和分布的基础上、以配额制为基础的合理利用渔业资源的经济增长模式。在该过程中,要依照鱼类资源种群本身的自我反馈式再生过程,避免捕捞小型鱼类,避免过度捕捞鱼类而危及鱼类资源的再生能力,实现捕捞业的可持续发展。

3. 向自然资本再投资,维护生态系统的经济服务功能

在海洋渔业生产过程中,人类忽视了经济活动对生态系统和生物资源的破坏作用,海洋渔业资源过度捕捞已经成为不争之实。资源被过度捕捞大大提高了渔业生产的成本。如果在渔业生产活动中再不对自然资本进行投资,渔业资源与环境服务功能的进一步稀缺将成为制约海洋渔业生产经济效率提高的因素。维护渔业生态系统的再投资可以从两种不同的路径展开,即自然增殖和人工增殖。自然增殖是通过人们合理利用和严格保护水域环境与生态系统,使渔业资源充分繁衍、生长,形成良性循环。人工增殖是通过生物措施(人工放流)或工程措施(人工鱼礁)来增加资源量。

4. 以减量化为原则,变传统养殖为现代养殖,实现养殖经济增长

从生态和环境的角度来看,水、种、饵是养殖渔业的三要素。水是养殖渔业生产的环境基础。水最大的特征是稀缺性、流动性和易污染。传统的养殖模式忽视水资源的

机会成本,养殖用水的需求量大。传统养殖模式养殖密度过大、饵料质量差,养殖过程又具有开放性。养殖过程中带来的环境污染和资源成本高,严重影响环境资源的服务功能。生态养殖要改变传统养殖中的粗放型喂养模式,改变投入大、产出低的经济模式,积极发展精深养殖,提高单位面积水域的产出和质量,发展深水网箱养殖和工厂化养殖等现代养殖方法。未来应加快转变水产养殖业增长方式,推广标准化的、规范化的生态型海水养殖范式,实施海水养殖苗种工程,加快建设水产原良种场和引种中心,推广和发展优势品种养殖。

5. 以环境资源友好型经济增长为原则,强化捕捞管理

渔业水域环境是指以水生经济动植物为中心的外部天然环境,是水生经济动植物的产卵、繁殖、生长、洄游等生活过程中依赖的诸环境条件的统称。水生经济动植物繁殖、生长、发育的每一个阶段都必须在特定的环境下才能完成,资源量增减、质量优劣都直接受渔业水域环境变化的影响,因此,保护渔业水域是维持渔业可持续发展的基本前提。环境友好型经济发展范式主要表现在对渔业资源和环境的保护方面,应实现可持续发展,渔业生产不能以破坏环境为代价。例如,设置禁渔区、禁渔期,确定可捕捞标准、幼鱼比例和最小网目尺寸,实施总可捕捞量和捕捞限额制度,征收渔业资源增殖保护费,实施相关环境标准,推行污水处理和污染控制措施,建立渔业水质与环境监测体系等,都是从源头上控制人类经济活动对渔业资源和环境进行破坏的管理制度。

6. 经济组织变革与渔业经济增长

中国海洋渔业经济体制和组织制度是沿着私有经济、集体经济和转轨经济时期的股份制与萌芽状态的合作经济组织演进的。

私有经济时期的渔业经济组织制度的特征是,明晰的产权成为提高渔业生产经济效率的基础,制度安排适合当时中国海洋渔业的生产现实,尤其适合当时渔村生产力发展和渔业资源现状。因此,当时的经济组织制度安排有利于推动中国近海渔业的发展。

集体经济时期的政社合一的人民公社制度不是农村社区内农户之间基于私人产权的合作关系,而是国家控制农村经济权利的一种形式,是由集体承担控制结果的一种农村社会主义制度安排。国家控制农业生产要素的产权窒息了渔村的经济活力,生产积极性低下,以及集体经济管理者效率损失和无效率导致渔业生产经济效率下降。

转轨经济时期渔船承包经营体制和股份制明晰了生产要素的产权,降低了监督劳动力要素成本,提高了经济效率。但是,由于海洋渔业资源是典型的公共池塘资源,渔船承包责任制及股份制等在大大提高海洋捕捞渔民生产积极性的同时,也带来了捕捞竞争过度和产业活动外部不经济性,以及政府的管理成本上升等问题,造成了渔业生产的不可持续性。

随着中国由计划经济不断向市场经济转轨,市场经济机制将最终成为调节中国经济发展和增长的基本力量。但是,世界经济发展的历史表明,无政府主义的完全市场化的经济体制并非理想的经济机制。没有任何一个国家实行完全的市场经济。经济理论

表明,市场机制和政府在管理配置公共池塘资源时会出现市场失灵和政府失效现象。中国的渔业经济组织制度建设对中国海洋渔业经济的发展有重要意义。

思考题

1. 自然资源概念与特点。
2. 渔业资源的概念与特点。
3. 环境与环境问题的概念。
4. 环境问题产生的原因。
5. 渔业环境的作用。
6. 试述产生渔业资源衰退的原因。
7. 试述未来渔业发展的趋势与增长模式。
8. 简述推动经济增长的要素,并说明为什么人是推动经济增长的主要要素。

第三章　世界渔业

第一节　世界渔业发展现状概述

一、概述

随着捕捞渔业产量在20世纪80年代末出现相对停滞,水产养殖业一直是促进食用水产品供应量大幅增长的主要驱动力(图3-1)。虽然1974年水产养殖业对食用水产供应量的贡献率仅为7%,但这一比例在1994年和2004年已分别升至26%和39%。中国水产养殖产量占世界总量的60%以上,在其中发挥了重要作用。世界其他地区(不包括中国)的水产养殖产量在食用水产总供应量中所占的比例自1995年以来也已经至少翻了一番。

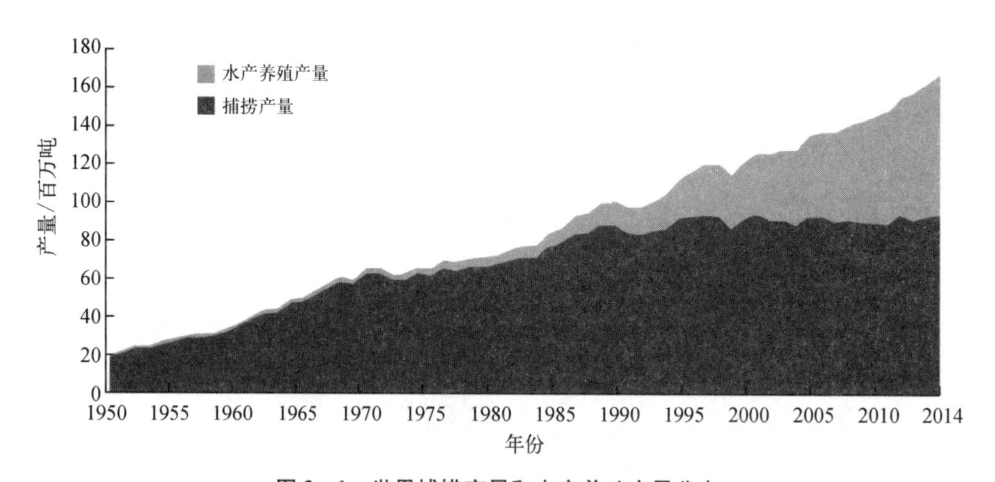

图3-1　世界捕捞产量和水产养殖产量分布

50年来,食用水产品的全球供应量增速已超过人口增速,1961~2013年年均增幅为3.2%,比人口增速高一倍,从而提高了人均占有量(图3-2)。世界人均表观水产品消费量已从20世纪60年代的9.9 kg增加到20世纪90年代的14.4 kg,再提高到2013年的19.7 kg,2014年已进一步提高到20 kg以上(表3-1)。

水产品消费量的大幅增长为全世界人民提供了更加多样化、营养更丰富的食物,从而提高了人民的膳食质量。2013年,水产品在全球人口动物蛋白摄入量中占比约17%,在所有蛋白质总摄入量中占比6.7%。此外,对于31亿多人口而言,水产品在其日均动物蛋白摄入量中占比接近20%。水产品通常富含不饱和脂肪酸,有益于预防心血管疾

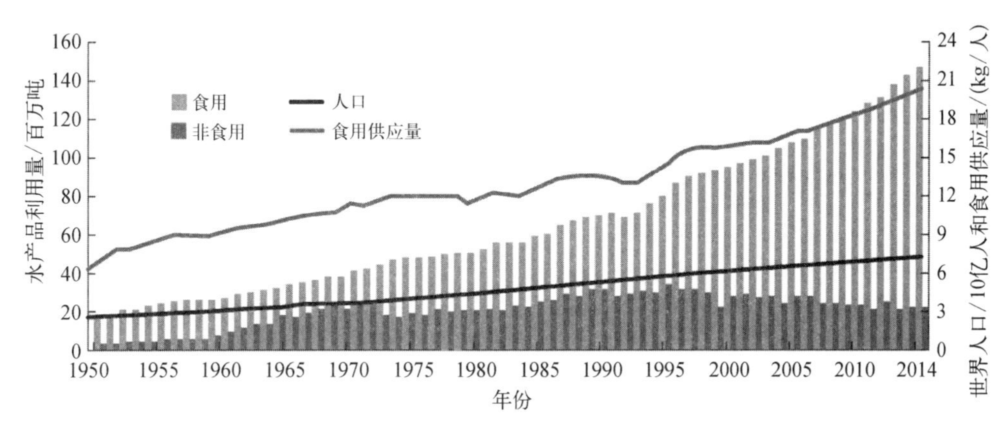

图 3－2　世界水产品利用量和食用供应量分布

病，还能促进胎儿和婴儿的脑部和神经系统发育。正因为水产品具有宝贵的营养价值，其还能在改善不均衡膳食方面发挥重要作用，并通过替代其他食物，起到逆转肥胖的作用。

表 3－1　世界渔业和水产养殖产量及利用量统计表

项　目	2009 年	2010 年	2011 年	2012 年	2013 年	2014 年
捕捞						
内陆捕捞	10.5	11.3	11.1	11.6	11.7	11.9
海洋捕捞	79.7	77.9	82.6	79.7	81.0	81.5
小计	90.2	89.1	93.7	91.3	92.7	93.4
养殖						
内陆养殖	34.3	36.9	38.6	42.0	44.8	47.1
海水养殖	21.4	22.1	23.2	24.4	25.5	26.7
小计	55.7	59.0	61.8	66.5	70.3	73.8
捕捞和养殖合计	145.9	148.1	155.5	157.8	163	167.2
利用量						
可供人食用	123.8	128.1	130.8	136.9	141.5	146.3
非食用	22.0	20.0	24.7	20.9	21.4	20.9
世界人口/10 亿人	6.8	6.9	7.0	7.1	7.2	7.3
人均食用鱼供应量/kg	18.1	18.5	18.6	19.3	19.7	20.1

二、世界捕捞业概述

2014 年全球捕捞渔业总产量为 9 340 万 t，其中 8 150 万 t 来自海洋，1 190 万 t 来自内陆水域（表 3－1）。就海洋渔业产量而言，中国依然是产量大国，随后是印度尼西亚、美国和俄罗斯。2014 年秘鲁鳀捕捞量降至 230 万 t，仅为上一年的一半，为 1998 年出现严重的厄尔尼诺现象以来的最低水平，但 2015 年已回升至 360 万 t 以上。自 1998 年以来,鳀鱼首次失去了捕捞量第一的地位,位居阿拉斯加狭鳕之后。4 种高价值物种(金枪鱼、龙虾、虾和头足类)在 2014 年创出了捕捞量新高,金枪鱼和类金枪鱼的总捕捞量接近 770 万 t。

西北太平洋依然是捕捞渔业产量最高的区域,随后是中西部太平洋、东北大西洋和东印度洋。除东北大西洋以外,这些区域的捕捞量与 2003~2012 年的 10 年相比,均出现了增长。地中海和黑海的情况令人震惊,自 2007 年以来,其捕捞量已下降了 1/3,主要原因是鳀鱼和沙丁鱼等小型中上层鱼类捕捞量下降,且多数其他物种也受到影响。

世界内陆水域捕捞量继续保持良好的态势,2014 年约为 1 190 万 t,前 10 年总共增长了 37%。共有 16 个国家的全年内陆水域捕捞量超过 20 万 t,这些国家的内陆水域捕捞量加在一起占世界总内陆水域捕捞量的 80%。

三、世界水产养殖业概述

2014 年水产养殖总产量达到 7 380 万 t,其中包括 4 980 万 t 鱼类(992 亿美元)、1 610 万 t 贝类(190 亿美元)、690 万 t 甲壳类(362 亿美元)和 730 万 t 包括两栖类在内的其他水产品(37 亿美元)。2014 年中国水产养殖产量为 4 550 万 t,占全球水产养殖总产量的 60%以上,其他主产国包括印度、越南、孟加拉国和埃及。此外,水生植物养殖总量为 2 730 万 t(56 亿美元)。水生植物养殖主要为海藻,其产量一直呈快速增长趋势,目前已有约 50 个国家开展了此项养殖活动。重要的是,从粮食安全和环境角度看,世界动植物水产养殖产量中约有一半为非投喂型物种,包括鲢鱼、鳙鱼、滤食性物种(如双壳贝类)和海藻,但投喂型物种的产量增速高于非投喂型物种。

四、世界渔业船队概述

2014 年世界渔船总数估计约为 460 万艘,与 2012 年的数字十分接近。亚洲的渔船总数最多,共计 350 万艘,占全球渔船总数的 75%,随后是非洲(15%)、拉丁美洲及加勒比(6%)、北美(2%)和欧洲(2%)。从全球看,2014 年报告的渔船中有 64%属于机动船,其中 80%位于亚洲,其他区域占比均低于 10%。2014 年,世界机动渔船总数中约有 85%长度不足 12 m,这些小型渔船在所有区域均占主导地位。2014 年,在海上作业的长度超过 24 m 的渔船数量估计约为 6.4 万艘,与 2012 年持平。

五、世界海洋渔业资源状况概述

世界海洋水产种群状况整体未好转,尽管部分地区已取得明显进展。据 FAO 对受评估的商品化捕捞种类的分析,处于生物学可持续状态的水产种类所占比例已从 1974 年的 90%降至 2013 年的 68.6%。因此,估计有 31.4%的种类处于生物学不可持续状态,遭到过度捕捞。在 2013 年受评估的种类中,58.1%为已完全开发,10.5%为低度开发。属于低度开发的种类在 1974~2013 年一直呈持续减少趋势,但已完全开发的种类从1974~1989年呈减少趋势,随后在2013年升至58.1%。与此相应,处于生物学不可持续水平的种类所占比例出现上升趋势,尤其是在20世纪70年代末和80年代,从1974年的10%升至1989年的26%。1990年以后,处于生物学不可持续水平的种类数量继续呈增加趋势,只不过速度有所放缓。2013年,产量最高的10种种类在全球海洋捕捞产量中的占比约为27%。但多数物种都已得到完全开发,不再具备增产潜力,其余种类正在遭遇过度捕捞,只有在渔业资源得到有效恢复的前提下才有增产的可能性。

六、世界水产品加工与利用概述

近几十年来,直接供人类食用的水产品在世界水产品总产量中所占的比例已大幅上升,从20世纪60年代的67%升至2014年的87%,即多于1 460万t。其余的2 100万t为非食用产品,其中的76%用于加工鱼粉和鱼油,其余的主要用于多种其他用途,如直接作为饲料用于水产养殖。副产品的利用正日益成为一项重要产业,其中不断引起人们关注的一点就是处理过程中的监管、安全和卫生问题,以便减少浪费。

2014年,直接供人类食用的水产品中有45.6%(6 700万t)采用生鲜或冷藏的方式,这在一些市场中是最受欢迎、价值最高的产品形式。其余则采用不同的加工方式,约11.5%(1 700万t)为干制、盐渍、烟熏或其他加工产品,13%(1 900万t)为熟制和腌制产品,30%(约4 400万t)为冷冻产品。冷冻是食用水产品的主要加工方式,2014年冷冻产品在经加工的食用水产品中的占比为55%,在水产品总产量中的占比为26%。

鱼粉和鱼油仍然是最具营养、最易消化的水产养殖饲料成分。随着对饲料的需求不断增强,为应对鱼粉和鱼油价格较高的问题,水产复合饲料中使用的鱼粉和鱼油含量已呈现下降趋势,人们有选择性地将其作为饲料中含量较低的战略性成分,用于特殊的生产阶段,尤其是用于鱼苗场、亲鱼和最后育肥期。

七、世界水产品贸易概述

国际贸易在渔业和水产养殖业中发挥着重要作用,能创造就业机会、供应食物、促进创收、推动经济增长与发展,以及保障粮食与营养安全。水产品是世界食品贸易中的大宗商品之一,估计海产品中约78%参与国际贸易竞争。对于很多国家和无数沿海沿河地区而言,水产品出口是经济命脉,在一些岛国可占商品贸易总值的40%以上,占全球农产品出口总值的9%以上,占全球商品贸易总值的1%。近几十年来,在水产品产量增长和需求增加的推动下,水产品贸易量已大幅增长,而渔业部门也面临着一个不断一体化的全球环境。此外,与渔业相关的服务贸易也是一项重要活动。

中国是水产品生产和出口大国,同时也是水产品进口大国。中国为其他国家提供水产品加工外包服务,而国内对非国产品种的消费量也在不断增长。但经过多年持续增长后,水产品贸易在2015年出现放缓迹象,加工量则出现下降趋势。挪威作为第二大出口国,在2015年创出了出口值新高。2014年越南超过泰国,成为第三大出口国,而泰国则自2013年起经历了水产品出口大幅减少的现象，主要原因是疾病导致虾产量减少。欧盟（成员组织）在2014年和2015年是最大的水产品进口市场，随后是美国和日本。

发展中国家1976年的水产品出口量仅占世界贸易总量的37%，但到2014年其出口值所占比例已升至54%，出口量（活重）所占比例已升至60%。水产品贸易已成为很多发展中国家的重要创汇来源，此外，还在创造收入和就业机会、保障粮食安全和营养方面发挥着重要作用。2014年，发展中国家的水产品出口值为800亿美元，水产品出口创汇净值（出口减去进口）达到420亿美元，高于其他大宗农产品（如肉类、烟草、大米和糖）加在一起的总值。

第二节　世界渔业生产的演变与结构变化

一、世界渔业生产的演变

长期以来，世界渔业生产的主体是海洋捕捞业。20世纪90年代以来，国际上开始重视水产养殖业的发展，世界渔业总产量中，海洋捕捞年产量的比重在逐渐小幅度下降。国际社会也已经认识到，具有发展前途和潜在力量的不是海洋捕捞，而是水产增养殖。

渔业生产是随着社会经济的发展和科学技术的进步而发展的。为了便于分析研究，现将第二次世界大战结束后的世界渔业生产的演变大体分为以下几个阶段：20世纪50年代的恢复和发展阶段，60年代的发展阶段，70年代的徘徊阶段，80年代的公海渔业与水产养殖业发展阶段，90年代以来的渔业进入管理和结构调整阶段。

1. 第二次世界大战后至20世纪50年代的恢复和发展阶段

第二次世界大战于1945年结束。在此期间，沿海国的大量渔船遭到破坏，无法从事海洋捕捞作业，相对来说海洋渔业资源比较丰富。战后绝大部分国家，无论是战胜国还是战败国，都急需解决粮食和食品的短缺问题。沿海国只要条件允许，就积极恢复和发展沿岸和近海捕捞业。相对来说，捕捞业投入比农业、畜牧业要少，见效较快。1950年世界渔业总产量已达到2 110万t，超过了战前1938年的1 800万t的水平。1959年增加到3 690万t。在这10年期间，世界渔业平均年增长量为158万t，年增长率为7.48%。

2. 20世纪60年代的发展阶段

科学技术的发展会促进渔业生产力的提高。在这期间，首先是船舶工业的发展不仅提高了渔船的适航性和适渔性，还可建造大型渔船，船上还装有鱼产品加工设备，渔获物可在船上直接进行处理，大大地扩大了作业渔场范围。其次是利用第二次世界大战期间的探测声呐技术，发明了超声波的水平和垂直的探鱼仪器，在大海中可以直接测得鱼群所栖息的水层，并可以估计其数量。最后是普遍采用合成纤维材料，代替棉麻等天然纤维材料，大大提高了网渔具、钓渔具和绳索的牢度，延长了使用时间。为此，当时渔业发达国家积极地向远洋拓展，大力开发新渔场和新资源。到 1969 年，世界渔业总产量已达到 6 270 万 t。在这 10 年期间，世界渔业平均年增长量为 225 万 t，年增长率为 4. 24%。

3. 20 世纪 70 年代的徘徊阶段

事实上，渔业发达国家在 20 世纪 60 年代发展的远洋渔业实际上是在他国的近海发展起来的。当时一般沿海国的领海仅为 3 海里，3 海里外便是公海。按传统的海洋法规定，公海捕鱼自由，不受沿海国的约束。为此，从 60 年代后期起，广大的发展中国家为了防止发达国家依靠其科学技术能力大肆开发利用公海海底的矿产资源和沿海国的近海渔业资源，要求联合国召开第三次联合国海洋法会议，制订新的海洋法公约。联合国大会于 1971 年决定于 1973 年召开第三次联合国海洋法会议，直至 1982 年签订了《联合国海洋法公约》。在这期间，不少亚、非、拉美沿海国纷纷单独宣布其海洋的管辖范围，有 30 海里、50 海里、70 海里、110 海里，最大的为 200 海里。沿海国对擅自进入其管辖水域的外国渔船可采取扣押、罚款或判刑等处罚。这给远洋渔业国家带来了重大的打击，直接制约远洋渔业生产。同时，70 年代初秘鲁捕捞的秘鲁鳀资源状况受由南向北的秘鲁海流(即洪堡寒流)和太平洋的厄尔尼诺现象影响很大，1970 年曾达 1 200 万 t，次年下降至 200 万 t，直接引起了世界渔业总产量的波动。70 年代的世界渔业总产量徘徊在 7 000 万 t 左右。

4. 20 世纪 80 年代公海渔业与水产养殖业的发展阶段

1982 年第三次联合国海洋法会议通过了《联合国海洋法公约》，规定了沿海国有权建立宽度从领海基线量起不超过 200 海里的专属经济区制度后，其他国家只要经沿海国同意，遵守有关法规，交纳入渔费等就可以进入该区内从事捕鱼活动。由此，缓解了沿海国和运洋渔业国的矛盾。

有关远洋渔业国家考虑到进入沿海国专属经济区捕鱼会受到限制，从而转向大力发展大洋性公海渔业，促进渔业生产的发展。同时，20 世纪 80 年代中后期起，中国实施了“以养殖为主，养殖、捕捞、加工并举，因地制宜，各有侧重”的渔业生产方针，尤其是重视了内陆水域的养殖，不仅中国的渔业产量出现了空前的增长，还促进了世界渔业结构的调整，开始重视水产养殖生产。

相应地，在该阶段期间，世界渔业总产量走出了 20 世纪 70 年代的徘徊阶段，出现了明显增长。1984 年突破了 8 000 万 t，1986 年又突破了 9 000 万 t，1989 年超越了 1 亿 t。

5. 20 世纪 90 年代以来渔业进入管理和结构调整阶段

1990~1992 年连续 3 年世界海洋捕捞产量低于 1989 年，近海传统经济鱼类和公海渔业的过度发展,多种底层鱼类资源出现衰退现象等,引起了国际社会的关注。1992 年在巴西里约热内卢召开世界首脑参加的全球环境与发展会议上通过了《21 世纪议程》(Agenda 21),提出了可持续发展的新概念,并对保护、合理利用和开发海洋生物资源等问题提出了建议。相应地,FAO 在墨西哥坎昆召开了各国部长会议,讨论负责任捕捞问题。包括联合国大会就从 1993 年 1 月 1 日起在各大洋中禁止使用大型流刺网进行作业做出决议;1995 年 8 月经联合国渔业会议通过了《执行 1982 年 12 月 10 日〈联合国海洋法公约〉有关养护和管理跨界鱼类种群和高度洄游鱼类种群的规定的协定》(Agreement for the Implementation of United Nations Convention on the Law of the Sea Relating to the Conservation and Management of Straddling Fish Stocks and Highly Migratory Fish Stocks, UNIA),为具体执行和完善《联合国海洋法公约》中的跨界鱼类种群和高度洄游鱼类种群的养护和管理做出了具体规定;FAO 于 1995 年通过了《负责任渔业行为守则》等。总的来说,海洋捕捞生产从渔业资源开发型转向渔业资源管理型。另外,世界渔业结构还得到了调整,越来越重视水产养殖业的发展。

1990 年以后,世界渔业产量(含水生植物的产量)出现持续增加态势,从 1990 年的 1.028 7 亿 t,增加到 2015 年的 1.997 亿 t,增加来源主要为水产养殖。捕捞产量稳定在 8 400 万~9 500 万 t;水产养殖产量(含水生植物的产量)从 1990 年的 1 685 万 t 持续增加到 2015 年的 10 600 万 t。2013 年的水产养殖产量(含水生植物的产量)首次超过了捕捞产量。

二、世界渔业生产结构变化

世界渔业生产结构主要叙述内陆水域渔业与海洋渔业、水产养殖与水产捕捞等的产量结构及其变动趋势,以及海洋捕捞业中的主要捕捞对象,各大洋、主要捕捞国家等的产量结构及其变动趋势。

1. 内陆水域渔业与海洋渔业

内陆水域渔业与海洋渔业都分别由捕捞和养殖两部分组成。在产量上,虽然内陆水域渔业比海洋渔业低,但其内陆水域渔业的增长速度高于海洋渔业。从表 3-2 中的 1990~2015 年世界内陆水域渔业与海洋渔业产量的统计中可以看出,在内陆水域渔业中,1995 年和 2000 年的产量分别为 2 088.59 万 t 和 2 736.85 万 t,分别比 1990 年增长了 48.04%和 93.98%;相应地,2005 年、2010 年、2015 年的产量分别增加到 3 560.81 万 t、4 802.26 万 t 和 6 032.04 万 t,分别比 2000 年增长了 30.11%、75.47%和 120.40%。在海洋渔业中,1995 年和 2000 年的产量分别为 10 404.29 万 t、10 911.99 万 t,比 1990 年分别仅增长了 17.21%和 22.93%;相应地,2005 年、2010 年、2015 年的产量分别增加到 11 591.00 万 t、11 885.35 万 t 和 13 942.08 万 t,分别比 2000 年的产量仅增长了 6.22%、8.92%和 27.77%。上述产量的统计均包括水生植物的产量。

表 3-2 1990~2015 年世界内陆水域渔业与海洋渔业产量 (单位: 万 t)

项 目	1990 年	1995 年	2000 年	2005 年	2010 年	2015 年
内陆水域捕捞	644.35	728.66	858.66	943.39	1 103.61	1 146.95
内陆水域养殖	766.51	1 359.93	1 878.19	2 617.42	3 698.65	4 885.09
小 计	1 410.86	2 088.59	2 736.85	3 560.81	4 802.26	6 032.04
海洋捕捞	7 958.08	8 640.99	8 617.72	8 426.40	7 781.99	8 226.75
海洋养殖	918.53	1 763.30	2 294.27	3 164.60	4 103.36	5 715.33
小 计	8 876.61	10 404.29	10 911.99	11 591.00	11 885.35	13 942.08
合 计	10 287.47	12 492.88	13 648.84	15 151.81	16 687.61	19 974.12

从 1990~2015 年内陆水域渔业与海洋渔业产量的比例上看,内陆水域渔业产量占总产量的比例从 1990 年的 13.71%增长到 2000 年的 20.05%,2010 年进一步分别增加到 28.78%和 30.20%;相应地,海洋渔业产量的比例有逐年下降趋势,由 1990 年的 86.29%下降至 2000 年的 79.95%,进一步分别下降到 2010 年的 71.22%和 2015 年的 69.80%(表 3-3)。

表 3-3 1990~2015 年内陆水域渔业与海洋渔业产量的比例(%)

渔业类型	1990 年	1995 年	2000 年	2005 年	2010 年	2015 年
内陆水域渔业	13.71	16.72	20.05	23.50	28.78	30.20
海洋渔业	86.29	83.28	79.95	76.50	71.22	69.80

2. 水产养殖与水产捕捞

水产养殖与水产捕捞都分别由内陆水域和海洋两部分组成。在产量组成上,随着时间推移,目前水产养殖产量(包括水生植物的产量)高过水产捕捞,但产量增长速度上,1990~2015 年水产养殖远高于水产捕捞(表 3-4)。内陆水域捕捞产量除 2002 年略有下降以外,基本上年年有所增长;但海洋捕捞产量直至 2005 年尚未达到 2000 年的水平。下降幅度最大的是 2003 年,比 2000 年减产了 503 万 t。据 FAO 的报告,这与秘鲁生产的秘鲁鳀受厄尔尼诺现象影响,从而带来产量波动有关。1998 年秘鲁鳀产量仅为 170 万 t,2000 年又高达 1 130 万 t,以后又出现不同程度的波动现象,2004 年又达 1 070 万 t。2015 年水产捕捞总产量低于历史最高产量,为 9 373.69 万 t,但比 2010 年要高 500 万 t 左右,其增量主要来自海洋捕捞业;内陆捕捞产量出现持续小幅增加趋势,2015 年达到 1 146.95 万 t,达到历史的最高水平。

表 3-4 1990~2015 年世界水产养殖与捕捞产量 (单位: 万 t)

项 目	1990 年	1995 年	2000 年	2005 年	2010 年	2015 年
内陆水域捕捞	644.35	728.66	858.66	943.39	1 103.61	1 146.95
海洋捕捞	7 958.08	8 640.99	8 617.72	8 426.40	7 781.99	8 226.75

（续表）

项　目	1990 年	1995 年	2000 年	2005 年	2010 年	2015 年
小　计	8 602.43	9 369.65	9 476.38	9 369.79	8 885.60	9 373.70
内陆水域养殖	766.51	1 359.93	1 878.19	2 617.42	3 698.65	4 885.09
海洋养殖	918.53	1 763.30	2 294.27	3 164.60	4 103.36	5 715.33
小　计	1 685.04	3 123.23	4 172.46	5 782.02	7 802.01	10 600.42
合　计	10 287.47	12 492.88	13 648.84	15 151.81	16 687.61	19 974.12

从水产养殖产量的增长速度进行分析，1995 年和 2000 年的水产养殖产量分别比 1990 年增长了 85.35%和 147.62%，相应地，2005 年、2010 年和 2015 年分别比 2000 年又增长了 38.58%、86.99%和 154.06%。其中 1995 年和 2000 年的内陆水域养殖产量分别比 1990 年增长了 77.42%和 145.03%，而 2005 年、2010 年和 2015 年分别比 2000 年又增长了 39.36%、96.93%和 160.01%；1995 年和 2000 年的海水养殖产量分别比 1990 年增长了 91.97%和 149.78%，而 2005 年、2010 年和 2015 年又分别比 2000 年增长了 37.93%、78.95%和 149.11%。水产捕捞产量增长速度远低于水产养殖产量，1995 年和 2000 年水产捕捞产量分别比 1990 年增长了 8.92%和 10.16%，相应地，2005 年、2010 年和 2015 年分别比 2000 年下降了 1.13%、6.24%和 1.08%。

从 1990~2015 年水产养殖与水产捕捞产量的比例进行分析（表 3－5），水产养殖产量比例由 1990 年的 16.38%增加到 2000 年的 30.57%，进一步增加到 2010 年的 46.75%和 2015 年的 53.07%，而水产捕捞产量比例由 1990 年的 83.62%下降至 2000 年的 69.43%，进一步下降到 2010 年的 53.25%和 46.93%。由表 3－5 可知，世界渔业产量中（包括水生植物的产量），水产养殖产量已经超过了水产捕捞产量，可见水产养殖在世界渔业中的地位日益重要。

表 3－5　1990~2015 年水产养殖产量与水产捕捞产量的比例（%）

项　目	1990 年	1995 年	2000 年	2005 年	2010 年	2015 年
水产捕捞	83.62	75.00	69.43	61.84	53.25	46.93
水产养殖	16.38	25.00	30.57	38.16	46.75	53.07

第三节　世界海洋捕捞业

一、主要海洋捕捞国家

在 20 世纪 80 年代中期以前的相当长时期内，世界上排名前 3 位的海洋捕捞国家是日本、苏联和中国。秘鲁因其秘鲁鳀资源波动很大，个别年份可达到首位。从 20 世纪 90 年代起,日本和俄罗斯的地位明显下降。

日本:因沿海国建立专属经济区制度和国际上对公海渔业管理日益严格等方面的制约,国内劳动力的缺乏,石油价格的上涨,生产成本的提高,整个海洋捕捞业趋向于萎缩,生产连续下降。但日本是具有食用水产品传统的国家,由此由捕捞生产国向水产品贸易国发展,采取进口渔产品,满足其国内的需求。历史上日本最高产量是 1988 年达 1 200 万 t,2002 年为 440 万 t,2004 年为 480 万 t,2014 年下降到 361 万 t,2015 年仅为 343 万 t。

俄罗斯:20 世纪 50 年代起苏联大力发展远洋渔业,其远洋渔业船队规模巨大,以大型拖网加工渔船为主,主要分布在东北大西洋、中东大西洋和东南大西洋,西印度洋,以及西北太平洋。年产量最高可达 700 万~800 万 t。苏联解体后,其国有企业纷纷瓦解,年产量连续下降,到 1994 年仅为 370 万 t,2002 年为 320 万 t,2004 年为 290 万 t,之后出现了增加趋势,2014 年达到 400 万 t,2015 年进一步增加到 417 万 t。

中国:20 世纪 70 年代后期至 80 年代初,全国海洋捕捞年产量保持在 300 万 t 左右(全国渔业产量约为 450 万 t)。改革开放以后,包括海洋捕捞产量在内的全国渔业产量持续获得增长。1990 年海洋捕捞产量为 585 万 t,1991 年突破了 600 万 t(645 万 t),1995 年突破了 1 000 万 t(1 110 万 t),2009 年突破了 1 300 万 t(1 301 万 t),2012 年进一步突破 1 400 万 t(1 413 万 t),2015 年为 1 531 万 t。

2002 年、2004 年和 2015 年世界前 10 位海洋捕捞国家见表 3-6,各个时间段出现了明显的变化。2002 年前 10 位海洋捕捞国家为中国、秘鲁、美国、印度尼西亚(以下简称为印尼)、日本、智利、印度、俄罗斯、泰国和挪威;2004 年前 10 位海洋捕捞国家为中国、秘鲁、美国、智利、印尼、日本、印度、俄罗斯、泰国和挪威;2015 年前 10 位海洋捕捞国家为中国、印尼、美国、秘鲁、俄罗斯、印度、日本、越南、挪威和菲律宾。从排序上分析,中国始终处于海洋捕捞产量首位,日本从 2002 年的第 5 位,下降到 2004 年的第 6 位,进一步下降到 2015 年的第 7 位,而美国和挪威相对比较稳定,美国始终处于第 3 位,挪威始终处于第 9~10 位。在世界前 10 位的海洋捕捞国家中,发展中国家占 6~7 个。

表 3-6　2002 年、2004 年、2015 年世界前 10 位海洋捕捞国家

2002 年		2004 年		2015 年	
国　别	产量/百万 t	国　别	产量/百万 t	国　别	产量/百万 t
1. 中国	16.6	1. 中国	16.9	1. 中国	15.31
2. 秘鲁	8.8	2. 秘鲁	9.6	2. 印尼	6.03
3. 美国	4.9	3. 美国	5.0	3. 美国	5.02
4. 印尼	4.5	4. 智利	4.9	4. 秘鲁	4.79
5. 日本	4.4	5. 印尼	4.8	5. 俄罗斯	4.17
6. 智利	4.3	6. 日本	4.4	6. 印度	3.50

（续表）

2002年		2004年		2015年	
国　别	产量/百万 t	国　别	产量/百万 t	国　别	产量/百万 t
7. 印度	3.8	7. 印度	3.6	7. 日本	3.43
8. 俄罗斯	3.2	8. 俄罗斯	2.9	8. 越南	2.61
9. 泰国	2.9	9. 泰国	2.8	9. 挪威	2.29
10. 挪威	2.7	10. 挪威	2.5	10. 菲律宾	1.95

二、世界海洋捕捞主要对象

1. 基于捕捞产量的分析

根据 FAO 的统计，世界主要海洋捕捞对象可分为鲆鲽类、鳕类、鲱鳀类、金枪鱼类、虾类、头足类等。其中虾类包括对虾和其他小型虾等；头足类包括鱿鱼、乌贼和章鱼等。按 2000~2015 年的捕捞统计分析，鲆鲽类渔获量有一定范围内的波动现象，稳定在 0.86 百万 t~1.05 百万 t；鳕类的产量变动相对较大，在 6.95 百万 t~9.39 百万 t 波动。鲱鳀沙丁类等中小型上层鱼类是最重要的捕捞种类，因受秘鲁鳀的影响，年间产量变化很大，最高产量为 2000 年的 24.75 百万 t，最低产量为 2014 年的 15.59 百万 t；2000 年以来，金枪鱼类和虾类渔获量基本上呈稳定的上升趋势，2014 年其渔获量达到 7.48 百万 t，比 2000 年的 5.68 百万 t 增加了 1.8 百万 t；虾类产量也从 2000 年的 2.9 百万 t，增长到 2015 年的 3.37 百万 t。头足类的捕捞产量也呈稳定的增长趋势，从 2000 年的 3.69 百万 t，增长到 2015 年的 4.71 百万 t（表 3 – 7）。

表 3 – 7　2000~2015 年世界海洋捕捞主要对象渔获量动态　（单位：百万 t）

鱼　种	2000年	2001年	2002年	2003年	2004年	2005年	2006年	2007年
鲆鲽类	1.01	0.95	0.92	0.92	0.86	0.90	0.87	0.91
鳕　类	8.70	9.30	8.47	9.38	9.39	8.97	8.99	8.35
鲱鱼沙丁鱼类	24.75	20.44	22.14	18.66	23.02	22.28	19.18	20.14
虾　类	2.90	2.78	2.73	3.22	3.24	3.13	3.24	3.19
头足类	3.69	3.29	3.26	3.54	3.73	3.82	4.21	4.32
金枪鱼类	5.68	5.64	5.98	6.14	6.35	6.53	6.55	6.63
鲆鲽类	0.95	0.93	0.96	1.00	0.99	1.05	1.04	0.97
鳕　类	7.69	6.95	7.44	7.42	7.70	8.18	8.71	8.93
鲱鱼沙丁鱼类	20.39	20.18	17.27	21.17	17.57	17.60	15.59	16.70
虾　类	3.05	3.08	3.01	3.21	3.26	3.23	3.30	3.37
头足类	4.26	3.47	3.63	3.78	4.02	4.04	4.86	4.71
金枪鱼类	6.52	6.61	6.64	6.59	7.09	7.22	7.48	7.39

根据 FAO 的统计，各个年度的世界海洋捕捞主要种类会发生变化，主要是因为过

度捕捞、气候变化和渔业管理改善等，这些对渔业资源的减少或者增加起到了作用。如表 3 - 8 所示，2004 年世界海洋捕捞渔获量占前 10 位的鱼种有秘鲁鳀、狭鳕、蓝鳕、鲣、大西洋鲱鱼、鲐鱼、日本鳀、智利竹筴鱼、带鱼和黄鳍金枪鱼等，捕捞产量为 1.5 百万 t~9.7 百万 t。与 2002 年相比，只有毛鳞鱼一种排除在前 10 位之外，蓝鳕和鲐鱼的名次分别由第 8 位、第 9 位提升到第 3 位、第 6 位，新增加的黄鳍金枪鱼为第 10 位(表 3 - 8)。而 2015 年世界海洋捕捞渔获量占前 10 位的鱼种有秘鲁鳀、狭鳕、鲣、大西洋鲱鱼、鲐鱼、蓝鳕、黄鳍金枪鱼、日本鳀、大西洋鳕、带鱼，年捕捞产量为 1.27 百万 t~4.31 百万 t。

表 3 - 8　2002 年、2004 年和 2014 年世界海洋捕捞前 10 位的鱼种

排名	2002 年		2004 年		2015 年	
	鱼　种	产量/百万 t	鱼　种	产量/百万 t	鱼　种	产量/百万 t
1	秘鲁鳀	9.7	秘鲁鳀	10.7	秘鲁鳀	4.31
2	狭　鳕	2.7	狭　鳕	2.7	狭　鳕	3.37
3	鲣	2.0	蓝　鳕	2.4	鲣	2.82
4	毛鳞鱼	2.0	鲣	2.1	大西洋鲱鱼	1.51
5	大西洋鲱鱼	1.9	大西洋鲱鱼	2.0	鲐　鱼	1.49
6	日本鳀	1.9	鲐　鱼	2.0	蓝　鳕	1.41
7	智利竹筴鱼	1.8	日本鳀	1.8	黄鳍金枪鱼	1.36
8	蓝　鳕	1.6	智利竹筴鱼	1.8	日本鳀	1.33
9	鲐　鱼	1.5	带　鱼	1.6	大西洋鳕	1.30
10	带　鱼	1.5	黄鳍金枪鱼	1.4	带　鱼	1.27

2. *主要种类开发利用状况及其潜力分析*

基于 FAO 已评估的种类分析，处于生物可持续水平内的种类比例显示出下降趋势，从 1974 年的 90%下降到 2013 年的 68.6%(图 3 - 3)。因此，估计 2013 年有 31.4%的种类在生物学不可持续水平上被捕捞，因此为过度捕捞。在 2013 年评估的所有种类中，58.1%被完全捕捞，10.5%的种类为低度捕捞。1974~2013 年被低度捕捞的种类比例几乎持续下降，但被完全捕捞的种类比例在 2013 年达到 58.1%之前从 1974 年到 1989 年为下降趋势。相应地，在生物学不可持续水平上被捕捞的种类百分比增加，特别是在 20 世纪 70 年代后期和 80 年代，从 1974 年的 10%到 1989 年的 26%。1990 年后，在不可持续水平上被捕捞的种类数量继续增加，尽管增长速度比较缓慢，到 2013 年达到 31.4%。

不同种类的渔业产量变化极大。2013 年 10 个最高产种类的产量占世界海洋捕捞渔业产量的约 27%。这些种类的多数被完全捕捞，因此没有增加产量的潜力，而一些种类被过度捕捞，只有在成功恢复后才有可能增加产量。东南太平洋秘鲁鳀、北太平洋的狭鳕(*Theragra chalcogramma*)，以及东北大西洋和西北大西洋的大西洋鲱(*Clupea harengus*)被完全捕捞。

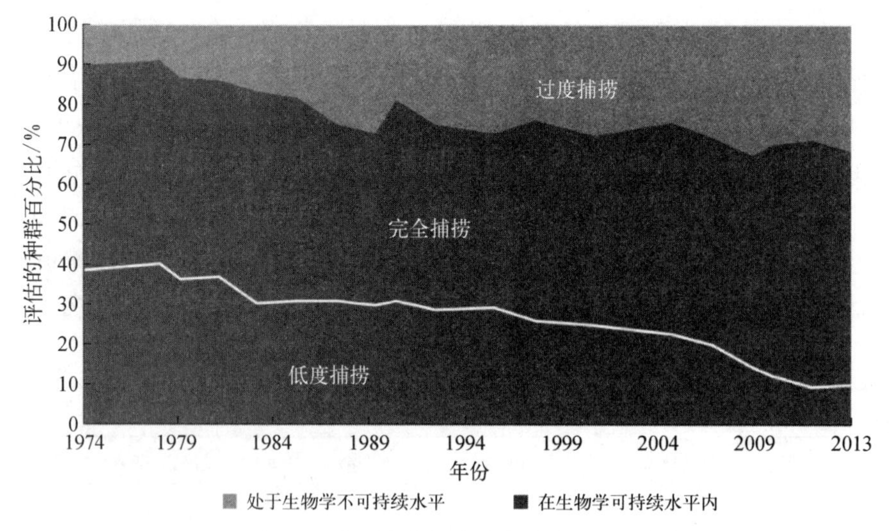

图 3-3　自 1974 年以来世界海洋鱼类种群状况全球趋势

西北大西洋的大西洋鳕(*Gadus morhua*)被过度捕捞,但在东北大西洋为被完全捕捞到过度捕捞。东太平洋的日本鲭(*Scomber japonicus*)被完全捕捞,在西北太平洋被过度捕捞。鲣鱼(*Katsuwonus pelamis*)被完全捕捞或低度捕捞。

2013 年金枪鱼和类金枪鱼的总产量约为 740 万 t(全球捕捞量的 9%)。主要上市的金枪鱼有长鳍金枪鱼、大眼金枪鱼、蓝鳍金枪鱼(3 个物种)、鲣鱼和黄鳍金枪鱼,2013 年产量为 510 万 t,这些产量约 70%来自太平洋。鲣鱼是主要上市金枪鱼产量最高的,2013 年占主要金枪鱼产量的约 66%,随后是黄鳍金枪鱼和大眼金枪鱼(分别约为 26%和 10%)。

在 7 个主要金枪鱼种类中,2013 年 41%的种类在生物学不可持续水平上被捕捞,而 59%的种类在生物学可持续水平内被捕捞(完全捕捞或低度捕捞)。鲣鱼上岸量一直在增长,2013 年达到 300 万 t。近年来,金枪鱼依然有很高的市场需求,但由于捕捞能力过剩,导致资源出现过度捕捞的现象,需要有效的管理来恢复被过度捕捞的种群。

三、世界各海区渔业资源开发利用状况

1. 西北太平洋

西北太平洋为 FAO 61 区。本区包括白令海、鄂霍次克海、日本海、黄海、东海和南海等。主要沿岸国家有中国、俄罗斯、日本、朝鲜、韩国和越南等。

西北太平洋是世界上利用最充分的渔区之一。该海区渔业资源种类繁多,中上层鱼类资源特别丰富,这些特点充分反映了本区的地形、水文和生物的自然条件。该海区有寒暖两大海流在此交汇,它们的辐合不仅影响沿岸区域的气候条件,同时也给该区的生物环境创造了有利条件。黑潮暖流与亲潮寒流在日本东北海区交汇混合,在流界区发展成许多的涡流,海水充分混合。研究表明,除了白令海和鄂霍次克海有反时针环流

以外，堪察加东南部的西阿留申群岛一带海区也有环流存在。这些海洋环境条件为渔业资源和渔场形成创造了极好的条件。该海区的主要捕捞对象有沙丁鱼、鳀鱼、竹筴鱼、鲐鱼、鲱鱼、竹刀鱼、鲑鳟鱼、鲣鱼、金枪鱼、鱿鱼、狭鳕、鲆鲽类、鲸类等。

西北太平洋是 FAO 统计区域中海洋捕捞产量最高的区域。20 世纪 80~90 年代海洋捕捞总产量在 1 700 万~2 400 万 t 波动，2010~2014 年年捕捞总产量均超过 2 000 万 t。其种类组成有中上层鱼类、底层鱼类、甲壳类三大主要捕捞类别。带鱼、狭鳕、日本鲭等是主要捕捞种类，鱿鱼、墨鱼和章鱼也是重要捕捞对象。

2. 东北太平洋

东北太平洋为 FAO 67 区。东北太平洋包括白令海东部和阿拉斯加湾(图 3－15)。阿拉斯加湾沿岸一带多山脉，并有许多岛屿和一些狭长的海湾，白令海东部和楚科奇海有比较浅的宽广水区。

在阿留申群岛的南部海域，主要海流是阿拉斯加海流和阿拉斯加环流的南部水系，后者在大约 50°N 的美洲近岸分叉，一部分向南流形成加利福尼亚海流，其余部分向北流入阿拉斯加湾，再向西转入阿拉斯加海流。

该海区的主要渔业是大鲆、鲑鳟渔业，以及阿拉斯加湾和白令海东部的狭鳕渔场渔业。中上层鱼类主要有鲱鱼类、太平洋沙丁鱼等。此外，白令海和阿拉斯加的鳕鱼、帝王蟹(king crab)和虾渔业也是该海区的主要渔业。

东北太平洋在世界各渔区中，其捕捞产量是比较低的。20 世纪 70 年代，其捕捞产量基本上在 250 万 t 以下；80 年代最高年产量达到 330 万 t；以后在 250 万~320 万 t 波动；2013~2014 年年产量均超过 300 万 t。在该渔区中，底层鱼类是最重要的捕捞对象；其中，鳕鱼、无须鳕和黑线鳕是产量最大贡献者。约有 10%的鱼类种群被过度捕捞，80%为完全开发，另外 10%为未完全开发。

3. 中西太平洋

中西太平洋为 FAO 71 区。主要渔场有西部沿岸的大陆架渔场和中部小岛周围的金枪鱼渔场。沿海有中国、越南、柬埔寨、泰国、马来西亚、新加坡、东帝汶、菲律宾、巴布亚新几内亚、澳大利亚、帕劳、关岛、所罗门群岛、瓦努阿图、密克罗尼西亚、斐济、基里巴斯、马绍尔、瑙鲁、新喀里多尼亚、图瓦卢等国家和地区。

该海区主要受北赤道水流系的影响。其北部受黑潮影响，流势比较稳定，南部的表面流受盛行的季风影响，流向随季风的变化而变化。北赤道流沿 5°N 以北向西流，到菲律宾分为两支，一支向北，另一支向南。北边的一支沿菲律宾群岛东岸北上，然后经台湾东岸折向东北，成为黑潮。南边的一支在一定季节进入东南亚。2 月赤道以北盛行东北季风，北赤道水通过菲律宾群岛的南边进入东南亚，南海的海流沿亚洲大陆向南流，其中大量进入爪哇海然后通过班达海进入印度洋，小部分通过马六甲海峡进入印度洋。8 月南赤道流以强大的流势进入东南亚，通常在南部海区，表层流循环通过班达海进入爪哇海，大量的太平洋水通过帝汶海进入印度洋，在此期间南海的海流沿大陆架向北流。

该海区是世界渔业比较发达的海区之一，小型渔船数量非常多，使用的渔具种类多种多样，渔获物种类繁多。中西太平洋也是潜在渔获量较高的渔区。自 20 世纪 70 年代以来，其捕捞产量一直呈稳定的增长趋势，从 1970 年的不足 400 万 t，一直增加到 2014 年的多于 1 250 万 t。在该渔区中，中上层鱼类、底层鱼类等是主要捕捞对象，其中鲣鱼是主捕种类之一。

4. 中东太平洋

中东太平洋为 FAO 77 区。沿岸国家主要有美国、墨西哥、危地马拉、萨尔瓦多、厄瓜多尔、尼加拉瓜、哥斯达黎加、巴拿马、哥伦比亚等。漫长的海岸线（约 9 000 km，不包括加利福尼亚湾）大部分颇似山地海岸，大陆架狭窄。加利福尼亚南部和巴拿马近岸有少数岛屿，外海的岛和浅滩稀少，也有一些孤立的岛或群岛，如克利帕顿岛、加拉帕戈斯群岛；岛的周围仅有狭窄的岛架。这些岛或群岛引起局部水文的变化导致金枪鱼及其他中上层鱼类在此集群，在渔业上起到非常重要的作用。

该海域有两支表层海流，一个是分布在北部的加利福尼亚海流，另一个是分布在南部的秘鲁海流。还有次表层赤道逆流，也是重要的海流。加利福尼亚海流沿美国近海向南流，由于盛行的北风和西北风的吹送，从而产生强烈的上升流，在夏季达到高峰；冬季北风减弱或吹南风，沿岸有逆流出现，近岸的水文结构更加复杂，加利福尼亚南部的岛屿周围有半永久性的涡流存在。加利福尼亚海流的一部分沿中美海岸到达东太平洋的低纬度海域，在 10°N 附近转西，并与北赤道海流合并。赤道逆流在接近沿岸时，沿中美海岸大都转向北流（哥斯达黎加海流），最后与赤道海流合并，在哥斯达黎加外海产生反时针涡流，从而诱发哥斯达黎加冷水丘（Costa Rica Dome，中心位置在 7°~9°N、87°~90°W 附近），下层海水大量上升。

该海区中，中上层鱼类，如沙丁鱼、鳀鱼、竹筴鱼、金枪鱼等，是主要捕捞对象。其总产量不高，总体上不足 200 万 t。中东部太平洋的渔获量自 1980 年起呈现出典型波动模式，基本上在 120 万~200 万 t 波动，2011~2014 年其捕捞产量基本上稳定在 180 万~200 万 t，2010 年产量约为 200 万 t。

5. 西南太平洋

西南太平洋为 FAO 81 区。本区包括新西兰和复活节岛等诸多岛屿。该海区面积很大，几乎全部是深水区。该海区的沿海国只有澳大利亚和新西兰。大陆架主要分布在新西兰周围和澳大利亚的东部和南部沿海（包括新几内亚西南沿海）。主要作业渔场为澳大利亚和新西兰周围海域。

对南太平洋的水文情况（特别是远离南美洲和澳大利亚海岸的海区）了解较少。主要的海流，在北部海域是南赤道流和信风漂流，在最南部是西风漂流；在塔斯曼海，有东澳大利亚海流沿澳大利亚海岸向南流，至悉尼以南流势减弱并扩散；新西兰周围的海流系统复杂多变。

西南太平洋的捕捞产量不高,是目前产量最低的渔区,最高不足 90 万 t,主要捕捞种类为底层鱼类等。1998 年捕捞产量达到最高,为 85.7 万 t。2000 年以后,其捕捞产量出现持续小幅度下降趋势,2008~2014 年其捕捞产量为 50 万~60 万 t。新西兰双柔鱼等种类是主要捕捞对象之一。

6. 东南太平洋

东南太平洋为 FAO 87 区。沿岸国家包括哥伦比亚、厄瓜多尔、秘鲁和智利。该海域有广泛的上升流。主要渔场为南美西部沿海大陆架海域。

该海域主要有秘鲁海流,在其北上过程中形成了广泛的上升流,为渔场形成创造了条件。该海区的主要渔业是鳀鱼,遍及秘鲁整个沿岸和智利最北部。其次有智利竹筴鱼、南美拟沙丁鱼、茎柔鱼、金枪鱼等渔业。

东南太平洋是世界上最为重要的捕捞渔区之一,最高年产量曾达到 2 000 万 t。其海洋捕捞产量以 1994 年为最高,超过 2 000 万 t,达到 2 031 万 t。中上层鱼类是该渔区的主要捕捞对象,因此,其捕捞产量具有大的年间波动特征,2012~2014 年其捕捞产量在 600 万~800 万 t。

7. 西北大西洋

西北大西洋为 FAO 21 区。该海区主要是以纽芬兰为中心的格陵兰西海岸和北美洲东北沿海一带海域。该海区的主要部分是国际北大西洋渔业委员会(ICNAF)所管辖的区域。

该海区主要有高温高盐的湾流与拉布拉多寒流,他们在纽芬兰南方的大浅滩汇合,形成世界著名的纽芬兰渔场。该海区的主要渔业是底拖网渔业和延绳钓渔业,两个最大的渔业是油鲱渔业和牡蛎渔业,油鲱主要用来加工鱼粉和鱼油。主要渔获物有鳕鱼、黑线鳕、鲈鲉、无须鳕、鲱鱼,以及其他底层鱼类、中上层鱼类(如鲑鱼等)。

根据 FAO 生产统计,20 世纪 70 年代初期,其捕捞产量稳定在 400 万 t 以上,以后出现了持续下降态势,80 年代产量稳定在 250 万~300 万 t;2000~2010 年基本上稳定在 200 万 t 左右;2011~2014 年其年捕捞产量不足 200 万 t,其中以中上层鱼类、甲壳类和软体类产量为主。据评估,西北大西洋有 77%的种群为完全开发,17%为过度开发,6%为未完全开发。

8. 东北大西洋

东北大西洋为 FAO 27 区。该海区是国际海洋考察理事会(ICES)的渔业统计区。该海区的主要渔场有北海渔场、冰岛渔场、挪威北部海域渔场、巴伦支海东南部渔场、熊岛至斯匹次卑尔根岛的大陆架渔场。

该海区主要为北大西洋暖流及其支流所支配。冰岛南岸有伊里明格海流(暖流)向西流过,北岸和东岸为东冰岛海流(寒流)。北大西洋海流在通过法罗岛之后沿挪威西岸北上,然后又分为两支,一支继续向北到达斯匹次卑尔根西岸,另一支转向东北沿挪威北岸进入巴伦支海,两支海流使巴伦支海的西部和南部的海水变暖,提高了生产力。

该海区的渔业，有一些是世界上历史最悠久的渔业。北海渔场是世界著名的三大渔场之一，它是现代拖网作业的摇篮。适合拖网作业的主要渔场有多格尔浅滩和大渔浅滩（Great Fisher Bank）等。冰岛、挪威近海和北海渔场的鲱鱼渔业是最重要的、建立时间最长的渔业。其主要捕捞对象有鳕鱼、黑线鳕、无须鳕、挪威条鳕、绿鳕类、鲱科鱼类、鲐鱼类等。产量最高的是鲱鱼，年产量为 200 万 ~ 300 万 t，其次是鳕鱼，年产量高达 200 万 t 以上。

在东北大西洋，1975 年后产量呈明显下降趋势，20 世纪 90 年代恢复，2010 年产量为 870 万 t。据统计，2011 ~ 2014 年捕捞产量稳定在 800 万 ~ 850 万 t。底层鱼类和中上层鱼类是主要捕捞对象。根据 FAO 的评估，总体上，62% 的评估种群为完全开发，31% 为过度开发，7% 为未完全开发。

9. 中西大西洋

中西大西洋为 FAO 31 区。主要国家为美国、墨西哥、危地马拉、洪都拉斯、尼加拉瓜、哥斯达黎加、巴拿马、哥伦比亚、委内瑞拉、圭亚那、苏里南，该海区还包括加勒比地区的古巴、牙买加、海地、多米尼加等岛国。主要作业渔场为墨西哥湾和加勒比海水域。

该海区的主要海流有赤道流的续流，沿南美沿岸向西流和赤道流一起进入加勒比海区，形成加勒比海流，强劲地向西流去，在委内瑞拉和哥伦比亚沿岸近海，由于有风的诱发，形成上升流。加勒比海流离开加勒比海，通过尤卡坦水道（Yucatan Channel）形成顺时针环流（在墨西哥湾东部）。该水系离开墨西哥湾之后即为强劲的佛罗里达海流，这就是湾流系统的开始，向北流向美国东岸。

该海区主要捕捞对象为虾类和中上层鱼类。据统计，中西大西洋最高年渔获量为 216 万 t（1994 年），以后出现下降趋势。1995 ~ 2005 年渔获量基本上维持在 170 万 ~ 183 万 t。2005 年渔获量进一步下降至 120 万 t 左右，2011 ~ 2014 年捕捞产量在 120 万 ~ 140 万 t。

10. 中东大西洋

中东大西洋为 FAO 34 区。主要国家有安哥拉、加蓬、赤道几内亚、喀麦隆、尼日利亚、贝宁、多哥、加纳、科特迪瓦、利比里亚、塞拉利昂、几内亚、几内亚比绍、塞内加尔、毛里塔尼亚、西撒哈拉、摩洛哥和地中海沿岸国等。

该海区主要表层流系是由北向南流的加那利海流和由南往北流的本格拉海流，它们到达赤道附近，向西分别并入北、南赤道海流。这两支主要流系之间有赤道逆流，其续流几内亚海流向东流入几内亚湾。在象牙海岸近海，几内亚海流之下有一支向西的沿岸逆流存在。沿西非北部水域南下的加那利海流（寒流）和从西非南部沿岸北上的赤道逆流（暖流）交汇于西非北部水域，形成季节性上升流，同时这一带大陆架面积较宽，所以形成了良好的渔场。

中上层鱼类是主要捕捞对象，主要包括沙丁鱼、竹筴鱼、鲐鱼、长鳍金枪鱼、黄鳍金枪鱼和金枪鱼等。大型底层鱼类包括鲷科鱼类、乌鲂科鱼类等，头足类包括鱿鱼、墨鱼和章鱼,也是主要捕捞对象。

中东大西洋海域是远洋渔业国的重要作业渔区。自 20 世纪 70 年代起,总产量不断波动,并大致呈现出增长的趋势。2010~2014 年捕捞产量稳定在 400 万~450 万 t。据评估,沙丁鱼(博哈多尔角和向南到塞内加尔)依然被认为是未充分开发状态;相反,多数中上层种群被认为是完全开发或过度开发状态,如西北非洲和几内亚湾的小沙丁鱼种群。底层鱼类资源在很大程度上在多数区域为从完全开发到过度开发状态,塞内加尔和毛里塔尼亚的白纹石斑鱼种群依然处于严峻状态。一些深水对虾种类处于完全开发状态,而其他对虾种类则处于完全开发和过度开发状态之间。章鱼和墨鱼种群依然处于过度开发状态。总体上,中东部大西洋有 43%的种群被评估为完全开发状态,53%为过度开发状态,以及 4%为未完全开发状态,因此,急需科学的管理进行改善。

11. 西南大西洋

西南大西洋为 FAO 41 区。主要包括巴西、乌拉圭、阿根廷等国。主要作业渔场为南美洲东海岸的大陆架海域。该海区的大陆架受两支主要海流的影响,北面的一支为巴西暖流,南面的一支为福克兰寒流,两者形成了广泛的交汇区。

该海区几乎全部是地方渔业。巴西北部和中部沿岸渔业主要用小型渔船和竹筏进行生产,南部沿岸和巴塔哥尼亚则使用大型底拖网作业。乌拉圭和阿根廷渔业均以各类大小型拖网为主。捕捞对象均以阿根廷无须鳕、阿根廷滑柔鱼为主,此外,还有沙丁鱼、鲐鱼和石首科鱼类。

西南大西洋海域也是远洋渔业国的重要作业渔区。其渔获量自 20 世纪 70 年代以来出现持续增长趋势,到 1997 年达到历史最高产量,为 260 多万 t。阿根廷滑柔鱼的年间捕捞量变化导致这个海区捕捞产量年间变化较大。2010 年以后,其捕捞产量基本上稳定在 170 万~250 万 t。评估认为,捕捞阿根廷无须鳕和巴西小沙丁鱼等主要物种依然被预计为过度开发,尽管后者有恢复迹象。在该区域,监测的 50%鱼类种群被过度开发,41%被完全开发,剩余 9%被认为处于未完全开发状态。

12. 东南大西洋

东南大西洋为 FAO 47 区。主要作业渔场为非洲西部沿海大陆架海域。该海区的沿海国有安哥拉、纳米比亚和南非。该海区的主要海流为本格拉海流,在非洲西岸 3°S~15°S 向北流,然后向西流形成南赤道流。本格拉海流沿南部非洲的西岸北上,由于离岸风的作用产生上升流,其范围依季节而异。其南部的主要海流是西风漂流。

东南大西洋也是远洋渔业国的重要作业渔区。主要捕捞对象为中上层鱼类和底层鱼类。东南大西洋自 20 世纪 70 年代早期起,产量呈总体下降趋势。该区域在 20 世纪 70 年代后期产量为 330 万 t,但 2009 年只有 120 万 t,2012~2014 年稳定在 150 万 t 左右。据评估,无须鳕资源依然处于完全开发到过度开发状态。南非海域的深水无须鳕和纳米比亚海域的南非无须鳕有一些恢复迹象。南非拟沙丁鱼变化很大,生物量很大,为完全开发,但现在处于不利环境条件下,资源丰量已大大下降,被认为是完全开发或过度开发状态。南非鳀鱼资源继续得到改善,为完全开发。短线竹筴鱼的状况恶化,特别是在纳米比亚和安哥拉海域,为过度开发状态。

13. 地中海和黑海

地中海几乎是一个封闭的大水体,它使欧洲和非洲、亚洲分开。地中海以突尼斯海峡为界,分为东地中海和西地中海两部分。大西洋水系通过直布罗陀海峡进入地中海,主要沿非洲海岸流动,可到达地中海的东部。黑海的低盐水通过表层流带入地中海。尼罗河是地中海淡水的主要来源,它影响着地中海东部的水文、生产力和渔业。阿斯旺水坝的建造改变了生态环境,直接影响了渔业的发展。苏伊士运河将高温的表层水从红海带入地中海,而冷的底层水则从地中海进入红海。

地中海鱼类资源较少,种类多,但数量少。大型渔业主要在黑海。地中海小规模渔业发达,区域性资源已充分利用或过度捕捞,底层渔业资源利用最充分。中上层渔业产量约占总产量的一半,主要渔获物是沙丁鱼、黍鲱、鲣鱼、金枪鱼等。底层渔业的重要捕捞对象是无须鳕。

据统计,20 世纪 80 年代中期,捕捞产量达到历史最高水平,约为 190 万 t 左右;1996~2008 年地中海和黑海年捕捞产量稳定在 140 万~170 万 t,2012~2014 年捕捞产量有所下降,为 11 万~130 万 t。分析认为,所有欧洲无须鳕和羊鱼种群被认为遭到过度开发,鳎鱼主要种群和多数鲷鱼也可能如此。小型中上层鱼类(沙丁鱼和鳀鱼)主要种群被评估为完全开发或过度开发。在黑海,小型中上层鱼类(主要是黍鲱和鳀鱼)从 20 世纪 90 年代可能因不利海洋条件造成的急剧衰退中得到一定程度恢复,但依然被认为是完全开发或过度开发,多数其他种群可能处在完全开发到过度开发状态。总体上,地中海和黑海有 33%的评估种群为完全开发,50%为过度开发,余下的 17%为未完全开发。

14. 东印度洋区

东印度洋区为 FAO57 区。主要包括印度东部、印度尼西亚西部、孟加拉国、越南、泰国、缅甸、马来西亚等国。盛产西鲱、沙丁鱼、遮目鱼和虾类等。

在印度洋东部海区,主要渔场有沿海大陆架渔场和金枪鱼渔场。其沿海国有印度、孟加拉国、缅甸、泰国、印度尼西亚和澳大利亚等。该海区的渔获量主要以沿海国为主。远洋渔业国在该渔区作业的渔船较少,目前在该渔区作业的非本海区的国家和地区只有中国、日本、中国台湾地区、法国、韩国和西班牙,主要捕捞金枪鱼类。

根据统计,在东印度洋海域,捕捞产量保持着高增长率,从 1970 年的 100 多万吨,增长到 2014 年的近 800 万 t,是所有海区中增长率最高的海域。在捕捞产量中,以中上层鱼类、底层鱼类为主,此外还有相当一部分(约 42%)属于"未确定的海洋鱼类"类别。产量增加可能是在新区域扩大捕捞或捕捞新开发物种的结果。孟加拉湾和安达曼海区总产量稳定增长,没有产量到顶的迹象。

15. 西印度洋区

西印度洋区为 FAO 51 区。周边国家主要包括印度、斯里兰卡、巴基斯坦、伊朗、阿曼、也门、索马里、肯尼亚、坦桑尼亚、莫桑比克、南非、马尔代夫、马达加斯加等。本区出产沙丁鱼、石首鱼、鲣鱼、黄鳍金枪鱼、龙头鱼、鲅鱼、带鱼和虾类等。

在印度洋西部,主要渔场有大陆架渔场和金枪鱼渔场。该区渔获量主要以沿海国为主,约占其总渔获量的 90.6%。目前在该海域从事捕捞生产的远洋渔业国家和地区有日本、法国、西班牙、韩国、中国台湾地区等,主要捕捞金枪鱼和底层鱼类,占其总渔获量的比重不到 10%。

根据统计,在西印度洋,其捕捞产量也从 1970 年的不足 150 万 t,持续增长到 2006 年,其捕捞产量达到 450 万 t 左右,此后稍有下降,2010 年报告的产量为 430 万 t。2012~2014 年捕捞产量进一步增加,2014 年达到 460 多万吨。评估显示,分布在红海、阿拉伯海、阿曼湾、波斯湾,以及巴基斯坦和印度沿海的康氏马鲛遭到过度捕捞。西南印度洋渔业委员会对 140 种物种进行了资源评估,总体上,约有 65%的鱼类种群为完全开发,29%为过度开发,6%为未完全开发。

16. 南大洋

南大洋包括 FAO 48 区、58 区、88 区。位于太平洋和大西洋西部 60°S 以南,在大西洋东部以印度洋西部 45°S 为界,而印度洋东部则以 55°S 为界。分别与 81 区、87 区、41 区、47 区、51 区和 57 区相接,为环南极海区。南大洋与三大洋相通,北界为南极辐合线,南界为南极大陆,冬季南大洋一半海区为冰所覆盖。南极海分大西洋南极区、太平洋南极区和印度洋南极区。盛产磷虾,但鱼类种类不多,只南极鱼科和冰鱼等数种有渔业价值。

南极海的主要表面海流已有分析研究。上升流出现在大约 65°S 低压带的辐合区,靠近南极大陆的水域也出现上升流。南极海的海洋环境是一个具有显著循环的深海系统,上升流把丰富的营养物质带到表层,夏季生物生产量非常高,冬季生物生产量明显下降。

据调查,南极海域(包括亚南极水域)的中上层鱼类约有 60 种,底层鱼类约有 90 种,但这些鱼类的数量还不清楚。另据测定,在南极太平洋海区的肥沃水域(辐合带)中,以灯笼鱼为主的平均干重为 0.5 g/m^2,辐合带中南灯笼鱼资源丰富。

南极海域最大的资源量是磷虾。各国科学家对磷虾资源量有完全不同的估算值,苏联学者挪比莫娃从鲸捕食磷虾的情况估算磷虾的资源量为 1.5 亿~50 亿 t;联合国专家古兰德(Gulland)从南极海初级生产力推算为 5 亿 t,年可捕量 1 亿~2 亿 t;法国学者彼卡恩耶认为,磷虾总生物量为 2.1 亿~2.9 亿 t,每年被鲸类等动物捕食所消耗的量为 1.3 亿~1.4 亿 t,而达到可捕规格的磷虾不超过总生物量的 40%~50%。近年来的调查估算,磷虾的年可捕量为 5 000 万 t。

第四节　世界水产养殖业

一、主要水产养殖国家

20 世纪 80 年代,水产养殖在世界渔业中的地位日益引起各国重视后取得了迅速发展。1985 年世界水产养殖总产量(含水生植物,下同)突破了 1 000 万 t,达到 1 106 万 t。随后持续上升,2012 年达到 9 000 万 t,2015 年为 10 600 万 t。世界水产养殖业的快速发展,不仅弥补了因海洋捕捞过度引起的主要经济渔业资源衰退而带来的渔获量波动或下降问题,而且还对人们改善食物结构起着重要作用。世界水产养殖业获得持续发展,在很大程度上与中国大力发展内陆水域和海水养殖有密切关系,有力地推动了发展中国家利用有关水城发展水产养殖,包括长期从事海洋捕捞的发达国家,也逐步重视养殖业,如挪威大力发展大西洋鲑的人工养殖,并取得明显的经济效益、社会效益和生态效益,从而又推动了其他国家海水养殖的发展。

2000 年、2005 年、2010 年和 2015 年世界前 10 位的水产养殖国家见表 3－9。其中 2000 年养殖产量依次从高到低为中国、印度、日本、印度尼西亚、泰国、孟加拉国、越南、挪威、美国和智利。2005 年世界前 10 位水产养殖国家排序发生了变化,最为明显的是,日本从第 3 位下降到第 6 位,越南从第 7 位上升到第 4 位。2010 年世界前 10 位水产养殖国家排序与 2005 年基本上差不多,比较显著的是孟加拉国从第 7 位上升到第 5 位。2015 年世界前 10 位水产养殖国家排序与 2010 年基本上差不多。

从表 3－9 中可以看出,一是中国的水产养殖产量不是一般的高产,而是在世界水产养殖业中举足轻重,具有决定性的意义;二是世界前 10 位水产养殖国家的排名在 2005~2015 年基本上没有变动,在顺次上和产量上有明显的变化,值得注意的是,渔业发达的日本和美国,其水产养殖产量基本上保持不变,分别稳定在 110 万~130 万 t、40 万~50 万 t,但是挪威的水产养殖产量出现大幅度增加趋势,从 2000 年的不足 50 万 t,增加到 2015 年的 138 万 t;三是世界前 10 位水产养殖国家的产量之和占世界水产养殖总产量的 85%~88%,对世界水产养殖具有重大的作用,其他国家产量之和还不到 12%;四是世界前 10 位水产养殖国家中有 7 个是发展中国家,事实上全世界水产养殖业主要在发展中国家。

表 3－9　2000~2015 年世界前 10 位水产养殖国家　(单位: 万 t)

国　家	2000 年	2005 年	2010 年	2015 年
孟加拉国	65.71【6】	88.21【7】	130.85【5】	206.04【5】
智　利	42.51【10】	73.94【8】	71.32【9】	105.77【8】
中　国	2 846.02【1】	3 761.49【1】	4 782.96【1】	6 153.64【1】

（续表）

国　家	2000 年	2005 年	2010 年	2015 年
印　度	194.25【2】	297.31【2】	379.00【3】	523.80【3】
印度尼西亚	99.37【4】	212.41【3】	627.79【2】	1 564.93【2】
日　本	129.17【3】	125.41【6】	115.11【7】	110.32【7】
挪　威	49.13【8】	66.19【9】	101.98【8】	138.09【6】
泰　国	73.82【5】	130.42【5】	128.61【6】	89.71【9】
美　国	45.68【9】	51.39【10】	49.67【10】	42.60【10】
越　南	51.35【7】	145.23【4】	270.13【4】	345.02【4】
前 10 位国家总产量及其比重	3 597.02（86.21%）	4 952.01（85.64%）	6 657.44（85.33%）	9 279.92（87.54%）
世界养殖总产量	4 172.46	5 782.02	7 802.00	10 600.42

注：【 】中为排名。

二、世界水产养殖主要对象

水产养殖对象随着人工育苗培育和养殖技术的不断进步和发展，养殖种类逐步扩大和增多，由一般常见种类，向名、特、优种类发展。根据 FAO 的有关报告，1950 年水产养殖有 34 个科，72 个种；2004 年扩大到 115 个科，336 个种。2004 年各地区的水产养殖种类的分布状况见表 3－10。由此可见，亚洲和太平洋区域的水产养殖种类最多。

表 3－10　2004 年各地区水产养殖种类的分布状况

地　区	科	种
全　球	245	336
北　美	22	38
中欧和东欧	21	51
拉美和加勒比海	36	71
西　欧	36	83
撒哈拉沙漠以南的非洲	26	46
亚洲和太平洋区域	86	204
中东和北非	21	36

根据 FAO 2000～2015 年水产养殖对象种类组产量和产值的统计，见表 3－11 和表 3－12。按产量高低排序，先后是淡水鱼、水生植物、软体动物、甲壳类、海淡水洄游鱼类、海洋鱼类、其他水生动物，各年度均基本相同；按产值高低排序，先后（以 2015 年为例）是淡水鱼、甲壳类、海淡水洄游鱼类、软体动物、海洋鱼类、水生植物、其他水生动物。按每吨产值高低排序，先后是甲壳类、其他水生动物、海淡水洄游鱼类、海洋鱼类、淡水鱼、软体动物，最低的是水生植物，各年度均相同。从表 3－13 中可看出（以 2015 年为

例)，甲壳类、海淡水洄游鱼类、海洋鱼类的每吨产值分别相当于淡水鱼类的 3.42 倍、2.64 倍和 2.32 倍。

表 3 - 11　2000~2015 年水产养殖种类组产量　　(单位：百万 t)

种　类	2000 年	2005 年	2010 年	2015 年
水生植物	9.31	13.50	18.99	29.36
甲壳类	1.69	3.78	5.59	7.35
海淡水洄游鱼类	2.25	2.87	3.61	4.98
淡水鱼类	17.59	23.68	33.00	44.05
海洋鱼类	0.98	1.44	1.88	2.88
其他水生动物	0.16	0.45	0.88	0.95
软体动物	9.76	12.11	14.07	16.43

表 3 - 12　2000~2015 年水产养殖种类组产值　　(单位：百万美元)

种　类	2000 年	2005 年	2010 年	2015 年
水生植物	2 909.38	3 887.22	5 642.44	4 846.89
甲壳类	9 425.86	14 947.18	26 825.63	38 519.90
海淡水洄游鱼类	6 470.99	9 497.75	15 892.80	20 108.61
淡水鱼类	18 403.15	24 476.61	51 070.36	67 459.20
海洋鱼类	4 223.27	5 254.78	8 350.29	10 238.09
其他水生动物	929.89	1 905.13	3 314.13	3 948.30
软体动物	8 712.16	10 192.17	14 325.52	17 853.60

表 3 - 13　2000~2015 年水产养殖种类组每吨的产值　　**(单位：美元/t)**

种　类	2000 年	2005 年	2010 年	2015 年
水生植物	312.63	287.88	297.09	165.07
甲壳类	5 573.32	3 956.32	4 802.64	5 239.84
海淡水洄游鱼类	2 874.84	3 314.17	4 398.66	4 035.92
淡水鱼类	1 046.49	1 033.81	1 547.58	1 531.56
海洋鱼类	4 323.05	3 653.14	4 438.01	3 556.12
其他水生动物	5 947.70	4 275.74	3 760.16	4 155.16
软体动物	892.86	841.41	1 018.45	1 086.51

根据 FAO 的统计，1970~2015 年世界不同养殖种类组产量的年平均增长率最高的是甲壳类(20.71%)，其次是海洋鱼类和淡水鱼类，年增长率分别为 12.22%和 11.13%。水生植物和海淡水洄游鱼类的年平均增长率分别为 10.27%和 8.82%。不同年代不同养殖种类组产量的平均年增长率也不同，具体见表 3 - 14。

表 3－14　1970～2015 年世界不同养殖种类组产量的年平均增长率(%)

种　类	1980～1970 年	1990～1980 年	2000～1990 年	2010～2000 年	2015～1970 年
水生植物	10.67	3.61	9.47	7.39	10.27
甲壳类	23.94	24.17	8.40	12.69	20.71
海淡水洄游鱼类	6.52	9.53	6.43	4.85	8.82
淡水鱼类	5.88	13.91	9.43	6.50	11.13
海洋鱼类	13.87	5.82	11.52	6.77	12.22
软体动物	5.57	6.99	10.46	3.72	8.12
总产量	7.63	8.88	9.48	6.38	10.26

2015 年年产量超过 200 万 t 的水产养殖对象种类有大西洋鲑、鳙鱼、鲤鱼、草鱼、鲢鱼、南美白对虾等种类，其养殖产量分别为 238.16 万 t、340.29 万 t、432.81 万 t、582.29 万 t、512.55 万 t 和 387.98 万 t。其中 1990～2015 年年养殖产量增长最快的是南美白对虾、大西洋鲑、草鱼、鳙鱼，分别增长了 42.31 倍、10.56 倍、5.52 倍、5.02 倍(表 3－15)。

表 3－15　1970～2015 年年产量超过 100 万吨的水产养殖对象种类　(单位：万 t)

水产养殖对象种类	1970	1980	1990	2000	2010	2015
大西洋鲑	0.03	0.53	22.56	89.58	143.71	238.16
鳙　鱼	12.49	19.86	67.80	142.82	258.70	340.29
鲤　鱼	17.32	24.65	113.43	241.04	342.06	432.81
草　鱼	9.26	15.46	105.42	297.65	436.23	582.29
鲢　鱼	26.72	41.76	152.05	303.47	409.97	512.55
南美白对虾	0.01	0.84	9.17	15.45	268.82	387.98

三、世界水产养殖发展现状

1. 现状概述

2014 年世界水产养殖产量为 7 380 万 t(不包括水生植物产量)，包括 4 980 万 t 鱼、1 610 万 t 软体动物、690 万 t 甲壳类，以及 730 万 t 包括鲑类在内的其他水生动物。几乎所有养殖的鱼以食用为目的，副产品可能为非食用。2014 年世界水产养殖鱼类产量占捕捞和水产养殖总产量(包括非食用)的 44.1%，在 2012 年 42.1%和 2004 年 31.1%的基础上有所增长。所有大洲均显示，水产养殖鱼类产量在世界鱼类产量中的份额呈增加的总体趋势。

从国家层面衡量，有 35 个国家 2014 年的养殖产量超过捕捞产量。这个组别的国家人口为33亿,占世界人口的45%。这一组国家包括主要生产国,即中国、印度、越南、孟加拉国和埃及等。这一组的其他30个国家和地区有着相对发达的水产养殖业,如欧洲的希腊、捷克和匈牙利,以及亚洲的老挝和尼泊尔。

除生产鱼类以外,水产养殖生产了相当数量的水生植物。2014年世界水产养殖的鱼类和水生植物类总产量(活体重量)达1.011亿t,其中养殖的水生植物为2 730万t,养殖的鱼类约占水产养殖总量的3/4,养殖的水生植物类约占总量的1/4。但在水产养殖总产值中,后者所占份额则不成比例地低(不足5%)。

在全球产量方面,养殖的鱼类和水生植物类产量在2013年已超过捕捞产量。在食物供应方面,2014年水产养殖首次超过捕捞渔业,提供了更多的鱼。

2. 投喂和非投喂类型的水产养殖产量

饲料被广泛认为正成为许多发展中国家水产养殖产量增长的主要限制因素。但2014年世界水产养殖产量的一半不需要投喂,包括海藻和微藻(27%),以及滤食性动物物种(22.5%)。

2014年非投喂动物物种养殖产量为2 270万t,占养殖的所有鱼类物种世界产量的30.8%。最重要的非投喂动物物种包括:① 两种鱼类,鲢鱼和鳙鱼,在内陆养殖;② 双壳软体动物(蛤、牡蛎、贻贝等);③ 海洋和沿海的其他滤食性动物(如海鞘)。

2014年欧盟生产了63.2万t双壳贝类,其主要生产国是西班牙(22.3万t)、法国(15.5万t)和意大利(11.1万t)。2014年中国养殖的双壳类产量约为1 200万t,是世界其他区域养殖量的5倍。养殖双壳类的其他亚洲主要国家包括日本(37.7万t)、韩国(34.7万t)和泰国(21万t)。

投喂物种的产量增长比非投喂物种快,尽管非投喂物种的养殖生产在食物安全和环境方面有更多利益。通常低成本的非投喂水产养殖生产基本上未在非洲和拉丁美洲得到发展,可能为这些区域提供了潜力,通过物种多样化来改进国家食物安全和营养。在2014年世界内陆水产养殖的820万t滤食鱼类中,中国占740万t,剩余的来自40多个其他国家。

3. 养殖产量分布和人均养殖产量分布

世界水产养殖产量在区域间及同一区域内不同国家间不平衡分布的总体模式依然没有改变(表3-16)。过去20年,亚洲占世界水产养殖的食用鱼产量约为89%,非洲和美洲分别提高了其在世界总产量中的份额,而欧洲和大洋洲的份额稍有下降。

表3-16 按区域划分的水产养殖产量及其所占世界总产量的比例

区 域	单 位	1995年	2000年	2005年	2010年	2012年	2014年
非洲	产量/千吨	110.2	399.6	646.2	1 285.6	1 484.3	1 710.9
	比重/%	0.45	1.23	1.46	2.18	2.23	2.32

（续表）

区　域	单　位	1995 年	2000 年	2005 年	2010 年	2012 年	2014 年
美洲	产量/千吨	919.6	1 423.4	2 176.9	2 514.2	2 988.4	3 351.6
	比重/%	3.77	4.39	4.91	4.26	4.50	4.54
亚洲	产量/千吨	21 677.5	28 422.5	39 188.2	52 439.2	58 954.5	65 601.9
	比重/%	88.91	87.68	88.47	88.92	88.70	88.91
欧洲	产量/千吨	1 580.9	2 050.7	2 134.9	2 544.2	2 852.3	2 930.1
	比重/%	6.48	6.33	4.82	4.31	4.29	3.97
大洋洲	产量/千吨	94.2	121.5	151.5	189.6	186.0	189.2
	比重/%	0.39	0.37	0.34	0.32	0.28	0.26
世界	产量/千吨	24 382.4	32 417.7	44 297.7	58 972.8	66 465.5	73 783.7

水产养殖的发展超过了人口增长速度，过去30年多数区域的人均水产养殖产量增加。亚洲作为整体，在提高人均养殖的食用鱼方面，远远领先于其他大洲，但在亚洲内不同地理区域差异巨大。

2014年有25个国家水产养殖产量超过20万t，这25个国家生产了世界96.3%的养殖鱼类和99.3%的养殖水生植物类。养殖的物种和其在国家总产量中的相对重要性在主要养殖国家之间变化很大。到目前为止中国依然是主要生产国，尽管在过去20年中，其在世界水产养殖鱼类中的份额从65%降至不足62%。

第五节　世界水产加工利用业

一、世界水产加工利用现状

在物种和产品类型方面，渔业和水产养殖产量非常多样化。多个物种可以多种不同方式制作，使得鱼类成为非常多面的食材。但是，鱼类也高度易腐，几乎比任何其他食物更容易腐烂，很快就不能食用，并可能因为微生物生长、化学变化和分解内在酶而危及健康。因此，鱼的捕捞后处理、加工、保存、包装、存储对策和运输要求需要特别谨慎，以便于保持鱼的质量和营养特性，避免浪费和损失。保存和加工技术可以减少腐烂发生的速度，使鱼能在世界范围内流通和上市。这类技术包括降温（冷鲜和冷冻）、热处理（罐装、煮沸和熏制）、降低水分（干燥、盐腌和熏制）及改变存储环境（包装和冷藏）。但是，也可以采用更广泛的其他方法保存、销售和展示鱼类，包括活体，以及以食用和非食用为目的的各种产品。许多国家正在进行食品加工和包装的技术开发，以提高效率和对原料更有效和有利可图地利用，并在产品多样化方面进行创新。此外，近几十年来，伴随着鱼品消费的扩大和商业化，人类对食品质量、安全和营养，以及减少浪费方面的兴趣日益增加。在食品安全和保护消费者利益方面，在国家和国际贸易层面采用日益严格的卫生措施。

近几十年来，世界鱼类产量中用于食用的比例在显著增长，从20世纪60年代的67%增长到2014年的87%，或超过1.46亿t。2014年剩余的2 100万t鱼类几乎全部为非食用产品，其中76%（1 580万t）用于制作鱼粉和鱼油；其余的主要用于观赏鱼、养殖（鱼种和鱼苗等）、钓饵、制药，以及作为原料在水产养殖、畜牧和毛皮动物饲养中直接投喂。

以2014年的FAO统计数据为例，食用产品的46%（6 700万t）是活鱼、新鲜或冰鲜类型，这些在某些市场往往是最受欢迎和高价的类型。食用产品的其余部分以不同形式加工，约12%（1 700万t）为干制、盐腌、熏制或其他加工处理类型，13%（1 900万t）为制作和保藏类型，以及30%（约4 400万t）为冷冻类型。因此，冷冻是食用鱼的主要加工方式，占食用鱼加工总量的55%和鱼品总量的26%。

鱼品利用和更重要的加工方式因大洲、区域、国家的不同而不同，甚至在同一个国家内而有所变化。拉丁美洲国家生产最高百分比的鱼粉。在欧洲和北美洲，超过2/3的食用鱼是冷冻，以及制作和保藏类型。非洲腌制鱼的比例高于世界平均水平。在亚洲，商品化的许多鱼品依然是活体或新鲜类型。活鱼在东南亚和远东（特别是中国居民），以及其他国家的小市场（主要是亚洲移民社区）特别受欢迎。中国和其他国家处理活鱼用于交易和利用已有3 000多年的历史。随着技术发展和物流改进，以及需求的增长，近年来活鱼商业化程度增强。活鱼运输从简单的在塑料袋加过饱和氧气的空气运鱼的手工系统，到特殊设计或改进的水箱和容器，再到安装在卡车和其他运输工具上非常复杂的系统，控制温度、过滤和循环水，以及加氧。但是，由于严格的卫生规则和质量要求，活鱼销售和运输具有挑战性。在东南亚部分区域，这类商品化和交易没有被正式规范，而是沿用传统活鱼的销售方式。

最近几十年，制冷、制冰和运输上的重要创新使鲜鱼及其他类型产品的流动更加活跃。结果是，在发展中国家，食用鱼总量中的冷冻类型所占份额从20世纪60年代的3%增加到80年代的11%和2014年的25%。同期，制作或保藏类型的份额也增长了（从20世纪60年代的4%到80年代的9%和2014年的10%）。但是，尽管有技术进步和创新，许多国家，特别是欠发达经济体，依然缺乏适当的基础设施和服务，例如，卫生的上岸中心、可靠的电力供应、饮用水、道路、制冰厂、冷库、冷藏运输，以及适当的加工和存储设备。这些因素，特别是当其与热带温度相联系时，导致收获后的损失大，甚至会导致品质劣变，鱼品在船上、上岸点、存储或加工期间、在去往市场途中及等待销售时腐烂。有人估计，在非洲收获后损失为20%~25%，甚至高达50%。在全世界，收获后鱼品损失是大家所关注的主要问题之一，多数发生在鱼品流通渠道过程中，即在上岸和消费之间，预计有27%上岸的鱼品会损失或浪费。在全球，如果包括上岸前的遗弃量，鱼品损失和浪费占35%的上岸量，有至少8%的鱼被扔回海里。

拥挤的市场基础设施也能限制鱼品销售。上述的不足，加上消费者已有的习惯，意味着在发展中国家,鱼在上岸或捕获后很快以主要类型为活体或新鲜方式交易(2014年占食用鱼品的53%),或以传统方式保藏交易,如盐腌、干制和熏制。这些方式在许多国家依然普遍,特别是在非洲和亚洲。在发展中国家,腌制品(干燥、熏制或发酵)占食用鱼总量的11%。在许多发展中国家,采用不太复杂的方式改变鱼品形态,如切片、盐腌、罐装、干燥和发酵。这些劳力密集型方法为沿海区域的许多人提供了生计,其可能在农村经济中依然是主要部分。但在过去的10年,鱼品加工在许多发展中国家也发生了演化,可能从简单地去内脏、去头或切片,到更先进的、有附加值的方式,如外加面包屑、烹调和单体速冻,取决于商品和市场价值。一些此类发展中的情况由以下因素驱动:国内零售产业的需求、转移到养殖的物种、加工外包,以及发展中国家的生产者越来越多地与位于国外的公司相连接。

在最近几十年,水产食品领域变得更为多样和有活力。超市链和大型零售商在确定产品要求和影响国际流通渠道扩张方面越来越是关键的参与者。加工是更密集、地理上集中、垂直整合,并与全球供应链连接的产业。加工商与生产者结合得更紧密,以提升产品组合、获得更好产出,并回应进口国不断演化的质量和安全要求。在区域和世界层面,加工活动外包值得注意,有更多的国家参与,尽管程度取决于物种、产品类型,以及劳力和运输成本。例如,冷冻整鱼从欧洲和北美洲市场运到亚洲(特别是到中国,也有其他国家,如印度、印度尼西亚和越南)进行切片和包装,然后再进口。向发展中国家进一步的外包生产,可能受到难以满足的卫生要求和一些国家劳力成本(特别是在亚洲)及运输成本上升的限制,所有这些因素可能导致流通和加工方式的变化,并会提高鱼价。

在发达国家,大量食用鱼品是冷冻产品,或制作或保藏类型。冷冻鱼的比例从20世纪60年代的25%提高到80年代的42%,2014年达到57%的高纪录。制作和保藏类型维持稳定,2014年为27%。在发达国家,通过附加值产品的创新,以及结合饮食习惯变化,主要为新鲜、冷冻、加面包屑、熏制或罐头类型,以即食和/或分量控制统一质量的膳食。此外,2014年发达国家食用鱼品中的13%是干制、盐腌、熏制或其他腌制类型。

世界渔业产量中的一个重要但下降的部分是加工为鱼粉和鱼油,因此,在作为水产养殖饲料和牲畜饲养时对食用有间接贡献。鱼粉是碾磨和烘干整鱼或部分鱼体获得的粗粉,鱼油是通过按压煮熟的鱼获得通常清澈的褐色/黄色液体。这些产品可用于整鱼、鱼碎末或加工时其他鱼的副产品制作。用于制作鱼粉和鱼油的物种有多种,油性鱼类,特别是秘鲁鳀是利用的主要物种组。厄尔尼诺现象影响秘鲁鳀的产量,更严格的管理措施减少了秘鲁鳀和其他通常用作鱼粉的物种的产量。因此,鱼粉和鱼油产量根据这些种类的产量变化而波动。鱼粉产量在1994年达到3 010万t(活体等重)的高峰,此后波动,并总体呈下降趋势。2014年鱼粉产量为1 580万t,原因是秘鲁鳀产量出现下降。因为对鱼粉和鱼油的需求增长,特别是来自水产养殖产业的需求和高价格,利用鱼的副产品加工(以前往往被遗弃)的鱼粉份额在增加。非官方的统计显示,鱼粉和鱼油总量中由副产品制成的有25%~35%。由于预期做原料的整鱼没有额外产量(特别是中上层鱼类),增加鱼粉产量需要回收利用副产品,但对其构成具有可能的影响。

尽管鱼油代表着长链高度不饱和脂肪酸(HUFA)的最丰富来源,对人类饮食有重要作用,但大部分鱼油依然用于水产养殖饲料的生产。由于鱼粉和鱼油产量下降,以及价格高,人类正在开发HUFA的替代来源,包括大型海洋浮游动物种群,如南极磷虾等。但是,浮游动物产品的成本太高,无法将其作为鱼饲料中的一般油或蛋白材料。鱼粉和鱼油依然被认为是养鱼饲料中最有营养和最易消化的材料。为抵消高价格,随着饲料需求的增长,鱼粉和鱼油用于水产养殖配合饲料的量呈现下降趋势,更多选择作为战略材料在更低水平使用,以及在生产的特定阶段使用,特别是孵化场、亲鱼和出塘前的饲料。

供应链内鱼品加工程度越高,产生的废料和其他副产品越多,工业化加工后,这类废料和副产品占鱼和贝类的重量高达70%。由于消费者接受程度低,或卫生规则限制利用,鱼的副产品通常不进入市场。这类规则还可能规范着这些副产品的收集、运输、存储、处理、加工和利用或处置。过去,鱼的副产品,包括废料,被认为是低值产品,经常作为饲养动物的饲料或直接丢弃。过去20年,鱼的副产品逐渐受到重视,因为其代表着营养物的重要额外来源。在某些国家,副产品的利用已成为重要产业,更多地关注其在可控制、安全和卫生的方式下进行处理。改进的加工技术还提高了利用效率。此外,渔业副产品还用于广泛的其他目的。鱼头、骨架和切片碎料可直接作为食物或变成食用品,如鱼香肠、鱼糕、鱼冻和调味品。鱼肉很少的小鱼骨在一些亚洲国家还作为小吃消费。其他副产品被用于生产饲料、生物柴油/沼气、营养品(甲壳素)、药物(包括油)、天然颜料(萃取后)、化妆品(胶原)等。鱼的其他副产品还可以作为水产养殖和牲畜、宠物或毛皮动物的饲料,也可以用来制作液体鱼蛋白及做肥料。一些副产品,特别是内脏高度易腐的副产品,应当在依然新鲜时进行加工。鱼内脏和骨架是蛋白水解物的来源,其作为生物活性多肽的潜在来源,正受到越来越多的关心。从鱼内脏中获得的鱼蛋白水解物和液体鱼蛋白正用于宠物饲料和鱼饲料产业中。鲨鱼软骨用于许多药物制剂中,制成粉末、膏和胶囊,鲨鱼的其他部分也这样被利用,如卵巢、脑、皮和胃。鱼胶原蛋白可用于化妆品中,从胶原蛋白中提取的明胶可用于食品加工业。

鱼的内脏是特定酶的极佳来源。一系列鱼蛋白水解酶被提取,如胃蛋白酶、胰蛋白酶、糜蛋白酶、胶原酶和脂肪酶。蛋白酶,如消化酶,用于生产清洁剂,以清除斑块和污垢,以及食品加工和生物学研究。鱼骨作为胶原蛋白和明胶的良好来源,也是钙和其他矿物质的极佳来源,如磷可用于食品、饲料或作为补充品。磷酸钙,如鱼骨中的羟基灰石可在大的创伤或手术后协助快速修复骨骼。鱼皮,特别是大鱼的皮,可以提供明胶,以及制作皮革,还可以用于制衣、鞋、手包、钱包、皮带和其他商品。通常用于皮革的有鲨鱼、鲑鱼、鲟鳕、鳕鱼、盲鳗、罗非鱼、尼罗尖吻鲈、鲤鱼和海鲈。此外,鲨鱼牙可以制成工艺品。

甲壳类和双壳类的壳是重要的副产品。因产量和加工量增加产生的壳的量很大，以及壳自然降解缓慢，有效利用是重要的。从虾和蟹壳中提取的甲壳素显示了广泛的用途，如水处理、化妆品和厕所用品、食品和饮料、农药和制药。将甲壳类废物生产的颜料（类胡萝卜素和虾青素）用于制药业中。可从鱼皮、鳍和其他加工的副产品中提取胶原。贻贝壳能提供工业用的碳酸钙。在一些国家，牡蛎壳作为建材原料，还用于生产生石灰。壳还可用于加工成珍珠粉和贝壳粉。珍珠粉用于药物和化妆品生产中，贝壳粉（钙的丰富来源）作为牲畜和家禽饲料中的补充品。鱼鳞被用于加工鱼鳞精，是药品、生化药物和生产油漆的原料。扇贝和贻贝壳可用做工艺品和珠宝饰品，以及做成纽扣。

二、渔业副产品利用现状

全球近 7 000 万 t 鱼以切片、冷冻、制罐或腌制方式加工，多数加工方式产生了副产品和废弃物。例如，在制作鱼片产业，产品出成率为 30%～50%。2011 年全球各类金枪鱼产量为 476 万 t（活体），而罐头金枪鱼产品近 200 万 t。金枪鱼罐头产业产生的固体废物或副产品可高达原料的 65%，包括头、骨、内脏、鳃、深色肌肉、腹肉和皮。据报道，金枪鱼鱼柳产业约 50%的原料成为固体废物或副产品。2011 年全球养殖的鲑鱼产量约为 193 万 t，大多作为鱼片，其中一些鱼片熏制后进行销售。据报道，鲑鱼鱼片出成率约为 55%。养殖的罗非鱼（2011 年全球产量约为 395 万 t）有很大比例以鱼片类型销售，鱼片出成率为 30%～37%。巨鲶科（Pangasiidae）的种类年产量超过 100 万 t，大多以鱼片和冷冻类型销售，鱼片出成率约为 35%。因此，鱼类加工产生了相当数量的副产品，包括头、骨架、腹肉、肝和鱼卵。这些副产品含有高质量蛋白、长链 ω－3 脂肪酸油脂、微量营养物（如维生素 A、维生素 D、核黄素和烟酸）和矿物质（如铁、锌、硒和碘）。

1. 作为食物

冰岛和挪威鳕鱼加工业有食用副产品的悠久传统。2011 年冰岛出口了 11 540 t 干鳕鱼头，主要出口到非洲。挪威出口 3 100 t。鳕鱼卵热处理后可鲜食，或制成罐头，或加工成鱼子胶做三明治酱。鳕鱼肝可做成罐头或加工成鳕鱼肝油，这是人们在认识长链 ω－3 脂肪酸的健康价值之前很久就在消费的产品。2010 年在挪威鲑鱼产业中开展的一项研究显示，制作鱼片的 5 家最大的公司产生了 45 800 t 的头、骨架、腹肉和边角料，24%（11 000 t）用于食用，其余加工为饲料配料。利用鲑鱼碎肉副产品生产的小馅饼和香肠很受欢迎。在供应链终端（如超市）去除鲑鱼内脏和切片时，顾客可购买头、骨架和边角料做汤或其他菜肴。

金枪鱼产业在利用副产品生产食用产品方面有显著进步。泰国是世界上最大的金枪鱼罐头生产国，年出口量约为 50 万 t，利用国内的上岸量和约 80 万 t 的进口新鲜或冷冻原料。做罐头的金枪鱼只有原料的 32%～40%，其深色肉（10%～13%）做成罐头或袋装作为宠物食物。泰国一家副产品公司年产量约为 2 000 t 金枪鱼鱼油，进一步精炼后可食用。完全精炼的金枪鱼鱼油具有 25%～30%的二十二碳六烯酸（DHA）和二十碳五烯酸（EPA），可用以生产强化食品，如酸奶、牛奶、婴儿配方奶和面包。在制作罐头的过程中，在修整和包装进罐前，金枪鱼要预煮。烹调汁有高达 4. 8%的蛋白，在泰国，罐头厂水解的烹调汁加上商业酶，并将汁浓缩，用于调味剂、调味汁、调味品。

在泰国之后，菲律宾是亚洲第二大金枪鱼罐头生产国。2011 年其金枪鱼产量为 331 661 t（活体重），罐装金枪鱼出成率约为 40%。深色肉（约占 10%）制成罐头，其中一些出口到其他国家，如巴布亚新几内亚。由于更高含量的长链 ω－3 脂肪酸，以及包括铁（主要以血红素铁类型为主，具有高度的生物药效率）在内的矿物质和一些维生素，深色肉比浅色肉有更高的营养价值。但是，需要在抗氧化条件下保存深色肉，如做成罐头，原因是多不饱和脂肪酸容易氧化。当地人用鱼头和鳍做鱼汤。内脏，如肝、心和肠是当地美食“杂碎”的配料（传统上由猪头上切块的猪耳、少量猪脑和碎皮制作，在油中加调味料烹制，盛在加热的陶器中享用）。

金枪鱼内脏也是做鱼酱的原料。在菲律宾，金枪鱼卵、性腺和尾巴被冷冻，在国内市场销售以供食用。菲律宾还生产新鲜-冷鲜/冷冻黄鳍金枪鱼和肥壮金枪鱼供出口。副产品，如头、骨、腹、鳍、肋骨、尾和黑肉，占原料的 40%～45%，这些在当地市场销售以供食用。头、骨和鳍是做汤的主料。尾、腹和胫骨被冷冻，一些被真空包装，在遍及菲律宾的食品商店、超市和海鲜餐馆进行销售。消费前，要经过油炸、烤或炖烹制处理。碎肉用于制作香肠、肉排、汉堡小馅饼、金枪鱼火腿、金枪鱼条和当地食物，如“烧卖”和“西班牙香肠”。

用罗非鱼皮制作的休闲食品在泰国和菲律宾很受欢迎，将去鳞的皮切成条，用油炸透，作为开胃菜。在一些国家，来自制鱼片产业的边角料和头用来做汤和酸橘汁腌鱼。有可以去鱼骨的设备，去骨的肉作为鱼糕、鱼香肠、鱼丸和鱼露的基础原料。越南巨鲇科种类的加工鱼片出成率为 30%～40%，副产品主要作为鱼粉，但一些公司还生产巨鲇鱼油，适合人类食用。深色肉和边角料与土豆或切碎的鱼肉及米饭进行烹制，在越南一些地方有销售。

2. *作为饲料*

全球对鱼粉和鱼油的需求增长，价格提高，因而其已不再是低价值产品。中上层鱼直接供食用的趋势在增加，而不是制作鱼粉。再加上其他措施，如对作为饲料的渔业的严厉捕捞配额，以及改进的规则和管控，使鱼粉和鱼油的价格提高。因此，鱼粉中来自加工副产品的比例从 2009 年的 25%增长到 2010 年的 36%。

泰国、日本和智利是用副产品生产鱼粉的主要生产国。国际鱼粉鱼油协会预计，水产养殖产业利用了 2010 年生产鱼粉的 73%，从而间接贡献于食品生产。在鱼油方面，预计 71%用于水产饲料，26%用于人类食用。

在许多国家,鱼加工场所为中小规模,与加工场所产生的副产品的量不足以运行一个鱼粉厂。对这些副产品进行青贮处理是方便和相对便宜的保存方式。这种方式在挪威很普遍,不同的养殖鲑鱼屠宰厂的青贮副产品,会转到集中式加工厂。集中存储的副产品加工为鱼油和液态物,以蒸发得到蛋白水解物,干物质含量至少为 42%~44%。这种方法用于生产猪饲料、家禽饲料,以及鲑鱼以外的鱼类饲料所需要的鱼油。一些大型鱼屠宰场加工副产品,利用商业酶获得水解物和高质量的鱼油。

3. 作为保健营养品和生物活性配料

长链多不饱和脂肪酸、EPA 和 DHA 可能是商业上最成功的来源于鱼油的海洋脂类。尽管其于 2000 年左右缓慢起步,但 ω-3 脂肪酸的市场快速增长。根据一些市场研究,2010 年全球对 ω-3 脂肪酸配料的需求为 15.95 亿美元。

制药和食品产业利用明胶作为改善性能的配料,如质地、弹性、稠度和稳定性。2011 年全球明胶产量约为 34.89 万 t,98%~99%来自猪和牛的皮和骨,约 1.5%来自鱼和其他来源。鱼胶质市场价格趋向于是哺乳类胶质的 4~5 倍,但只用于清真和犹太食品。因其具有流变特性(在物理稠度和流动方面),来自温水鱼类的胶质可以是食物和药品外层的牛胶质替代品。来自冷水鱼类的胶质用于凝固和冷冻食物。

几丁质和其脱乙酰基类型的甲壳素在食品、制药、化妆品和工业生产中有许多应用。几丁质存在于对虾壳中。产业预计显示,2018 年全球几丁质和甲壳素市场为 11.8 万 t。几丁质用于替代化学品作为水处理的凝聚剂,这类应用在日本很普遍,日本是几丁质和甲壳素的最大市场。其第二大应用领域是化妆品产业,如应用在护发和护肤产品中,如洗发液、护发素和保湿剂。葡糖胺为甲壳素的单元结构,用于营养品和药品中。葡糖胺与硫酸软骨素一道用于改进关节软骨健康,以及在食品和饮料产业中使用。在水产养殖生产国中,中国、泰国和厄瓜多尔已经建立了几丁质和甲壳素产业。

许多有营养价值的蛋白/缩氨酸来自渔业副产品,其具有功能性、抗氧化性。商业缩氨酸产品来自干狐鲣水解物,具有健康价值,如可以降低血压,现已投入市场使用。来自水解白鲑的产品也具有健康价值,如降低血糖指数、改善胃肠健康、作为针对氧化的应急药物,以及具有放松效果。一些产品可能来自鱼片,而不是副产品。2010 年美国市场蛋白配料的价值预计为 4 500 万~6 000 万美元,但鱼的缩氨酸同时面临来自牛奶蛋白的产品竞争,如酪蛋白、乳清和大豆蛋白。

4. 渔业副产品产业面临的挑战

渔业副产品高度易腐,因此需要在产出时即保存。但是,许多发展中国家的鱼加工场所为中小型规模,可能不具备保存所产生少量副产品的设备。因此,在这一领域投资(财政、基础设施和人力资源方面)可能无利可图。在副产品用作人类消费时,需要基于良好卫生操作、良好生产操作及危害分析关键控制点安全管理体系对副产品进行处理和加工。例如,鱼胶质产业面临的主要挑战是原料认证,以及原料参数导致的质量变化,如颜色和气味。此外,鱼胶质在价格方面无法与哺乳类胶质进行竞争。来自对虾废弃物转为甲壳素的产量,据报告只有10%,为生产高质量的甲壳素,对虾废弃物的良好保存是关键。

在开发副产品用于保健营养品和药物方面有许多科学研究,但商业化应用这些产品还有一些障碍。例如,存在于甲壳类壳体中的虾青素染料必须与合成的虾青素及更为经济的来自微藻的天然虾青素竞争。转基因微生物用于商业生产酶,如虾碱性磷酸酶和来自大西洋鳕鱼肝的鳕鱼尿嘧啶-DNA糖基酶。这些酶原来分别在对虾和大西洋鳕加工副产品中发现。

对于市场上的保健营养品和健康补充品,其具体的健康声明需要得到监管机构的批准,如美国食品药品监督管理局、欧洲食品安全局或日本特定保健用途食品管理机构。为获得批准,需要提供针对人类研究的积极结果,而此类研究通常十分昂贵。

渔业副产品的最现实利用是作为食物,或加工为饲料配料间接作为食物。利用副产品离析高价值生物活性化合物在许多情况下不现实,但特定来源的长链ω-3脂肪酸除外。其重要原因是:缺乏现有市场;定期获得高质量副产品的数量十分有限;离析存量不高的具体成分的高成本;为潜在营养食品或健康补充品提供必要文件方面的挑战。

克服上述挑战,鱼类加工将会继续保持减少废弃物,并有效利用鱼副产品,加强经济、社会、养护和环境效益。加工业的科技发展,以及加大投资和改进操作,均对此有所贡献。

三、世界水产品加工利用的发展趋势

1. *鲜活水产品销售额还会进一步增长*

新鲜水产品容易变质腐败,在国际市场上的比重较低。随着包装的改进、空运价格的下降、食品连锁店的兴起,以及人们生活水平的提高等,近年来肉类国际市场受到禽流感、疯牛病等动物疫病暴发的严重影响,促使消费者转向水产品等,相应地提高鲜活水产品的销售。目前国际市场上活的水产品价格大大高于鲜品,鲜品又高于冻品。

2. *海洋药物的发展*

以海洋动物、植物和微生物为原料,通过分离、纯化、结构鉴定、优化和药理作用评价等现代技术,将具有明确药理活性的物质开发成药物。其中海洋生物活性肽源自海洋生物,能调节生物体代谢或具有某些特殊生理活性的肽类。按其生理功能划分可将其分为抗肿瘤肽、抗菌肽、抗病毒肽、降血压肽、免疫调节肽等。海洋生物活性多糖为海洋生物体内存在的,具有调节生物体的代谢或某些特殊生理活性的多糖,包括海洋植物多糖、海洋动物多糖和海洋微生物多糖三大类。按其生理功能划分可将其分为抗肿瘤多糖、抗凝血多糖、抗病毒多糖、抗氧化多糖和免疫调节多糖等。现有的海洋药物,如藻酸双酯钠,具有抗凝血、降血脂、降血黏度、扩张血管、改善微循环等多种功能,可用于缺血性心脑血管疾病的防治;鱼肝油酸钠是以鱼肝油为原料制备的混合脂肪酸钠盐制剂,可作为血管硬化剂,用于静脉曲张、血管瘤及内痔等疾病的治疗,也可作为止血药,用于治疗妇科、外科等创面渗血和出血;多烯酸乙酯的商品名为“多烯康”,是以鱼油为原料制备的多烯脂肪酸的乙酸酯混合制剂,有效成分为二十碳五烯酸乙酯和二十二碳六烯酸乙酯。具有降低血清甘油三酯和总胆固醇的作用,适用于高脂血症;鲨素是从鲨的血细胞中提取的一种由17个氨基酸组成的阳离子抗菌肽,其特点为在低pH和高温下相当稳定,通过和细菌脂多糖形成复合物,在低浓度下即能抑制革兰氏阴性菌和革兰氏阳性菌的生长;角鲨烯也称“鲨烯”,大量存在于深海鲨鱼肝油中,也存在于沙丁鱼、银鲛、鲑鱼、狭鳕等海洋鱼类中,具有抑制癌细胞生长、增强机体免疫力的作用。传统医药中的石决明是以鲍科动物的贝壳为原料干燥制得的一种传统中药,性平、味咸,具有平肝潜阳、明目止痛的疗效,主治头痛眩晕、青盲内障、角膜炎和视神经炎等症;海螵蛸也称“乌贼骨”“墨鱼骨”,是乌贼外套膜内的舟状骨板,由石灰质和几丁质组成,是传统的海洋中药,性微温,味咸,功能为止血、燥湿、收敛,主治吐血、下血、崩漏带下、胃痛泛酸等症。研粉外用,治疮疡多脓、外伤出血等症。

第六节　现代休闲渔业

21世纪最初的几年,全球旅游产业每年增加4%,估计旅游人数到2020年将增加1倍。休闲渔业作为新兴的渔业产业,20世纪末期得到了快速发展。不确定的估算显示,发达国家大约10%的人口从事休闲捕鱼,全世界从事休闲捕鱼的人数或超过1.4亿。在美国和欧洲国家或地区,近年来估计分别有至少6 000万和2 500万休闲垂钓者;预计欧洲有800万~1 000万人在咸水水域从事休闲捕鱼工作。

“十二五”期间,我国休闲渔业呈现出发展加快、内容丰富、产业融合、领域拓展的良好势头,2015年全国休闲渔业经营主体达到38万家,接待人数超过1.2亿人次,产值超过500亿元。“十三五”期间,国家高度重视休闲旅游产业的发展,市场需求日益旺盛,有专家预计,未来20年,全国旅游休闲市场规模将超过80亿人次,呈爆发性增长态势,将为休闲渔业的发展提供巨大空间。

休闲渔业正在成为渔业产业结构调整和渔业经济可持续发展的新增长点。休闲渔业作为我国现代渔业五大产业之一,被正式列入我国渔业中长期发展规划中,且休闲渔业是推进渔业供给侧结构性改革的重要方向,也是渔民就业增收和产业扶贫的重要途径。

一、休闲渔业的概念

20世纪60年代,休闲渔业活动在美国和日本等经济发达的沿海国家和地区兴起,随着社会进步和经济发展而日益成熟和发展起来。休闲渔业经济活动从最初单纯的休闲、娱乐、健身活动逐渐发展到旅游、观光、餐饮与渔业的第一产业、第二产业与第三产业的有机结合过程中,丰富与充实了渔业生产内容,提升了渔业产业结构。休闲渔业作为渔业活动的产业部门之一,在提高与优化渔业产业结构的过程中,对渔村和沿海岸带的社会经济发展起到了积极的作用。关于休闲渔业的概念或定义,不同学者有不同的观点。在美国,休闲渔业被认为是以渔业资源为活动对象的娱乐项目,或以健身为目的的活动,以及陆上或水上运动垂钓、休闲采集和家庭娱乐等活动。这些活动通常被称为娱乐渔业或运动渔业,以区别于商业捕鱼活动,其内容也不包括渔村风情旅游、渔村文化休闲、观赏渔业等活动。美国和西方国家对休闲渔业的定义范围是非常狭窄的。

根据渔业活动目的的不同,中国渔业经济学家对休闲渔业有以下诸多解释。首先,认为休闲渔业是利用自然水域环境、渔业资源、现代的或传统的渔具渔法、渔业设施和场地、渔民劳动生活生产场景,以及渔村人文资源等要素,与旅游观光、渔事娱乐体验、科普教育、渔业博览等休闲渔业活动有机结合起来,按照市场规律运行的一种产业。其次,认为休闲渔业是一种以休闲、身心健康为目的,群众参与性强的渔业产业活动。最后,认为休闲渔业是通过对渔业资源、环境资源和人力资源的优化配置和合理利用,把现代渔业和休闲、旅游、观光和海洋知识的传授有机地结合起来,实现第一产业、第二产业、第三产业的相互结合和转移,创造更大的经济与社会效益的产业活动。中国台湾地区经济学家江荣吉教授在总结中国休闲渔业活动特征与内涵的基础上,对休闲渔业做如下定义:“休闲渔业就是利用渔村设备、渔村空间、渔业生产的场地、渔法渔具、渔业产品、渔业经营活动、自然生物、渔业自然环境及渔村人文资源、经过规划设计,以发挥渔业与渔村休闲旅游功能,增进国人对渔村与渔业之体验,提升旅游品质,并提高渔民收益,促进渔村发展”。在中国大陆,休闲渔业活动被视为利用人们的闲暇时间,利用渔业生物资源、生态环境、渔村社会环境、渔业文化资源等发展渔业产业的经济活动。

二、休闲渔业发展概况

休闲渔业活动最早起源于美国。19 世纪初,美国大西洋沿岸地区就出现了有别于商业渔业行为的垂钓组织——垂钓俱乐部。渔业垂钓俱乐部的活动是以会员或家庭为组织形式在湖泊、河流或近海海域进行放松身心、休闲度假的娱乐垂钓活动。直到 20 世纪初,休闲渔业实质上仅仅是垂钓爱好者参与的娱乐活动。20 世纪 50 年代,随着经济腾飞,人们生活富裕,劳动周时缩短,休闲时间延长,旅游或休闲活动日益受到青睐和宠爱,美国的渔业休闲活动快速发展。20 世纪 60 年代,加勒比海兴起了休闲渔业活动,并逐步扩展到欧洲和亚太地区。

日本于 20 世纪 70 年代提出了“面向海洋,多面利用”的发展战略。在沿海投放人工鱼礁,建造人工渔场,大力发展栽培渔业,改善渔村渔港环境,发展休闲渔业。1975 年以后,随着日本国民收入和业余时间的增加,利用渔港周围的沿海作为游乐场所的人数逐年增加,游钓作为健康的游乐活动之一,发展更快。1993 年日本游钓人数已达 3 729 万人,占全国总人口的 30%,从事游钓导游业的人数达到 2.4 万人。游钓渔业的发展大大推动了日本渔村经济的发展,优化了日本的渔业产业结构,推动了渔业的可持续发展。1990年我国台湾地区实行减船政策，积极调整渔业结构，在沿海渔业和港口兴办休闲渔业，推动休闲渔业的发展。

由于近海资源衰退、远洋渔业发展受限、船员劳力不足，近年来中国台湾地区的渔业发展面临各种困难。我国台湾地区渔业局从1998年起在基隆等6个渔港，强化休闲设施投资，发展海陆休闲中心，促进渔民走向多元化经营。休闲渔业中心的设施包括从事海上观光钓鱼的游艇码头、渔人码头、海鲜美食广场、海钓俱乐部、海景公园、儿童娱乐场，以及相应的旅馆和旅游服务设施。同年下半年全岛有99处海港陆续开放休闲渔业，批准从事游乐业的渔船有700多艘。为推进休闲渔业的发展，吸引更多游客和城市居民到渔港渔区观光休闲，活跃渔区经济，还在重点渔港开设鱼货直销中心，游人在欣赏渔港风光、观赏渔村风情的同时可以品尝和采购鲜美水产品。我国台湾地区集生产、销售、休闲和观光于一体的渔港渔区使“已近黄昏”的台湾沿岸和近海渔业“起死回生”。

我国内陆水域面积约为17.6万km^2，占国土面积（不含海洋）的1.8%。其中主要江、河总面积占内陆水域总面积的39%，湖泊总面积占内陆水域总面积的42.2%、全国建成的水库有8.5万多座，总面积为200.5万hm^2。自然分布的淡水鱼类有700多种，具有重要渔业价值的经济鱼类有50多种，辽阔的水面及丰富的适于垂钓的肉食性名贵鱼类（鲈、鳜、鳢和鲇鱼等），尤其是许多江河、湖泊、水库地处风景秀丽的旅游区，为发展内陆休闲渔业提供了条件。我国拥有300万km^2的管辖海域，大陆岸线1.8万多千米，岛屿6 500多个，岛屿岸线长达1.4万多千米；大陆和岛屿岸线蜿蜒曲折，形成了许多优良港湾，为鱼类繁殖、生长的场所，10 m等深线以内的浅海面积为734.2万hm^2，最适于发展休闲渔业。海洋鱼类有1 690多种，经济价值较高的有150多种，鲷科和石斑鱼类等适钓肉食性鱼类种类多。沿海潮间带滩涂栖息有多种藻类和底栖生物，适宜游客滩涂采捕。

我国地处北温带和亚热带，适于休闲旅游的季节较长，尤其是东南沿海，适合海上休闲娱乐渔钓的时间长达8~9个月。这些优越的环境与生物资源为发展休闲渔业奠定了良好的基础。20世纪90年代中期，休闲渔业开始在我国大型城市和沿海城市快速发展。北京市郊区的怀柔、房山等区，在发展流水养虹鳟鱼的同时，建立了集观光、垂钓、品尝等于一体的休闲渔业景区，取得了可观的经济效益。河北省廊坊市三河市年生产商品鱼1 100余吨，其中1/3以上为游钓用鱼，游钓收入占全县渔业总收入的50%左右。辽宁省大连市长海县利用其地理优势举办钓鱼节，吸引了众多国内外宾客参加钓鱼比赛，带动了经济发展。在西部地区，四川省渠县利用渠江两岸的山水风光发展新型旅游业。

三、休闲渔业的形式

休闲渔业的产业特点是有机地将钓渔业、养殖业、采贝采藻业、水产品交易、鱼类观赏鱼鱼类知识普及和水产品品尝等渔业活动与交通业、旅游业、餐饮业、娱乐业和科普教育事业相结合，因而休闲渔业的形式多种多样。

现代休闲渔业可以划分成以下几种形态。一是以钓鱼为主的体育运动形态；二是让游客直接参与渔业活动，采集贝壳类等的休闲体验与观光形态，以及利用渔业资源特征明显而资源丰富发展的特色游览型休闲渔业；三是食鱼文化形态；四是以水族馆、渔业博览会及各种展览会等为主，带有一定教育性和科技普及性的教育文化形态。

1. 休闲垂钓渔业

休闲垂钓渔业是指一些专业垂钓园和设施完备的垂钓场利用具有一定规模的专业海水养殖网箱，以及海、淡水养殖池塘，放养各种海、淡水鱼类，配备一定的设施，以开展垂钓为主，集娱乐、健身、餐饮为一体的休闲渔业活动。休闲垂钓可以分为海上垂钓、池塘垂钓和网箱垂钓。

（1）海上垂钓

海上垂钓适合成年人，尤其是30岁以上的男性游客。主要有游船钓、岩礁钓和海岸扩展台垂钓三种。

1）游船钓

用于游船钓的渔船吨位要适当大些，稳定性要好，适合游客在海上下饵、船上体验海钓，也可以在低速行驶的环境下让游客体验海钓的乐趣。海钓渔船上附有酒吧、KTV等简单娱乐项目，配置烧烤工具，使游客在船上能直接品尝自己钓到的海鲜，更能增加游钓的趣味性。

2）岩礁钓

富饶美丽的大海边既有舒展蔓延的金色沙滩，也有形态奇异的岩礁。美丽的岩礁高高耸立在蔚蓝的大海边，海风拂面、轻抛鱼竿、凝思垂钓能给游人带来无限的遐想。我国许多群岛都有适合垂钓的岩礁，对其稍加改造就能造就成美丽、舒适和安全的垂钓场所，为消费者提供休闲的鱼类活动。

3）海岸扩展台垂钓

很多海岸线也是发展海边垂钓的理想地。利用海岸线曼延曲折的地理优势，给海上休闲度假的游客们提供便捷的海钓服务有无限的发展空间。在海岸边的别墅或者旅馆附近的海岸线上建造拓展平台，发展休闲游钓渔业，也能引发游客们的消费欲望，推动渔业经济的发展。

（2）池塘垂钓

池塘垂钓是比较普遍的大众化休闲娱乐方式。它主要利用围塘养殖场地和设施增加一些垂钓平台，配置餐饮、烧烤、娱乐、休憩等服务设施，为不同的游客提供休闲娱乐。池塘垂钓休闲渔业主要利用大都市周边的风景秀丽的大型养殖基地。发展池塘垂钓休闲渔业应处理好养殖渔业生产与垂钓活动的关系，处理好垂钓活动可能对环境带来的影响。池塘垂钓有助于为垂钓爱好者提供更为丰富多彩的品种，减小垂钓对野生渔业资源的压力。

(3) 网箱垂钓

海水和淡水网箱养殖是发展养殖渔业的重要组成部分。网箱养殖的水域一般都是水面辽阔、风景秀丽的海淡水区域。利用海水和淡水网箱养殖设施并实施必要的改造,放养适合垂钓的水生动物,增设能提供安全保障的平台,可以发展网箱垂钓休闲渔业。在网箱垂钓区,配套建设餐饮娱乐等设施能进一步提高网箱垂钓渔业的经济效率。

2. 体验与观光型休闲渔业

利用渔港、浅海、岛礁的海洋自然生态资源建立海上旅游基地,组织游客参加海上捕鱼、潮间带采集、海景观光、海上运动。渔家乐就是典型的体验性休闲渔业活动。渔家乐利用渔船、渔具等渔业设施、村舍条件和渔民技能等,让游客直接参与张网、流网、拖虾、笼捕、海钓等形式的传统捕捞方式,和渔民一起坐渔船、撒渔网、尝海鲜、住渔家,亲身体验渔民生活,享受渔捞乐趣,领略渔村的风俗民情。此外,还可以开展海滩拾贝、池塘摸鱼、篝火晚会、编织渔网和鱼塘晒饵等参与性较强的趣味活动。

某些水库和湖泊盛产特色水产品,如太湖银鱼、阳澄湖大闸蟹,往往成为游览型休闲渔业的亮点。某些水域不仅渔业资源有特色,而且颇具特色的渔业生产作业方式也成为吸引游客的项目,如浙江千岛湖,湖面开阔、山清水秀、浮游生物丰富,适宜人工自然放养花鲢、白鲢等鱼类,孕育出了具有特色的鲢鱼头食鱼文化。千岛湖湖水深邃,湖水下层万物丛生,给捕捞生产带来了困难。为发展捕捞生产开发的“拦、赶、刺、张”湖泊捕捞技术,最终孕育出国内外闻名的“巨网捕鱼”特色游览休闲渔业活动。

3. 休闲观赏渔业

休闲观赏渔业是借助于各种渔乐馆、渔民馆、海洋馆、渔业馆、渔船馆、水族馆和渔村博物馆展示鱼类的千姿百态,集科普教育和观赏娱乐为一体的产业活动。休闲观赏渔业产业与水族产业、观赏鱼产业的发展紧密相连,可以提高与优化产业结构,在为公共场所提供观赏水族,满足市场需求的同时,提高渔业产业的经济效率。另外,发展休闲观赏渔业还有助于培养人们热爱自然、珍爱生命的道德观念。

4. 食鱼文化形态

交通相对发达的地区适宜发展水产品交易市场。而规模庞大的市场和优良的服务管理能吸引众多的水产品批发商与供应商。品种繁多的水产品往往像博物馆一样吸引众多游客。而水产品离不开饮食文化,海鲜“鲜、活、优”的特点成为食鱼文化的特色,形成以品尝海鲜、娱乐、采购为一体的滨港食鱼文化产业。为游客提供在滨港纳海风、听渔歌、尝海鲜、饱览渔港夜色,参观水产品展览会、展销会,参与渔业产业发展论坛、海鲜美食节和海洋文化论坛等多种多样的活动。

5. 文化教育性休闲渔业

在历史悠久的渔港渔村,世世代代的渔民在海边织网、出海、猎渔,沉淀了淳厚的渔文化底蕴。例如,我国舟山地区建有舟山博物馆、中国渔村博物馆、台风博物馆、中国灯塔博物馆、马岙博物馆、舟山瀛洲民间博物馆、岱山海曙综艺珍藏馆和海盐博物馆中的馆藏都可以用于发展文化教育型休闲渔业。

渔文化展示可与博物馆和海洋文化有机融合，按时间、鱼种、相关历史等主题来划分展示区。以时间为主题的展示馆可摆设各个时代的渔具和具有渔村风格的家具。以鱼种为主题的展示馆可陈列各种鱼类标本，并对该鱼种的生物、生态特性、食用价值和文化传说等做渲染，提高游乐者对渔业产业的认识。以相关历史事件为主题时，可按电影院风格来建造，摆放历史性图片和资料，播放资料片和历史电影。渔文化展示观光区应以渔村特色建筑和传统风貌为背景，充分挖掘渔村的文化内涵，适当融合现代渔业技术与民俗风情。

休闲渔业是典型的混合型产业，形式可以多种多样。垂钓、娱乐休闲、渔家乐、海上渔业生活体验、海上产业活动体验、餐饮购物、品尝海鲜、渔货贸易、渔业文化休闲、海岛生态观光、游钓和游艇水上运动等活动都可以纳入休闲渔业产业活动中。因此，21 世纪之初，休闲渔业产业的概念和发展形式都处在不断变化中。除上述对休闲渔业形式的分类以外，有研究者提出休闲渔业类型可分为垂钓娱乐型、涉渔生产生活体验型、湿地渔业生态观光型、综合配套休闲型、游艇海岛观光游钓型、渔业文化观光型、水族产业观赏型和渔文化博览休闲型等。

四、国际上休闲渔业的管理与发展

1. 休闲渔业面临的问题

休闲捕鱼在多数发达国家是发达产业，在其他地区正快速发展。该产业涉及大量个体，在从业人数、产量、社会及经济相关性方面，休闲捕鱼是相当大的产业，这一认识正在提高。但在许多休闲渔业中，这种认识没有伴随着管理方式的改进，休闲捕鱼对全职工作的渔民生计、环境和水生生物多样性影响的关注正在扩散。

休闲捕鱼是捕捞不构成满足营养需求的一种休闲活动，捕捞的水生动物个体一般不出售或出口，也不进入国内市场或黑市。尽管钓鱼是大多数人所认为的休闲捕鱼，不过该活动也包括集鱼、陷捕、鱼叉、射鱼，以及用网捕捞水生生物。休闲捕鱼现在是工业化国家淡水环境中野生鱼类种群最主要的利用方式。高效捕鱼设备供应增加（包括航行装置、探鱼器和改良的船舶）和沿岸区域持续城市化使沿海和海洋休闲渔业持续扩大。

休闲捕鱼对当地经济贡献很大，包括在不发达国家。在一些区域，从休闲捕鱼者开销中产生的收入和就业大于来自商业渔业或水产养殖。休闲捕鱼带来的其他好处是提高了自然生境和清洁水体的价值。

休闲捕鱼已显示其自身有能力作为教育活动提供价值，促进对鱼类种群和其栖息及所有人依附的环境责任概念。休闲捕鱼者经常对捕捞环境有强烈的责任意识。

在一些情况下，水产养殖逃逸的鱼受到游钓渔民的控制。在智利南部，曾经只捕虹鳟和褐鳟的休闲渔业，现在捕捞种类包括逃逸的大西洋鲑(*Salmo salar*)和大鳞鲑鱼(*Oncorhynchus tshawytscha*)。在智利和阿根廷，大鳞鲑鱼成功洄游到海洋，自我持续的大鳞鲑鱼种群给休闲捕鱼者带来了狂热，给环保主义者带来了关切。

但有时休闲捕鱼者在开放入渔区和公共渔场也消极影响专业化小型和手工渔民。对休闲渔业有害的影响也有争论和所发现问题的记录，如在地中海、澳大利亚沿海及红海东部使用鱼叉捕捞石斑鱼的一些物种。此外，休闲潜水捕捞一些物种，如眼斑龙虾，加上商业渔业和其他压力(如污染)，会导致一些种群明显衰退。

不过，休闲捕鱼者具有提高鱼类养护、保持或恢复重要生境的潜力。作为利益相关方，通过参与管理和养护努力，他们可以在成功的渔业养护中发挥作用。

休闲捕鱼者逐渐能到达外海渔场并采用一些技术，包括探鱼装置，使其与商业渔民的捕捞能力相近。历史上休闲渔业开发的物种只由商业渔业开发，在一些情况下会导致这些领域的冲突。采用定位捕鱼和同种类型的渔具和设备，如停泊场所，也使休闲捕鱼者与沿岸从事小型商业渔业的渔民产生竞争。经常在特定区域和季节捕捞高度图像化物种的其他特殊休闲渔业，如鲑鱼、枪鱼、旗鱼和剑鱼，在总产量中占相当比例。但应当注意游钓捕鱼积极推动了捕捞-放生活动，钓鱼比赛捕的鱼一般被放生，除非所捕的鱼做了记录。

许多休闲渔业具有高度选择性。休闲渔业往往以种群中的大个体为目标。但是，捕捞寿命长的物种的更大个体对种群繁殖潜力有重要影响。更大的雌鱼产卵量更高、产卵期长(因此，对变化的环境条件适应力更强)，产下的幼体成活率更高。持续的两性物种中有同性大个体，捕捞这些大个体影响产卵成功。年龄-规格种群受密度变化和间接相互影响行为调节的影响，从而对食物链产生影响，也会改变生态系统的结构和生产力。在商业和休闲渔业同时开发这些种群时，所有这些因素假定为更为相关。

2. 休闲渔业应考虑的问题

休闲渔业领域的可持续发展取决于其多领域特征的认同，无论休闲渔业利益相关者是否被允许推进成功的养护和管理，急需综合生物和社会科学等多学科，以便提供休闲捕鱼业的整个社会和生态系统动态情况。

负责该领域的人们要认识到休闲渔业的可持续性(包括在捕捞区养护水生动物的生物多样性)与商业渔业的整合要求。负责休闲渔业的政策制定者和管理者需要获得该领域的信息，以及消极影响该领域可能因素的知识(包括沿海发展、鱼类生境修复、污染和极端气候事件)。此外，休闲捕鱼具有重要社会内容，其活动的利益需与资源保护的投资相称。

休闲渔业绩效和潜力评估需要多范畴和多领域的实践，以便获得该领域社会、经济、环境和教育方面的内容，重要的是确保利益相关方的有效参与。一项研究在这方面做了努力，提出了“欧洲内陆休闲渔业社会经济利益评估方法”的建议，不仅可用于欧洲，而且还可用于其他地方。

休闲渔业的管理需要协调利用野生鱼类的有冲突的需求，同时确保对海洋动物的持续开发，以及养护这类动物为其一部分的海洋生态系统。为此，休闲渔业的管理需要按照多数渔业管理者采用的同样程序，涉及：① 明确要管理的资源、系统状况和限制；② 确定目标；③ 评价管理选择；④ 选择适当行动实现管理目标；⑤ 实施这类行动并监测结果；⑥ 评价管理是否成功，并根据教训调整管理。淡水休闲渔业中选择的手段很广泛。管理手段包括放流、生物修复、猎物增殖、抑制有害鱼类、选择性捕捞、创新和水生植物管理。

但同时，渔业管理者需要认识到淡水休闲渔业与商业渔业和水产养殖的不同，因此，需要以反映这种不同的方式处理问题。主要的不同是有关于物种引进、水体放生、捕捞-放生实践、潜在选择性的过度开发、休闲捕鱼者在生境和生物多样性养护中的作用。

管理者还需要认识到许多渔业中存在这样的意识，即个体休闲捕鱼者产量很少，对资源只有局部影响，以及休闲捕鱼对世界范围内资源下降的影响不大。但在考虑休闲捕鱼者人数规模和活动时，这一观点通常会发生巨大变化。许多休闲渔业具有开放入渔的特征，特别是海洋，对资源和渔业可持续性有影响。相反，许多内陆和沿岸休闲捕鱼区，特别是欧洲、北美洲和大洋洲，没有应用开放入渔机制，有时具有极端严格的入渔要求。

但传统的管理目标，如产量最大化，可能对休闲渔业不是最合适的目标；休闲捕鱼的主要目标是享受捕捞过程中的快乐，这要求不同的管理战略和手段。支持休闲渔业管理的综合监测系统需要休闲渔业的所有有关信息，包括但不限于以下方面的代表：休闲捕捞者和其协会、设备提供者、商业渔民和其组织、公共机构、公民社会组织、大学、研究机构和旅游业。

可靠数据和可用科学信息有限，就需要采取预防性管理。与任何其他渔业一样，休闲渔业管理要求明确的目标和可操作的运行目标。应采用简单和容易获得的多领域指标和参考点，衡量在资源压力和产生附加值方面的休闲渔业系统状况。这类指标可用来比较休闲渔业和商业渔业。管理休闲捕鱼应当在更广泛的渔业和环境管理战略范围内得到充足资金和支持。可要求休闲捕鱼者为管理休闲捕鱼的开支作贡献；在一些情况下可采用“使用者付费、使用者受益”系统。涉及预计总捕捞量、努力量和影响的问题，以便能以负责任方式管理资源。休闲渔业注册和许可在发挥主要作用；注册作为定量和确定参与的方式，许可作为同样方式并产生收入。建立许可制度考虑的问题是建立的和运行的成本，以及如何确保将收集的许可费收入用于该领域。

以养护种群中更大个体为重点的管理可能需要创立适当的养护区域（物种保护区、海洋保护区或禁渔区）或捕捞-放生的准则和/或规则。

一些休闲渔业以一个以上的国家的休闲渔业和商业渔业开发的跨境或洄游鱼类物种种群个体为目标。此外，海洋休闲渔业的一些目标物种（如金枪鱼和枪鱼）在公海和国家管辖区之间洄游。这给国家管理系统带来了国际内容。区域渔业管理组织（RFMO）和区域渔业咨询机构可提供区域框架，要求在区域对话中包括休闲渔业，并对共同关心的休闲渔业确立养护和管理机制。

3. 休闲渔业管理的有关国际行动

欧洲内陆渔业咨询委员会（EIFAC，现在为欧洲内陆渔业和水产养殖咨询委员会［EIFAAC］）（2007~2008 年）确立的《休闲渔业行为守则》（COP）在休闲内陆渔业管理和养护一系列工具方面是重要步骤。《休闲渔业行为守则》包括负责任、环境友好的休闲捕鱼标准，考虑了变化的社会价值和养护关切。其目标是推进休闲渔业最佳操作，在面临扩大的威胁方面，如生境改变和破坏、资源被过度开发和生物多样性丧失方面，推动休闲渔业长期生存。

国家管辖区外的休闲渔业开发和管理正成为区域渔业机构（RFB）的议题，特别是休闲捕鱼发生在国际水域或半闭海时。区域机构可确立长期的共同监测框架，促进区域合作，以便于制定描述渔业的标准准则，以及确定对资源的影响；展示发生在其管辖区的休闲渔业社会和经济状况。

在全球层面，世界休闲捕鱼系列大会是讨论开发和管理休闲渔业进展和问题的主要科学论坛。这类大会的目标是加强对话，增加对休闲渔业多样性、动态和未来前景的了解。

FAO 正在制定负责任休闲渔业技术准则。2011 年 8 月召开了制定 FAO 负责任渔业技术准则（休闲渔业）的专家会。该技术准则包括所有环境（海洋、沿岸和内陆）的所有类型休闲渔业（以捕捞为取向的垂钓、捕捞-放生捕鱼、诱捕、叉鱼等）。准则是全球范围的，与守则一致。

由于休闲渔业的重要性在增强，许多国家将其纳入整体渔业管理范围，包括渔业领域回顾、管理规划和养护战略。未来渔业管理将以平衡休闲和商业捕鱼发展为目标，包括资源配额，以使当地社区利益和生态系统健康最佳化。休闲渔业对农村社区生计的潜在作用将被评估，并促进其发展。因此，在世界许多部分，休闲渔业和相关旅游活动可以为从事小型渔业的渔民提供替代生计。

第七节 世界渔产品贸易

一、渔产品贸易在国际贸易中的地位和现状

贸易作为就业的创造者、食物供应者、收入产生者、经济增长和发展，以及食物和营养安全的贡献者，在渔业和水产养殖领域发挥着主要作用。本节仅阐述鱼和渔业产品贸易的主要趋势。但重要的是强调其在渔业服务中重要的贸易成分。这些包括广泛的活动：管理的专门知识；捕捞和加工；制定政策和船舶监测；使用港口和相关服务；修船和雇佣船员及培训；渔船租赁；建造基础设施；研究、种群评估和数据分析。尚未获得渔

业服务产生的价值的信息，通常被与服务相关的其他活动一并记录。

鱼和渔业产品是世界食品领域贸易程度最高的领域之一，预计有约78%的海产品进入国际贸易竞争。对于许多国家，以及大量的沿海、河边、海岛和内陆区域而言，鱼和渔业产品出口对其经济至关重要。例如，2014年佛得角、法罗群岛、格陵兰、冰岛、马尔代夫、塞舌尔和瓦努阿图的鱼和渔业产品贸易占其商品贸易总值的40%多。同年，全球渔业贸易占农业总出口值（不含林产品）的比例超过9%，以及世界商品贸易值的1%。

最近几十年，鱼和渔业产品贸易有了相当大的扩张，受渔业产量扩大的推动，以及高需求的驱动，渔业领域在一个越来越全球化的环境中运行。鱼可在第一个国家出产，在第二个国家加工，并在第三个国家消费。这与增加将加工外包到相对低工资和生产成本低的国家有关，提供了竞争优势，正如“鱼品利用和加工”部分所阐述的那样。持续的需求、贸易自由化政策、食品系统的全球化、改进的运输和物流、技术创新，以及流通和销售的变化显著调整着渔业产品的制作、加工、上市和派送到消费者手中的方式。地缘政治也在推进和强化这些结构趋势方面发挥了决定性作用。这些变化驱动力的混合作用具有多重方向性和复杂性，而且其转化速度快。所有这些因素促进和加快了当地消费转移到国际市场。

最近几十年，鱼和渔业产品的世界贸易显著扩大，1976~2014年贸易量增长超过245%，如果只考虑食用鱼品贸易，则增长515%。贸易量占鱼类总产量的重要部分，2014年约有36%（活体等重）以食用或非食用为目的的不同产品类型出口，反映了该领域开放和与国际贸易整合的程度。该比例从1976年的25%增加到2005年高峰的40%（图3-4）。此后，增速放慢，主要原因是产量减少，以及与鱼粉相关的出口。如果只考虑食用鱼的贸易，其占渔业总产量的比例则持续增加，2014年达到近29%。世界鱼和渔业产品贸易也按价值显著增长，出口值从1976年的80亿美元增加到2014年的1 480亿美元，名义年增速为8.0%，以及不变价增速为4.6%。2009年和2012年是例外情况。

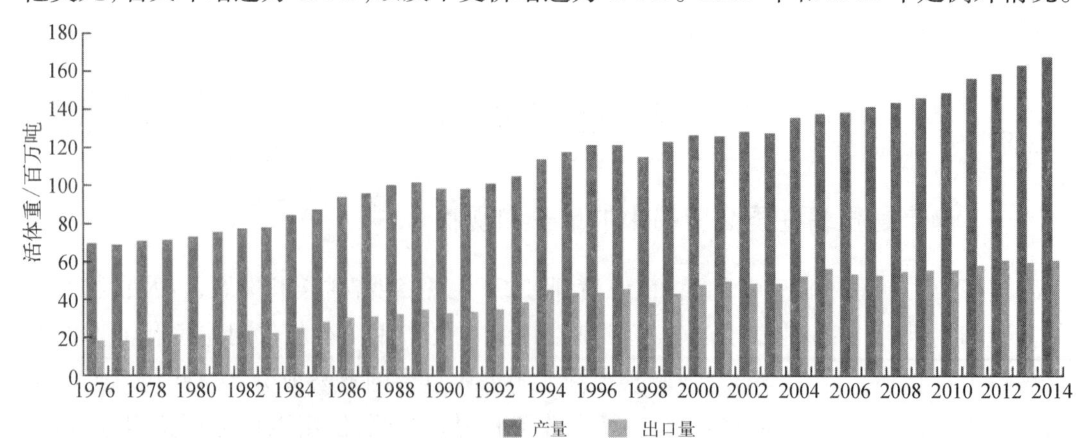

图3-4　世界渔业产量和出口量

渔业贸易与整体经济形势紧密相关。过去20年,世界货物出口经历了强劲增长,攀升到2014年的18万亿美元,几乎是1995年记录值的4倍。但这一重要增长不是定期的。在20世纪90年代后期之前逐渐增长,随后2002~2008年强劲增长,全球增长的主要引擎是新型市场经济体。按贸易值,2012~2014年平均年增长率为1%,按贸易量,平均年增长率为2.4%。2015年的数据显示,新型市场进一步放缓,发达经济体恢复更加疲软,贸易规模收缩,主要表现在贸易值方面。2014年和2015年导致贸易值和贸易量停滞的因素包括新型经济体国内生产总值缓慢增长;发达国家经济恢复不平衡;地缘政治紧张加剧;全球投资增长疲软;全球供应链老化;美元升值的影响;汇率的强烈波动;贸易自由化势头减缓。所有这些因素还导致整体渔业增长的最近减速。根据世界银行的信息,全球将需要适应新时期大的新型市场更为适度的增长,以及更低的商品价格和贸易与资本流动减速的特征。

二、世界主要渔业产品贸易国家

表3-17显示了渔业产品主要进口国和出口国。中国是主要的渔业产品生产国,自2002年起成为渔业产品的最大出口国,尽管只占中国商品出口的1%。中国渔业产品进口量也在增长,自2011年以来成为世界第三大进口国。中国进口增长是其他国家加工外包的结果,还反映了中国对当地不出产的物种日益增长的国内需求。但是,在持续多年增长之后的2015年,中国的渔业贸易减速发展,按美元计算的出口减少了6%(按人民币减少了4%),而进口按美元计算稍有下降,减速是美元升值,以及加工领域缩小的结果。

表3-17　前10名渔业产品出口国和进口国统计表

项　目		2004年/百万美元	2014年/百万美元	2004~2014年平均增长率百分比/%
出口国	中国	6 637	20 980	12.2
	挪威	4 132	10 803	10.1
	越南	2 444	8 029	12.6
	泰国	4 060	6 565	4.9
	美国	3 851	6 144	4.8
	智利	2 501	5 854	8.9
	印度	1 409	5 604	14.8
	丹麦	3 566	4 765	2.9
	荷兰	2 452	4 555	6.4
	加拿大	3 487	4 503	2.6
	前10名小计	34 539	77 802	8.5
	世界其他合计	37 330	70 346	6.5
合　计		71 869	148 148	7.5

（续表）

项　目		2004 年/百万美元	2014 年/百万美元	2004～2014 年平均增长率百分比/%
进口国	美国	11 964	20 317	5.4
	日本	14 560	14 844	0.2
	中国	3 126	8 501	10.5
	西班牙	5 222	7 051	3.0
	法国	4 176	6 670	4.8
	德国	2 805	6 205	8.3
	意大利	3 904	6 166	4.7
	瑞典	1 301	4 783	13.9
	英国	2 812	4 638	5.1
	韩国	2 250	4 271	6.6
	前 10 名小计	52 120	83 446	4.8
	世界其他合计	23 583	57 169	9.3
合　计		75 703	140 615	6.4

第二大主要出口国挪威提供多种产品，包括养殖的鲑科鱼类、小型中上层物种和传统的白肉鱼。2015 年挪威创造了出口值的新纪录，特别是鲑鱼和鳕鱼。按挪威克朗计算，出口值增长了 8%，但按美元计算则下降了 16%。2014 年越南超过泰国，成为第三大出口国。泰国自 2013 年起其出口额经历了实质性的出口下降，主要是因为病害降低了对虾产量。2015 年其出口额进一步下降（按美元计算为 14%），主要因为对虾产量下降，以及对虾和金枪鱼价格更低。这两个亚洲国家有着重要的加工产业，通过创造就业和贸易对经济作出了巨大贡献。

欧盟、美国和日本高度依靠进口渔业产品以满足国内消费。欧盟也是渔业产品进口的最大市场，2014 年进口值为 540 亿美元（不包括欧盟内部贸易）。近些年日本进口渔业产品出现下降趋势，这是因为疲软的货币使进口渔业产品更昂贵，2015 年其进口渔业产品按美元计算下降了 9%，为 135 亿美元，但按日元计算增长了 4%。2015 年美国渔业产品进口额达 188 亿美元，比 2014 年下降了 7%。

除上述国家以外，许多新型市场和出口者的重要性增强。区域流动性继续显著，尽管官方统计往往未充分反映这一贸易，特别是非洲。改进的流通体系，以及水产养殖产量的扩大增加了区域贸易。拉丁美洲和加勒比地区依然是稳固的净渔业出口区域，大洋洲和亚洲的发展中国家也是如此。按价值计算，非洲自 1985 年起（2011 年除外）是净出口区域，但按量计算，非洲是长期以来的净进口区域，反映了进口品更低的单价（主要是小型中上层物种）。欧洲和北美洲是渔业贸易赤字区域。

过去 10 年，国际贸易方式转向有利于发达国家和发展中国家的贸易。发达国家依然主要在它们之间进行贸易，2014 年按贸易量计算，78%的渔业出口为从某个发达国家到另外的发达国家。但是，在过去的 30 年，发达国家出口到发展中国家的比例在增加，这也是因为发展中国家外包了渔业加工。在发达国家维持其主要市场的同时，发展中国家自身之间的贸易量也在增加，2014 年发展中国家之间的渔业贸易占渔业产品出口值的 40%。

近些年贸易模式中最重要的变化之一是，发展中国家的渔业贸易份额增加，发达经济体的渔业贸易份额相应减少。1976 年发展中的经济体出口值只占世界贸易的 37%，2014 年其在水产品总出口值中的占比上升到 54%。同期，其出口量占水产品的总出口量从 38%增加到 60%（活体重量）。该领域除在产生收入、就业、食物安全和营养方面的重要作用以外，渔业贸易对许多发展中国家来说是创汇的重要来源。但是，这种重要性在发展中国家之间有相当大的不同，即便是在一个单一区域内。2013 年发展中国家出口值为 800 亿美元，其水产品净出口收益（出口减去进口）达到 420 亿美元，高于其他农业商品集合（如肉、烟草、大米和糖）（图 3－5）。发展中国家的渔业产业严重依赖于发达国家作为其出口产品的出路，以及当地消费的进口产品的供应者，或其加工业的供应者。比较发展中国家与发达国家之间贸易的单价便可知，发展中国家的进口单价远低于发达国家的进口单价（2014 年的 2.5 美元/kg 对 5.3 美元/kg），同时在出口单价上相似（同年为 3.8~4.0 美元/kg），原因是发展中国家的出口包括高价值物种和更低价的产品混合。

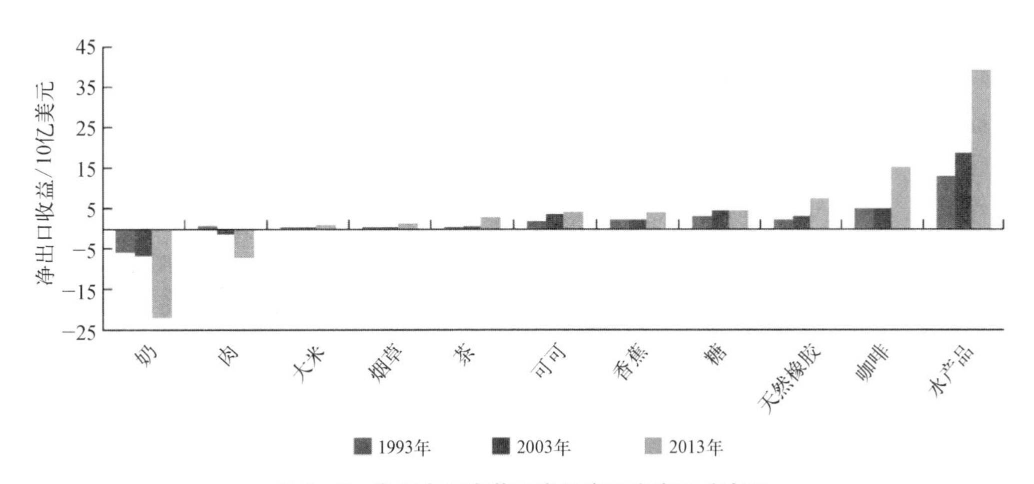

图 3－5 发展中国家若干农业商品净出口分布图

渔业产品贸易主要由来自发达国家的需求驱动，其在世界渔业进口方面占主导地位。在进口量方面（活体等重），其份额明显较低，为 57%，反映了其进口产品的更高单价。发达国家进口的捕捞渔业和水产养殖产品原产于发达国家和发展中国家，因为许多生产者有进行生产、加工和出口的动机。

影响水产品国际贸易的一些主要问题是：该领域的渔业管理政策、权利分配和经济可持续性的关系；公众和零售领域对特定鱼类种群过度捕捞日益增加的关切；小规模经营在鱼品产量和贸易中的作用;越来越关注该产业内和供应者的社会和劳工条件;非法、不报告和不管制(IUU)捕鱼,以及对价值链和渔业领域劳工条件的影响;养殖产品进口量飙升对国内渔业和水产养殖领域的影响;供应链的全球化,以及生产外包增加;生态标签显著增加,以及对发展中国家市场准入的可能影响;经济不稳定,以及保护主义增加利用非关税壁垒或高进口关税的风险;水产品国际流动大区域贸易协定的影响;商品价格的总体波动,以及对生产者和消费者的影响;货币兑换波动性和其对水产品贸易的影响;价格及整个渔业价值链利润和利益分配;若干国家难以满足质量和安全的严格规定;鱼品消费对人的健康的感知和实际风险及收益的差距;等等。

三、世界渔业产品的消费

过去 50 年渔业和水产养殖产量显著增长,特别是过去 20 年世界消费多样化和有营养食品的生产能力提高。健康饮食必须包括所有必需氨基酸、必需脂肪酸(如长链 ω-3 脂肪酸)、维生素和矿物质的充分蛋白。作为这些营养物的丰富来源,鱼在营养方面很重要。其富含不同维生素(D、A 和 B)和矿物质(包括钙、碘、锌、铁和硒),特别是完整消费。鱼是易于消化的富含所有必需氨基酸的高质量蛋白的来源。尽管平均人均鱼品消费可能低,但即使是少量的鱼也会对以植物为主的饮食产生积极的影响,这对于许多低收入缺粮国家(LIFDC)和最不发达国家更是如此。此外,鱼的不饱和脂肪酸含量较高,特别是长链 ω-3 脂肪酸。鱼在防治心脑血管疾病及协助胎儿和婴儿大脑与神经系统发育有健康方面的好处,专家同意,高水平消费鱼的积极效果远大于与污染/安全风险有关的潜在消极作用。

在全球日均水平方面,鱼产品只提供人均约 34 卡路里①。但是,在缺乏蛋白食品替代品,以及始终偏爱鱼的国家(如冰岛、日本、挪威、韩国和几个小岛国),人均可超过 130 卡路里。鱼对饮食的贡献在动物蛋白方面更为显著,150 克鱼提供 50%~60%的成人每日所需蛋白。在总蛋白摄入量可能不高的一些人口稠密的国家,鱼蛋白代表着重要成分。许多这类国家的饮食方式是严重依赖主食,消费鱼在帮助改善卡路里/蛋白比例方面特别重要。此外,对于这些国家的居民来说,鱼往往代表着买得起的动物蛋白来源,不仅比其他动物蛋白来源便宜,而且还受欢迎,以及是当地和传统食谱上的一部分。例如,在一些发展中的小岛国,以及孟加拉国、柬埔寨、加纳、印度尼西亚、塞拉利昂和斯里兰卡,鱼贡献了 50%或更多的总动物蛋白摄入量。2013 年鱼占全球人口消费的动物蛋白的约 17%,以及所有蛋白的 6.7%。此外,鱼为 31 亿多人提供了近 20%的人均动物蛋白摄入量。

总体上,过去 50 年世界食用鱼供应量增长超过人口增长,1961~2013 年其平均增

---

① 1 卡路里 = 4.1900 焦

长率为3.2%，而世界人口的平均增长率为1.6%，因此，提高了人均可获得性。世界人均表观鱼品消费量从20世纪60年代的平均9.9 kg到90年代的14.4 kg和2013年的19.7 kg，2015年的初步估计显示，此值超过了20 kg。只用产量增长不能解释这类扩张，许多其他因素作出了贡献，包括减少损失、更佳利用、改善流通渠道和需求增长，加上人口增长、收入提高和城市化。国际贸易也在为消费者提供更广泛的选择方面发挥了重要作用。

增加的鱼品消费量在各国之间，以及在各国和区域内分布不平衡，人均消费量不同。例如，过去20年人均鱼品消费量在撒哈拉以南非洲的一些国家（如科特迪瓦、利比里亚、尼日利亚和南非）和日本（尽管从高水平）停滞或下降。人均鱼品消费量在东亚（从1961年的10.8 kg到2013年的39.2 kg）、东南亚（从1961年的13.1 kg到2013年的33.6 kg）和北非（从1961年的2.8 kg到2013年的16.4 kg）有了实质性的增长。过去20年，中国对世界人均鱼品可获得性的增长贡献最大，因其鱼品产量急剧扩大，特别是水产养殖产量，产量的相当大部分出口。中国的人均鱼品表观消费量稳定增长，2013年达到约37.9 kg（1993年为14.4 kg），1993～2013年年均增长率为5.0%。过去几年，受家庭收入和财富增长的刺激，中国的消费者经历了鱼品类型的多样化，因为一些渔业出口产品转向国内市场，以及增加了渔业产品的进口。例如，不包括中国，2013年世界其他国家和地区年人均鱼品供应量约为15.3 kg，高于20世纪60年代（11.5 kg）、70年代（13.4 kg）和80年代（14.1 kg）的均值。20世纪90年代，不包括中国，世界人均鱼品供应量相对稳定在13.1～13.6 kg，低于80年代，因为人口增长比食用鱼品供应量的增长快（年增长率分别为1.6%和0.9%）。但是，自21世纪头10年的早期起，供应量增长再次超过人口增长（年增长率分别为2.5%和1.4%）。2013年在1.408亿t食用鱼品中，亚洲占总量的2/3强，为9 900万t（人均23.0 kg），其中4 650万t在中国之外（人均16.0 kg），大洋洲（尽管人均消费高）和非洲的鱼品供应量很低。

在国家和区域之间及之内，鱼对营养摄入量的贡献在人均消费量和种类方面变化很大（表3－18）。这种消费量的不同取决于鱼和替代食物的可获得性和成本，以及邻近水域渔业资源的可利用性、可支配收入和社会-经济及文化因素，如食物传统、饮食习惯、口味、需求、季节、价格、销售、基础设施和通信设施。年人均表观鱼品消费量可从一个国家的不足1 kg到另一个国家超过100 kg变化。在国家内的差异也可能很明显，沿海、沿河和内陆水域区域通常消费更高。

表3－18　2013年按大洲和经济族群分类统计合计及人均食用鱼供应量

地域范围	合计食用供应量/（百万吨活体等重）	人均食用供应量/（kg/a）
世界	140.8	19.7
世界（不含中国）	88.3	15.3

（续表）

地 域 范 围	合计食用供应量/（百万吨活体等重）	人均食用供应量/(kg/a)
非 洲	10.9	9.8
北美洲	7.6	21.4
拉丁美洲及加勒比地区	5.8	9.4
亚 洲	99.0	23.0
欧 洲	16.5	22.2
大洋洲	1.0	24.8
工业化国家	26.5	26.8
其他发达国家	5.6	13.9
最不发达国家	11.1	12.4
其他发展中国家	97.6	20.0
低收入缺粮国家	18.6	7.6

较发达与欠发达国家之间的鱼品消费也存在差异。尽管年人均渔品消费在发展中国家或区域(从1961年的5.2kg到2013年的18.8kg)和低收入缺粮国家(从1961年的3.5kg到2013年的7.6kg)稳定增长,但其依然被认为比更发达国家或区域低。2013年工业化国家人均鱼品消费为26.8kg,而估计所有发达国家为23.0kg。发达国家消费的鱼品进口份额还在增加,原因是稳定的需求和国内渔业产品停滞或下降。在发展中国家消费中,鱼品消费倾向于当地和季节可获得的产品,鱼品链由供应驱动,而不是由需求驱动。但是,因国内收入和财富提高,新型经济体消费者正经历着因渔业进口增加而可获得的鱼品多样化的局面。

发达国家与发展中国家之间的差异依然存在,还涉及鱼对动物蛋白摄入量的贡献。尽管发展中国家和低收入缺粮国鱼品消费相对水平更低,但与发达国家和世界总体平均数相比,鱼品蛋白在其饮食中的份额更高。2013年鱼品在发展中国家约占20%的动物蛋白摄入量及其在低收入缺粮国家约为18%。这一份额以前在增长,但近些年停滞,原因是其他动物蛋白消费增长。在发达国家,1989年前鱼在动物蛋白摄入量中的份额持续增长,但从1989年的13.9%下降到了2013年的11.7%,其他动物蛋白的消费量继续增长。

过去20年,水产养殖产量的急剧增长促进了全球层面平均消费鱼和渔业产品水平的提高。2014年是一个里程碑,养殖产量首次超过野生捕捞的,这代表水产养殖的鱼占总供应量的份额大幅度提升,从1974年的7%增加到1994年的26%和2004年的39%。在这一增长中,中国发挥了主要作用,因其占世界水产养殖产量的60%多。但是,不包括中国,2013年水产养殖的鱼占食用鱼的份额约为33%,而1995年只有约15%。这进一步证明水产养殖领域给所有区域带来了显著的影响,为当地、区域和国际市场提供有营养和吸引人的产品。

对虾、鲑鱼、双壳贝类、罗非鱼、鲤鱼和鲇鱼(包括巴丁鱼)等种类是驱动全球需求和消费的主要养殖种类,因为主要从野生捕捞向水产养殖生产转移,因此,价格下降,商品化趋势增长强劲。水产养殖还将一些低价淡水物种的养殖用于国内消费,这对于食物安全来说是很重要的。对虾、明虾和软体动物水产养殖产量增加,价格会相对降低,如年人均甲壳类获得实质性增长,从1961年的0.4kg增长到2013年的1.8kg;同期软体动物(包括头足类)从0.8kg增长到3.1kg。鲑鱼、鳟鱼和若干淡水物种产量增加使淡水和海淡水洄游物种的人均消费量显著增长,从1961年的1.5kg增长到2013年的7.3kg。

当然,许多物种依然基本上来自捕捞,如底层鱼类等。目前,2013年人均消费底层和中上层鱼类物种分别稳定在约2.9kg和3.1kg,底层鱼类依然是北欧和北美消费者喜爱的主要物种(2013年人均分别消费9.2kg和4.3kg)。头足类主要在地中海和东亚国家受到青睐。在2013年19.7kg的人均可获得消费的鱼品中,约74%为鱼类;贝类占近25%(或约人均4.9kg,再分为甲壳类1.8kg、头足类0.5kg和其他软体动物2.6kg)。目前,海藻和其他藻类未包括在FAO渔业产品的食品平衡表中。但在若干国家,海藻产量的重要部分作为食物消费,主要在亚洲。例如在日本,传统上紫菜(*Porphyra*)用来包寿司,并用来做汤。此外,养殖裙带菜(*Undaria pinnatifida*)、海带(*Laminaria japonica*)和海蕴(*Nemacystus* spp.)作为食物。

过去20年,渔业产品消费还通过加工、运输、流通、销售,以及食品科技的创新和改进,极大地影响着食品系统的全球化,这些因素带来了显著的效率提升、成本降低、更广泛的选择,以及更安全和改进的产品。由于鱼易腐烂,长途冷藏运输的开发,以及大型和更快速的航运促进了种类扩大和产品类型的贸易与消费,包括活鱼和鲜鱼。消费者从多样选择中获益,进口提升了国内市场的渔业产品的可获得性。尽管全球饮食方式的差别依然很大,但更加同样化和全球化,趋势是从主食(如根和块茎)到更多的蛋白食品,特别是肉、鱼、奶、蛋和蔬菜。总体上蛋白可获得性提升,但分布仍不均匀。工业化和其他发达国家的动物蛋白供应依然显著高于发展中国家。但是,在达到了动物蛋白消费的高水平后,更多发达经济体已到饱和水平,对收入增长和其他变化的反应低于低收入国家。

消费者的习惯也在变化,如极度偏爱、方便、健康、伦理、多样化、等值、可持续性和安全问题更加重要。健康和福祉正越来越多地影响着消费决定,鱼在这方面特别突出,有大量证据证明吃鱼有利于身体健康。总体上食品领域正面临结构性变化,这是收入增加、新的生活方式、全球化、贸易自由化和出现新市场的结果。世界食品市场变得更加灵活,有新产品进入,包括消费者更容易制作的有附加值的产品。鱼品消费的提升进一步促进了现代零售渠道的增多,如超市和大型超市,在许多国家有超过70%~80%的海产品零售采购在那里进行。这与几十年前相比发生了主要转移,那时鱼贩和城市市场是多数国家这类采购的主要零售出路。零售链、跨国公司和超市也越来越多地驱动着消费方式,特别是发展中国家,为消费者提供了更多选择,减少可获得性的季节波动,以及往往是更加安全的食品。若干发展中国家,特别是亚洲和拉丁美洲的发展中国家,经历了超市数量的快速扩张。

日益增长的城市化也明显影响着消费方式，并影响着对渔业产品的需求。城市化刺激了销售、流通、冷链和基础设施的提升，以及随后的更广泛食品选择的可获得性。此外，与农村区域的居民相比，城市居民更倾向于花费更多的收入用于食品，以及消费多种技术生产的富含动物蛋白和脂肪的食品。此外，他们一般更频繁地在外吃饭，消费大量的快餐和方便食品。联合国统计，自1950年起城市人口快速增加，从7.46亿增加到2014年的39亿，或从世界人口的30%上升到54%，预计到2050年这一比例会达到66%。世界上各国和区域之间的城市化水平不一致。2014年城市化水平最高的区域包括北美洲（82%的人口居住在城市区域）、拉丁美洲、加勒比地区（80%）和欧洲（73%）。相反，非洲和亚洲人口依然大多数生活在农村，其分别有40%和48%的人口居住在城市区域，非洲和亚洲共有世界近90%的农村人口。但是，亚洲尽管城市化水平低，但居住着世界城市人口的53%，随后是欧洲（14%）、拉丁美洲和加勒比地区（13%）。尽管有迁移到城市居住的趋势，但自20世纪50年代起，世界农村人口缓慢增长，预测在未来几年达到高峰。目前全球农村人口近34亿人，到2050年预计下降到32亿人。印度拥有最多的农村人口（8.57亿），随后是中国（6.35亿）。

绝大多数食物不足的人口居住在发展中国家的农村地区。尽管人均食品可获得性改善，以及营养标准的积极长期趋势，营养不足（包括蛋白丰富的动物源性食品消费的不足水平）依然是重要和持续的问题。根据《2015年世界粮食不安全状况》，许多人依然缺乏有效和健康生活需要的食物。该报告显示，2014~2016年约7.95亿人（10.9%的世界人口）食物不足，其中生活在发展中国家或区域的有7.80亿人。这说明在过去10年，减少了1.67亿人口，以及比1990~1992年减少了2.16亿。减少更多的是在发展中国家或区域，尽管其人口增长显著。近些年，在抗击饥饿中取得的进展被更缓慢和较少包容性的经济增长，以及一些区域的政治不稳定所掩盖，如中非和西亚。作为整体的发展中国家或区域，食物不足人口占总人口的比例从1990~1992年的23.3%下降到2014~2016年的12.9%。区域间不同速度的进展导致世界上食物不足人口的分布发生变化。世界上多数食物不足的人口依然在南亚，随后是撒哈拉以南的非洲和东亚。同时，世界上许多人，包括发展中国家人口，受到肥胖症和饮食等有关疾病的困扰。这个问题由过度消费高脂肪和加工的产品，以及不适当的饮食和生活方式选择所引起。水产品具备高价值的营养特征，可在纠正不均衡饮食方面发挥主要作用。

四、世界贸易中的主要渔产品

1. 鲑鱼和鳟鱼

鲑鱼和鳟鱼在世界贸易中的份额在近几十年里增长强劲，2013年成为按价值计算最大的单一商品。总体需求稳定增长，特别是养殖的大西洋鲑，以及通过加工新类型产品开发了新市场。养殖的鲑鱼价格在过去两年有波动，但总体维持高位，特别是挪威鲑鱼,预计在主要市场占比提高。相反,在第二大生产和出口国的智利,鲑鱼产业面临着价格下跌,以及比多数其他生产国有更高的生产成本,2015 年智利水产养殖公司遭受实质性损失。除养殖的产量以外,野生太平洋鲑鱼的产量在 2015 年特别好,尤其是在阿拉斯加州,野生总捕捞量为历史第二高位。大量的捕捞量使所有野生捕捞的物种价格下跌。有趣的是,要重点说明,美国食品和药品管理局近期批准了转基因鲑鱼养殖,这是全世界公众辩论的题目。

2. 对虾和明虾

在几十年作为国际贸易最多的产品之后,对虾现在按贸易值计算排在第二位。对虾和明虾主要在发展中国家养殖,产量中的大部分进入国际贸易。但是,这些国家经济形势改善和国内需求增加,导致出口降低。近些年,尽管全球养殖对虾产量增加,但主要生产国,特别是亚洲某些国家,经历了由对虾病害造成的产量下降。

但是,泰国作为对虾的主要生产国和出口国,2015 年是自 2012 年以来首次恢复了养殖对虾产量增长的一年。全球对虾价格同比显著下降,尽管 2014 年达到了高纪录。2015 年上半年与 2014 年上半年相比,对虾价格跌落 15%~20%,原因是美国、欧盟和日本供需不一致。更低的价格冲击着出口收益,消极影响着许多发展中国家或区域生产者的利润。

3. 底层鱼类和其他白肉鱼

底层鱼类市场广泛多样化,如鳕鱼、无须鳕、绿青鳕和狭鳕,目前其市场表现与过去的情况不同。总体底层鱼供应量在 2014 年和 2015 年更高,原因是良好的管理使若干种群恢复。但物种之间有差异,如鳕鱼供应丰富,绿青鳕和黑线鳕短缺。总体上,过去两年底层鱼价格坚挺,鳕鱼依然是底层鱼中最昂贵的物种,尽管价格稍有下降,而黑线鳕、绿青鳕和无须鳕则价格坚挺。

底层鱼类曾经主导世界白肉鱼市场,但现在经历着来自水产养殖物种的强烈竞争。养殖的白肉鱼物种,特别是不贵的替代品,如罗非鱼和巨鲇类,已经进入传统白肉鱼市场,并使得该领域实质性地扩大,来接近新的消费者。巨鲇类是国际贸易中相对新的物种,但目前出口到越来越多的大量国家,越南是最大的出口国。预计全球对这一相对低价格物种的稳定需求会推动其他生产国的发展,特别是亚洲国家。过去两年,最大的市场——美国,以及亚洲和拉丁美洲的需求维持强劲。相反,进口到另一主要市场的欧盟,则呈现下降趋势。

罗非鱼依然是该物种最大市场——美国零售领域受欢迎的产品,亚洲国家(冷冻产品)及北美洲和南美洲中部国家(新鲜产品)是主要供应国。2015 年欧洲对该物种的需求依然有限,进口量稍有下降。罗非鱼生产正在亚洲、南美洲和非洲扩大,越来越多的产量进入主要生产国的国内市场。但在 2015 年,主要生产国的中国经历了生产停滞,并减少了加工。总体上,由于稳定供应,主要市场进口品价格下跌。2015 年鲷鱼的供应量更低,价格更高,而鲈鱼供应量总体平缓,只在一些市场末端价格上涨。

4. 金枪鱼

日本是世界金枪鱼生鱼片最大的市场，而且需要高级的蓝鳍金枪鱼。近年来，蓝鳍金枪鱼人工养殖的发展带来了一定的影响。一般金枪鱼和鲣鱼主要由泰国、印度尼西亚、菲律宾等国加工成罐装品，出口至欧盟。过去20年，金枪鱼市场因金枪鱼上岸量大幅波动而不稳定，以及随之发生了价格波动。2014年因金枪鱼产量更低，全球金枪鱼价格上涨，尽管需求稳健。作为传统上最大的金枪鱼生鱼片市场的日本，近年来活力降低。2015年美国空运进口的鲜金枪鱼的量历史上首次超过日本。日元疲软对金枪鱼进口量有负面影响，与2014年相比，2015年鲜金枪鱼进口量下降。在超市贸易中，来自更便宜和有销路的鲑鱼产品的竞争也是强劲的，看来超市销售的鲑鱼量超过了金枪鱼生鱼片的销售量。金枪鱼罐头市场经历了包括美国、意大利和法国等一些主要市场进口量降低的情况，尽管原料价格更低。这导致进口到泰国（世界最大的金枪鱼罐头生产国）的冷冻原料进口量显著下降。相反，对金枪鱼罐头的需求在近东亚、东亚和非传统市场得到改善，特别是因价格下降的亚洲和拉丁美洲。更低的价格还导致了欧盟罐头加工商对金枪鱼熟鱼柳的强劲需求。

5. 头足类

近些年，对头足类（墨鱼、鱿鱼和章鱼）的需求及其消费量稍有增长。西班牙、意大利和日本依然是这些物种最大的消费国和进口国。泰国、西班牙、中国、阿根廷和秘鲁是鱿鱼和墨鱼最大的出口国，而摩洛哥、毛里塔尼亚和中国是章鱼的主要出口国。东南亚、越南正在扩大其头足类市场，包括鱿鱼。其他亚洲国家，如印度和印度尼西亚也是重要的供应国。2014~2015年主要市场记录了章鱼的增加，而不是鱿鱼和墨鱼。在放慢一些时间后，墨鱼市场在2015后期显示恢复迹象，也回应了鱿鱼供应量的减少。2015年章鱼价格因为改进了供应状况而下跌，鱿鱼价格也下跌了，主要是因为需求低。

6. 观赏鱼

观赏鱼在国际渔产品贸易中日显重要。全球观赏鱼年贸易批发值已超过10亿美元；零售交易量每年约15亿尾，价值为60亿美元；整体产业年产值超过140亿美元。全球观赏鱼市场约有1 600种观赏鱼，淡水鱼超过750种。观赏鱼市场可分为4种，最大的为热带淡水鱼种，占市场的80%~90%，其余部分为热带海水及半咸水鱼种、冷水性（淡水）鱼种、寒带海水及半咸水鱼种。在淡水观赏鱼中，90%为养殖，10%为野外采捕。在海水观赏鱼中，95%为野外采捕，5%为人工繁殖。一般而言，观赏鱼的价值远高于食用鱼，是食用鱼的100倍左右。而海水观赏鱼的单价又高于淡水观赏鱼。亚洲是全球观赏鱼最大的出口地区，占全球出口量的59.1%。按该地区观赏鱼出口国所占的份额进行排位，从大到小依次为新加坡、马来西亚、印度尼西亚、中国、日本、菲律宾、斯里兰卡、泰国、印度。其他重要的出口地区占全球的出口量情况为，欧洲约为20%，南美为10%，北美为4%。饲养观赏鱼大多是工业化国家民众的爱好。美国、日本及西欧等工业化国家是观赏鱼的主要进口国。

首先,美国是最大的进口国,进口值约占全球的1/4。其次为日本,约占全球的1/10。其他主要进口国包括德国、英国、法国、新加坡、比利时、意大利、荷兰、中国、加拿大。新加坡和香港是观赏鱼的主要转运站。主要供应国是新加坡、泰国、菲律宾、马来西亚和巴西。近年来饲养观赏鱼极大地吸引了美国的民众,尤其是年轻水族玩家对饲养海水鱼更感兴趣。西欧是最大的观赏鱼贸易区,观赏鱼产品进口量占全球的40%,其中淡水鱼种占9/10,其余为海水鱼、无脊椎动物和活岩石。

五、世界渔产品贸易的趋势

1. 进出口量和进出口值都有可能增长

由于发达国家相应地受劳动力的限制和生产成本不断上涨等的影响,直接从事渔业生产的规模可能还会逐步压缩,而渔产品需求量还会递增。发展中国家在渔业生产技术上不断提高,为了解决就业和创汇的需要,渔产品产量都有可能持续增长,推动世界渔产品贸易的发展。

2. 技术壁垒的形成

随着人们生活水平的提高,对渔产品的安全质量要求越来越严格。有关国家各自规定了渔产品质量标准,由此造成了世界渔产品贸易中的技术壁垒。尤其是对水产养殖产品的渔药残留和饲料添加剂等大大提高了有关检验标准,凡是不符合标准的就退货或就地销毁,对某些产品实施标签管理措施,如法国的"红标签"、爱尔兰和加拿大的"有机养殖鱼标签"等。

3. 实施可追溯制度

实施可追溯制度即对于零售商出售的渔产品,可逐级追溯其批发、分包装、加工和养殖场,或捕捞渔船的全过程,以保证渔产品的质量和责任。一旦发现渔产品质量有问题,通过追溯查出其生产环节和原因。也可以依此采用可追溯标签。

4. 实施生态标签制度

实施生态标签制度是为实施可持续开发,利用渔业资源和保护生态环境而采取的措施,目的是标明该渔产品属于非过度捕捞产品,或有损于其他海洋动物的产品,如海洋哺乳动物、海龟、海鸟等,以此推动改进渔业管理体系。FAO已制订了《海洋捕捞业生态标签指南》,以为国际认同的协调生态标签计划做参考,对认证和委派具有指导作用。

国际渔产品贸易中尚有倾销和反倾销等问题日益出现。

第八节　国际渔业管理现状与趋势

一、国际渔业组织性质、类别和职能

国际渔业组织是两个或两个以上国家或其民间团体基于渔业发展、管理与合作目

的,以一定协议形式而建立的机构的总称。但其一般调整国家之间或有关国家的民间团体之间的渔业活动关系,并不调整某些渔业企业之间或渔业者之间的渔业活动关系。

国际渔业组织原则上可分为政府间的渔业组织和非政府间的渔业组织。前者必须由有关国家政府参与,后者可由有关国家的民间渔业团体参与,但不代表其政府。

按地区划分可将国际渔业组织分为全球性、区域性和分区域性三类。例如,FAO 的渔业水产养殖分委员会、国际捕鲸委员会都属于全球性国际渔业组织,如印度洋渔业理事会属于区域性国际渔业组织,如中东大西洋渔业委员会(CECAF)属于分区域国际渔业组织。但区域和分区域国际渔业组织是相对的,有时难以区分。

国际渔业组织也可以分为隶属 FAO 的和非隶属 FAO 的两大类。现隶属 FAO 的国际渔业组织有亚太渔业委员会(APFIC)、中东大西洋渔业委员会(CECAF)、中西大西洋渔业委员会(QECAFC)、地中海渔业总委员会(GFCM)、印度洋渔业委员会(IOFC)、印度金枪鱼委员会(IOTC)、欧洲内陆水域渔业委员会(EIFAC)、拉丁美洲内陆水域渔业委员会(COPESCAL)。其他的都是非隶属 FAO 的,如南太平洋常设委员会(SPPC)、南太平洋论坛渔业局(SPFFA)、国际捕鲸委员会(IWC)、西北大西洋渔业组织(NAFO)、东北大西洋渔业委员会(NEAFC)、大西洋金枪鱼国际养护委员会(ICCAT)、美洲间热带金枪鱼委员会(IATTC)、南方蓝鳍金枪鱼保护委员会(CCSBT)、太平洋庸鲽国际委员会(IPHC)等。

根据参加国的多少,国际渔业组织又可分为多边国家渔业组织和双边国家渔业组织。前者如中、美、俄、日、韩、波兰 6 国组成的“中白令海狭鳕资源养护委员会”等;后者如“中日渔业联合委员会”等。

二、国际渔业组织职能

各国际渔业组织的任务根据其签订的协议或章程而定。一般可分为:一是调查研究,即从事有关渔业资源的调查研究,向成员方提供调查报告;二是咨询,根据需要向成员方提供咨询意见;三是管理,通过成员方共同商定的养护渔业资源和渔业管理措施进行管理,包括共同执法等。

20 世纪 80 年代之前,国际渔业组织的任务偏重于咨询方面。总体上是在其管辖水域范围内,主要是:① 讨论或研究渔业资源状况;② 拟订有关调查方案;③ 审定有关渔业资源的保护措施;④ 交流渔获量统计资料;⑤ 出版刊物。

20 世纪 90 年代以来侧重于加强渔业管理,日益发挥其在实施管理措施中的监督作用和开展执法上的国际合作。由研究、咨询性质向管理监督方向转移,以管理为主。将区域性渔业机构(regional fisheries bodies, RFB)改为区域性渔业管理机构(regional fisheries management organization, RFMO)。其主要职能有:① 制订养护和管理措施;② 制订总可捕捞量和成员国的捕捞配额;③ 促进和规范国家渔业管理;④ 处理有关捕捞问题;⑤ 采取措施实施有关国际法的规定等;⑥ 制订监控措施等;⑦ 通过登临、检查等有关联合执法和执法程序。

三、国际渔业管理发展现状

国际渔业管理的发展过程是不断认识渔业资源特性和完善渔业管理的过程,同时也是不断解决渔业管理中新出现的问题的过程。渔业管理中出现的新概念和新观念就是为了解决这些新问题,以确保渔业资源的可持续和合理利用。例如,“公海自由原则”“领海”“专属经济区”和“毗邻区”等概念的出现,都是各个时期海洋管理和经济发展的需要。20 世纪 80 年代后期,世界渔业资源的开发和利用达到了顶峰,一些传统性渔业资源出现了严重衰退现象,正是在这样的背景下,为确保渔业资源的可持续利用,出现了许多新的渔业管理概念和新的措施。新概念产生本身也反映出国际渔业管理的发展方向和趋势。

1. 负责任捕捞(渔业)

《坎昆宣言》提出了负责任捕捞的观念,指出“这个观念包括以不损害环境的方式持久利用渔业资源;使用不损害生态系统、资源或其质量的捕捞和水产养殖方法;通过达到必要的卫生标准的加工过程增加这些产品的价值;使用商业性方法使消费者能够得到优质产品”。负责任捕捞(渔业)本质上要求人们以负责任的态度从事渔业的一切有关活动,以确保渔业资源的可持续利用。这一精神在《跨界和高度洄游鱼类养护与管理协定》和《公海渔船遵守协定》两个国际性文件中得到了充分的体现。

2. 预防性措施

预防性措施是在 1992 年 9 月举行的“公海捕捞技术咨询会议”中提出的。预防性原则是在“不确定性”下所产生的一种“结果”。预防性措施要求任何新渔业的发展或既存渔业的扩张,均应在对目标鱼种及非目标鱼种的潜在影响进行评估后才能做出决定。预防性措施的采用说明,渔业资源的管理与利用已从维持其最适利用的目标,转变为资源持续利用的目标,从资源的利用转变为资源的预防性利用。

3. 船旗国责任

传统国际法中,船旗国对悬挂其旗帜的船舶享有“专属管辖”权,这在 1958 年的《公海公约》和 1982 年的《联合国海洋法公约》中得到体现。公约规定,国家与船舶之间必须有真正的联系,国家尤其对悬挂其国旗的船舶在行政、技术和社会事宜方面确实行使管辖和控制。在国际社会讨论公海渔业资源管理时,船旗国责任的落实已成为渔业资源养护与管理措施中的主要手段之一。船旗国责任均成为《公海渔船遵守协定》等 3 个国际渔业协定的主要内容。

4. 执法机制的设计

渔业管理的关键在于如何建立和设计执法机制。在《跨界和高度洄游鱼类养护与管理协定》中,强调区域或分区域的渔业管理组织应合作,以确保区域或分区域跨界和高度洄游鱼类的养护与管理措施的遵守和执法。区域性的渔业管理将作为今后世界公海渔业资源管理的主要方式。这在《跨界和高度洄游鱼类养护与管理协定》《负责任渔业行为守则》和《罗马宣言》等内容中均得到体现。

5. 区域渔业机构

区域渔业机构在共享渔业资源的治理方面发挥着关键作用。世界上约有50家区域渔业机构。区域渔业机构只有在成员国允许的前提下才能有效发挥其作用,而其表现如何直接取决于成员的参与度和政治意愿。

从《21世纪议程》发展到《负责任渔业行为守则》,已将渔业资源养护和管理与自然资源环境保护相结合,将渔业发展与世界贸易体系及人类健康、安全、福利相结合。同时,国家渔业政策与法规的制定必须要考虑沿岸地区综合管理、世界贸易组织的需求和规定。渔业资源的持续利用已成为国际渔业管理的最高目标。

在今后一段时间内,世界渔业管理的发展趋势,将主要根据《负责任渔业行为守则》的内容和可持续渔业的目标,进一步完善渔业管理的具体措施和方法。例如,1999年2月通过的国际渔业行动计划,就是负责任渔业的具体行动,并正在落实之中。其中捕捞能力管理问题正在引起越来越多的关注。过剩能力实质上导致了捕捞过度、海洋渔业资源衰退、生产潜力下降和经济效益降低等问题。渔业行动计划要求各国和区域性组织在世界范围内建立严格有效、公平、透明的捕捞能力管理机制,并通过各国政府间或各区域性渔业管理组织的合作来分阶段实施。

第九节　世界渔业的发展趋势

一、当前世界渔业存在的主要问题

1. 捕捞过度和捕捞能力过剩

当前捕捞能力已不仅是渔船数量增加,随着科学与技术的发展,捕捞业中,包括船上的航行、探鱼和捕捞技术等有关装备不断完善,技术的更新等。因此,捕捞能力过剩可理解为捕捞能力超过了渔业资源的再生能力。其结果是导致渔业资源衰退,尤其是生活在底层的主要经济鱼类资源更为明显。有人认为捕捞能力过剩的主要原因之一是投资过大或政府补贴。根据2016年FAO的报告,估计有31.4%的种群处于生物学不可持续状态,遭到过度捕捞;58.1%为已完全开发状态;10.5%为低度开发状态。

2. 兼捕和废弃物问题

兼捕是指捕捞某一鱼类或水产经济动物时,误捕或混入的其他种类,有的称为非目标种。这与捕捞工具,即渔具的选择性有关。也就是所捕获的非目标种的种类和数量越少,该渔具的选择性越高。按有关渔具分析,其兼捕情况为,虾拖网的兼捕物约占其渔获物的62%,金枪鱼延绳钓为29%,定置网为23%,底拖网为10%。废弃物是指已经捕获的渔获物被重新抛弃入海中,主要是因船上鱼舱容量不足,对捕获的低值种类或因当地习惯而不愿食用的种类进行抛弃。前者主要是指远洋捕捞为确保经济种类的配额，放弃低值的种类。后者如有的民族不吃无鳞的鱼类等。根据 FAO 的调查，估计 1988~1990 年废弃物为 1 790 万~3 950 万 t，经过几年的努力 1992~2001 年已减少到 690 万~800 万 t。无论是兼捕，还是废弃物，都会导致渔业资源衰退和资源浪费。

3. 公海渔业 IUU 捕捞问题

由于公海渔业通过区域性渔业管理组织实施有关养护渔业资源措施，有的限制捕捞渔船数量和渔获物的配额制度等，对允许捕捞作业的渔船应按规定报告其作业渔场的船位和渔获量等。公海渔业 IUU 捕捞是指在公海中未经国家许可的本国和外国渔船从事捕捞活动的，或经许可但从事违法捕捞活动的；违反区域性渔业组织的养护和管理措施或国际法有关规定的，或不按规定程序报告渔获量和船位等的，甚至不报，或有意错报的；不向国家报告渔获量和船位等或有意错报的；非区域性渔业管理组织成员的渔船进入该组织管辖水域内从事捕鱼活动等。以上会导致公海捕捞能力失控，公海渔业资源衰退。FAO 于 2001 年通过了《防止、阻止和消除非法、不报告、不受管制捕捞的国际行动计划》，要求各国和国际渔业组织采取措施对其加以实施，保护渔业资源。

4. 濒危动物和生态系的保护问题

生态系的保护是指在水生生物系统中防止某一物种的盛衰影响其他物种的生存。20 世纪 90 年代以前，在渔业科学领域内渔业资源的养护已得到重视，但侧重于针对某一种类，为防止其衰退，而对某一物种采取有关措施，如禁渔区、禁渔期、限制网目大小、鱼体最小长度等。事实上，在生态系中物种之间互为影响十分明显。其中包括兼捕，误捕海鸟、海龟和鲨鱼等，导致目前较多海洋和内陆水域的生态系统严重恶化或破坏。由此 20 世纪 90 年代提出了以生态系为基础的渔业资源养护问题。FAO 于 2002 年 10 月 1~4 日在冰岛雷克雅未克召开的海洋生态系统负责任渔业会议上通过了《海洋生态系统负责任渔业的雷克雅未克宣言》（简称《雷克雅未克宣言》）（Reykjavik Declaration on Responsible Fisheries in the Marine Ecosystem）。确认将生态系统纳入渔业管理目标，确保生态系统及其生物资源的有效保护和可持续利用。

5. 水域生态环境保护问题

水域生态环境问题既有大量的陆地排污、船舶排污等造成赤潮等水环境污染，大气污染和地球空气升温，带来的酸雨、厄尔尼诺和拉尼娜现象等，直接影响水生生物生存和渔业生产，而且情况越来越严重。同时，随着水产养殖的大量发展，尤其是直接投放鱼虾类为饲料，为防治病害而使用渔药从而导致其在水体中残留，排放养殖场的废水等会造成自身污染等，也十分严重。

6. 水产品质量和安全

因渔业水域的污染，水产养殖过程中使用含有添加剂的饲料或渔药等，以及在渔获物处理和加工过程中使用不允许的防腐措施等，造成水产品质量和安全问题时有发生，有的直接影响人们的身体健康等严重后果，引起了国际社会的重视。

二、世界渔业的发展趋势

1. 国际社会日益重视可持续开发利用渔业资源和渔业的可持续发展

20 世纪 90 年代以来,国际社会日益重视可持续开发利用渔业资源和渔业的可持续发展。1992 年联合国在巴西里约热内卢召开的全球环境与发展峰会上通过的文件《21 世纪议程》(Agenda 21),提出了当今世界在环境与发展中迫切需要解决的问题,以及全球在 21 世纪中对此合作的意愿和高层次的政治承诺。其中第 2 部分第 17 章专门叙述保护大洋、闭海、半闭海和沿海区域,以及保护、合理利用和开发海洋生物资源等问题,并要求各国政府、政府间或非政府间的国际组织共同实施。

FAO 于 1992 年 5 月 6~8 日在墨西哥坎昆召开的国际负责任捕捞会议上通过了《坎昆宣言》(Cancun Declaration),明确了"负责任捕捞"概念为: 渔业资源的可持续利用和环境相协调的观念;使用不伤害生态系统、资源或其品质的捕捞及水产养殖方法;符合卫生标准的加工,以提高水产品的附加值;为消费者提供物美价廉的产品等。要求 FAO 依此拟订《负责任捕捞行为守则》。后经 FAO COFI 讨论,于 1995 年通过了《负责任渔业行为守则》(Code of Conduct for Responsible Fisheries),成为渔业管理的国际指导性文件。要求各国从事捕捞、养殖、加工、运销、国际贸易和渔业科学研究等活动,应承担其责任的准则要求。主要包括: ① 在环境协调下持续地利用渔业资源;② 采用不损害生态环境和渔业资源状况的负责任捕捞和负责任养殖,并确保其渔获质量;③ 水产品加工方法应符合卫生标准,提高鱼产品附加值;④ 让消费者获得物美价廉的水产品;⑤ 各国应支持开展渔业科学研究工作等。

联合国大会为保护海洋生态,防止误捕海洋哺乳动物、海龟和海鸟等,分别于 1989 年、1990 年和 1991 年的第 44 届、第 45 届和第 46 届大会,先后通过第 44/225 号、第 45/197 号和第 46/215 号《关于大型大洋性流网捕鱼作业及其对世界大洋和海的海洋生物资源的影响》的决议,规定从 1993 年 1 月 1 日起,在各大洋和海的公海区域,包括闭海和半闭海,全面禁止大型流刺网作业。

联合国继 1992 年在巴西召开的联合国环境与发展峰会,于 2002 年 8 月在南非约翰内斯堡召开的世界可持续发展首脑会议上通过的文件《全球可持续发展峰会执行计划》(World Summit on Sustainable Development Plan of Implementation, WSSDPOI),根据《21 世纪议程》的实施措施,为实现可持续渔业采取的主要行动有: 2015 年前使渔业资源恢复到最大持续产量水平;执行《负责任渔业行为守则》和其有关执行计划;加强国际渔业组织的管理;消除"IUU 捕捞"等。

2. 世界渔业产量的预测

FAO 于 2002 年组织了有关方面对 2010 年、2015 年、2020 年和 2030 年的世界渔业产量进行预测。主要依据是近年来 FAO 的渔业统计、不同渔业生产的潜力的推测、人口增长趋势等。在 2006 年版的《渔业与水产养殖状况》(SOFIA)中做了部分修正。由

表3－19可以看出，SOFIA 2002、FAO研究、IFPRI研究3个方面的结果有明显的区别。其中，SOFIA 2002明确认为今后2010年、2020年和2030年期间，无论是海洋捕捞，还是内陆水域捕捞的产量，原则上不可能有明显增长，稳定在93百万t。但FAO研究和IFPRI研究未分海洋和内陆水域捕捞，认为捕捞产量仍有所增长，在1.05亿~1.16亿t。对于水产养殖产量的发展趋势，SOFIA 2002、FAO研究的结论基本上相似，都认为有较大的增长，FAO研究认为2015年可达74百万t，而SOFIA 2002认为2010年、2020年和2030年分别可增长到53百万t、70百万t和83百万t；但IFPRI研究认为2020年仅略有增长，可达54百万t。这些预测都可为我们研究有关问题做参考。

表3－19　2010年、2015年、2020年和2030年的世界渔业产量的预测　（单位：百万t）

项　目	2000年	2004年	2010年	2015年	2020年	2020年	2030年
	FAO统计数	FAO统计数	SOFIA 2002	FAO研究	SOFIA 2002	IFPRI研究	SOFIA 2002
海洋捕捞	86.6	85.8	86		87		87
内陆水域捕捞	8.8	9.2	6		6		6
捕捞小计	95.4	95.0	92	105	93	116	93
水产养殖	35.5	45.5	53	74	70	54	83
总产量	131.1	140.5	146	179	163	170	176
食　用	96.9	105.6	120		138	130	150
食用所占比例/%	74	75	82		85	76	85
非食用	34.2	34.8	26		26	40	26

注：IFPRI为国际食物政策研究所。

3. 世界渔业发展趋势

根据世界渔业现状和今后渔业生产的预测，世界渔业发展趋势主要如下。

（1）海洋渔业资源由开发转向管理，海洋捕捞的区域性管理日益加强

20世纪90年代起，国际社会日益明确海洋渔业资源已由开发利用时代进入管理时代。海洋捕捞的区域性管理也日益强化。区域渔业组织（Regional Fishery Organization，RFO）的名称大多被改为区域渔业管理组织（Regional Fishery Management Organization，RFMO），在促进养护和管理渔业资源，以及国际合作方面发挥了独特的作用。组织机构遍及各大洋，1995年联合国渔业大会通过了《执行协定》后，成立了东南大西洋渔业组织（SEAFO）和中西太平洋渔业委员会（WCPFC），2004年FAO理事会决定建立西南印度洋渔业委员会（SWIOFC）。FAO也明确，今后只能发展渔业的内涵、加强管理才有可能进一步发展渔业生产，提高效益。

（2）积极发展水产养殖是今后发展渔业的主要途径

中国渔业生产执行“以水产养殖为主，养殖、捕捞、加工并举，因地制宜，各有侧重”

的方针,现中国海水和淡水养殖产量不仅在国内超过水产捕捞,而且占世界水产养殖总产量的70%,大大推动了世界渔业生产结构的调整,普遍重视发展水产养殖。典型的是挪威,其长期以来是海洋捕捞国家,现已成为养殖大西洋鲑的大国,而且还带动其他国家。FAO曾在2006年的有关报告中认为,目前可供世界食用的水产品中有50%来自水产养殖。上述对2015年、2020年、2030年的世界渔业产量的预测,也说明积极发展水产养殖是今后发展渔业的主要途径。随着抗风暴海洋网箱养殖的发展和完善,其重点有可能是海水养鱼。

(3) 越来越重视生态渔业的发展

无论是水产捕捞,还是水产养殖,都必须根据生态渔业的要求从事渔业和发展生产。《雷克雅未克宣言》中明确指出,应制订有关生态系统纳入渔业管理的行为技术守则,依此推进生态渔业的发展,确保生态系统及其生物资源的有效保护和可持续利用。

(4) 观赏鱼养殖的发展

观赏鱼养殖属于非食用鱼类水产养殖,国际上已一致公认其是具有良好未来的产业。除海水、淡水观赏鱼以外,还包括水族馆的水生活体动物的养殖。有关国家已采取积极措施,加大力度推进其养殖和贸易力度,依此增加农村就业和收入,以及增强其创汇能力。但在发展过程中应注意病害防治问题,否则会引起全球性蔓延传播的严重后果。

(5) 生态旅游的发展

生态旅游是当前正在兴起的新型产业,并有可能在各国获得发展和普及。许多国家主要推进与水产养殖相关的生态旅游。中东欧的俄罗斯、乌克兰、白俄罗斯、摩尔多瓦、波罗的海周边国家普遍利用湖泊和水库的网箱养殖和池塘,进行垂钓与旅游等相结合的生态旅游。有的海洋国家已以外海大型抗风暴网箱或平台型网箱为基地,开展生态旅游,以及与潜水运动相结合的珊瑚礁探险等。

(6) 发展深加工水产品,提高附加值

以海洋动物、植物和微生物为原料,通过分离、纯化、结构鉴定和优化,以及药理作用评价等现代生物技术,将具有明确药理活性的物质开发成的药物,提高其附加值。通常,上述原料也包括了水产品加工过程中有关废弃物。现在国际上发展较快的有:利用养殖的大西洋鲑鱼内脏加工成有关药物;利用罗非鱼鱼皮制成皮革;利用蟹、虾壳加工成甲壳素;利用绿贻贝加工成抗关节炎的合成物等,变废为宝,减少了污染,提高了水产品的附加值。

思考题

1. 世界渔业发展现状,以及渔业资源开发状况。
2. 世界渔业生产发展各阶段的特征。
3. 国际贸易在渔业和水产养殖业中的作用。

4. 世界渔业生产的演变，以及渔业生产结构变化。
5. 世界水产养殖发展现状。
6. 世界水产加工利用现状，以及渔业副产品利用。
7. 休闲渔业的概念及其形式与发展趋势。
8. 国际渔业组织的性质、作用和主要职能。
9. 世界渔业管理现状及趋势。
10. 世界渔业发展的趋势和主要面对的挑战及问题。

第四章　中 国 渔 业

渔业从总体上说属于第一产业，或称为“初级生产产业”。在中国，渔业归属于农业。中国渔业具有悠久的历史，海域辽阔，内陆水域分布面广，拥有丰富的渔业资源，为发展渔业提供了有利的条件。经过改革开放，中国渔业获得了迅速发展，年产量连续几十年居世界首位，是世界最大的渔业生产国。但是，我国还不是渔业强国，在渔业科学、生产技术和渔业管理上尚有大量工作有待于研究和开发。

第一节　中国渔业在国民经济中的地位和作用

一、中国渔业在国民经济中的地位

虽然中国渔业历史悠久，海洋和内陆水域广阔，但在旧中国时代，渔业一直得不到应有的重视，在国民经济中层次很低。中华人民共和国成立后，渔业才获得发展，其在国民经济中的地位不断提高。1978 年中国渔业总产值约占大农业的 1.6%。到 1997 年提高到 10.6%，从根本上解决了城市“吃鱼难”的问题。渔业已成为促进中国农村经济繁荣的重要产业，发展渔业，尤其是发展水产养殖业，是农民脱贫致富、奔小康的有效途径之一。渔民年人均收入，1978 年仅为 93 元，到 1997 年已提高到 3 974 元，比农民人均收入高出约 90%。据统计，2015 年我国（按当年价格计算）全社会渔业经济总产值为 22 019.94 亿元。其中渔业产值为 11 328.70 亿元，渔业工业和建筑业产值为 5 096.38 亿元，渔业流通和服务业产值为 5 594.86 亿元；全国渔民年人均纯收入为 15 594.83 元。随着人口的增长和人们生活水平的改善，以及需要维护国家海洋权益，发展渔业具有重大的现实意义和战略意义。

二、中国渔业在国民经济中的作用

发展渔业在国民经济中，对满足人们生活的需求，促进经济发展都具有十分重要的作用。

1. 有利于改善人们的食物结构，提高全民族的健康水平

水产品是人类食物中主要蛋白质来源之一。鱼、虾、蟹、贝、藻等水产品含有丰富的蛋白质和人们必需的氨基酸。表 4－1 为一般常见的代表性鱼类，如海水的带鱼和淡水的鲢鱼，与瘦猪肉、牛肉、羊肉、鸡蛋中每百克蛋白质含量做一简单比较。例如，平均每

100 g 带鱼和鲢鱼内分别含有蛋白质 18 g 和 18.6 g，都高于瘦猪肉、牛肉、羊肉、鸡蛋。一般情况下，水产品蛋白质相对容易被人们食用后所吸收。

表 4－1　常见鱼类和其他动物每百克蛋白质含量的比较

种　类	带　鱼	鲢　鱼	瘦猪肉	牛　肉	羊　肉	鸡　蛋
蛋白质含量/(g/100 g)	18.1	18.6	16.7	17.7	13.3	14.8

鱼类等水产品还含有一种高度不饱和脂肪酸，对预防脑血栓、心肌梗死具有特殊作用。一般称为 DHA。目前国际上都公认“吃鱼健康”“吃鱼健脑”，为了增强体质，要求人们食物结构有所调整，提倡多吃鱼。在国际上，“鱼”是广义性的，包括其他水产品。

2. 有利于调整农村经济结构，合理开发利用国土资源

中国人口众多，耕地面积少。中国人口占世界人口的 22%，耕地面积只占世界的 7%。但是内陆水域和浅海滩涂面积总计约 2 684 亿 hm^2，其中内陆水域面积为 1 754.4 万 hm^2，可供养殖的面积为 564.2 万 hm^2；全国滩涂面积为 191.7 万 hm^2，浅海面积（水深 10 m 以内）为 733.3 万 hm^2。其超过了耕地面积，如能合理利用，发展水产增养殖，既不与种植业争耕地，又不与畜牧业争草原，对调整农村生产结构和经济结构具有重要的现实意义。例如，采取渔农结合、渔牧结合、渔盐结合等措施，还有利于陆地和水域生态系统更加合理，实现良性循环，且能获得更大的经济效益、生态效益和社会效益。

3. 有利于增加国家财政收入、外汇储存，扩大国际影响

中国是水产品生产和出口大国，同时也是水产品进口大国（为其他国家提供水产品加工外包服务），而国内对非国产品种的消费量也在不断增长。2015 年我国水产品进出口总量为 814.15 万 t、进出口总额为 293.14 亿美元。其中，出口量为 406.03 万 t、出口额为 203.33 亿美元，出口额占农产品出口总额（706.8 亿美元）的 28.77%；进口量为 408.1 万 t、进口额为 89.82 亿美元。贸易顺差为 113.51 亿美元。

4. 有利于安排农村剩余劳动力就业

随着中国农村经济体制改革的不断深入，农业劳动力不断地从土地中解放出来。有计划地因地制宜发展渔业，无疑是安排农村剩余劳动力的有效途径之一。据统计，1987 年从事渔业的专业和兼业的劳动力已达 798 万人，比 1979 年增长了两倍。1997 年全国专业渔业劳动力已达 573 万人，兼业劳动力约为 648 万人，总计为 1 221 万人。2005 年全国专业渔业劳动力为 710 万人，兼业劳动力为 580 万人。2015 年渔业人口为 2 016.96 万人，其中传统渔民为 678.46 万人，渔业从业人员为 1 414.85 万人。但是，农村剩余劳动力不能过多地转移至渔业，否则对渔业的可持续发展是不利的。

5. 有利于促进和加速其他产业的发展

渔业的产前、产中、产后和有关服务行业同步发展，包括修造船业、动力机械业、渔网绳索制造业、导航与助渔仪器制造业、化纤业、制冷设备业、食品机械设备业等，推动了新材料、新技术、新工艺、新设备等高新技术的发展。水产品除食用以外，还为医药、

化工等提供了重要原料，也相应地推动了有关产业的发展。

6. 发展渔业对维护国家海洋权益具有重大的现实意义和战略意义

海洋渔船数众多，作业分布面广，在海上持续时间长，对捍卫国家管辖范围内的海洋权益具有重大的现实意义。在国际上，各国在遵守有关国际法原则下，在公海上拥有公海捕鱼的自由权利。为此，在可持续开发利用公海渔业资源的前提下发展我国远洋渔业，也为维护国家海洋权益具有重大的战略意义。

第二节　中国渔业在世界渔业中的地位

一、中国渔业对世界渔业的贡献

历史上中国渔业对国际渔业的发展起到过重要作用。在水产养殖方面，尤其是淡水养鱼，对国外的影响很大。中国的海洋捕捞技术，如拖网类、围网类、光诱集鱼等生产技术早就流传到国外，推动了国际渔业技术的发展。近年来，随着中国渔业的迅速发展，水产品总量、养殖水产品总量、水产品出口、水产品国际贸易总额、渔船拥有量、渔民总数和渔业从业人员数量、远洋渔业水产品产量等连续多年居世界第一位，在世界粮食安全方面发挥了重要的作用，在国际渔业中的地位和作用也日益提高。

1. 中国渔业产量直接关系到世界渔业总产量的高低

中国渔业年产量于2000年已超过4 200万t，占世界总产量的1/3，20世纪90年代以来，世界渔业产量年年有所增长的主要原因是中国产量年年增加，尤其是淡水渔业（内陆水域）的产量更为显著，全球水产养殖产量中，中国几乎占2/3。为此，FAO每年出版的《中国渔业统计年鉴》，每隔两年出版的《世界渔业和水产养殖现状》等书刊中，对有关世界渔业产量的统计分为中国除外和包括中国在内的两种，以揭示中国渔业的重要地位。

2. 中国渔业发展以水产养殖为主，推动了世界渔业生产结构的调整

中国自1979年起逐步调整渔业生产发展方针，重点由海洋转向淡水，由水产捕捞转向水产养殖，尤其是利用内陆水域发展淡水养殖，从根本上改变中国传统渔业生产面貌。2005年其渔业产量突破了5 000万t，2013年突破了6 000万t。客观上打破了长期以来世界渔业以海洋捕捞为主的发展方针，为世界渔业发展开创了新的途径，尤其是对广大发展中国家具有重大的现实意义。FAO为此于1980年在中国无锡建立淡水养殖培训中心，培养亚非地区的淡水养殖技术干部，推广中国淡水养殖模式。

3. 在国际渔业组织中，中国的地位和作用日益重要

中国是FAO的理事国。中国在发展国内渔业的同时，积极发展远洋渔业，与有关国家进行合作，共同开发利用有关海域的渔业资源，并参加相应的国际渔业组织和有关工作，承担了国际上规定的有关责任和义务，获得了国际信誉。

4. 建立了国际渔业信息网络

FAO 下设的有关信息网络组织有：全球性的“GLOBFISH”；区域性网络，包括亚太地区的“INFOFISH”，拉美地区的“INFOPESCA”，非洲地区的“INFOPECHE”，阿拉伯国家的“INFOSAMAK”，东欧国家的“EASTFISH”。由于中国是渔业大国，为了互通信息，FAO 在中国单独建立了“INFOYU”，与全球联网，发挥我国的作用。

二、中国渔业与世界渔业产量的比较

2014 年全世界捕捞和养殖产量为 1.96 亿 t(鲜重)，包括鱼类、甲壳类、软体动物、蛙类、水生龟类、鳖、其他可食用水生动物(如海参、海蜇、海胆和海鞘等)和藻类。其中，中国的捕捞和养殖产量为 7 615 万 t(鲜重)，占世界总量的 38.9%。中国在国际水产养殖方面有举足轻重的地位，海水养殖和淡水养殖分别占世界产量的 54%和 62%，而海洋捕捞和淡水捕捞则相对较低，分别为 18%和 19%。

1. 世界渔业生产总量及中国的贡献

根据 FAO 发布的世界渔业统计和 2015 年《中国渔业统计年鉴》，2014 年全世界捕捞和养殖产量为 1.96 亿 t(鲜重)，包括鱼类、甲壳类、软体动物、蛙类、水生龟类、鳖等其他可食用水生动物(如海参、海蜇、海胆和海鞘等)和藻类，不包括鳄鱼、水生哺乳动物和非食用产品(珍珠、贝壳、海绵等)。2014 年中国的捕捞和养殖产量为 7 615 万 t(鲜重)，占世界总量的 39%，超过排在中国后面的 9 个国家的水产品产量之和(占世界总量的 33%)。排在中国后面的依次是印度尼西亚、印度、越南、美国、缅甸、日本、菲律宾、俄罗斯和智利(图 4－1)。

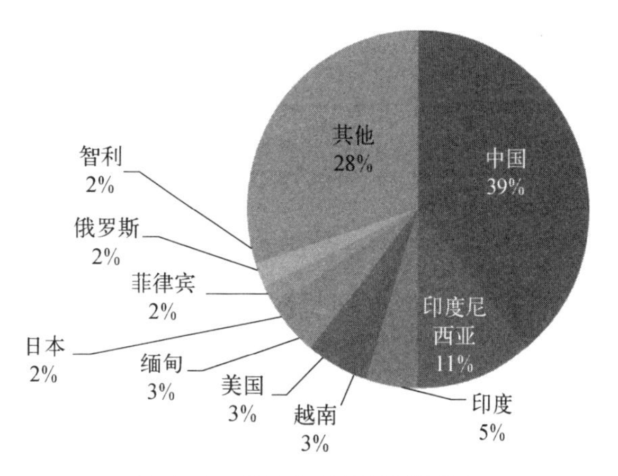

图 4－1　2014 年世界不同经济体水产品产量份额

1950 年中国的水产品产量占世界总产量的比例不到 5%，1990 年占 14%，2000 年占 31%，2010 年占 37.7%，最近几年的变化不大，基本稳定在 38%左右。这从侧面说明渔业生产已经从过去的追求总量转变到量质并重，再到以提高质量为主的供给侧改革的方向上来(图 4－2)。

除去海藻和非食用产品以后的世界水产品总产量为 1.67 亿 t，中国为 6 257 万 t，中国占世界总量的比例为 37.5%。在不包含海藻和非食用的水产品之后，秘鲁和挪威进入了前 10 名，而智利和菲律宾掉出了前 10 名。

由中国和世界的渔业生产结构可以看出，中国的渔业生产集中在养殖上，海水养殖和淡水养殖共占总产量的 77%，海洋捕捞和淡水捕捞仅占总产量的 23%(图 4－3)。而

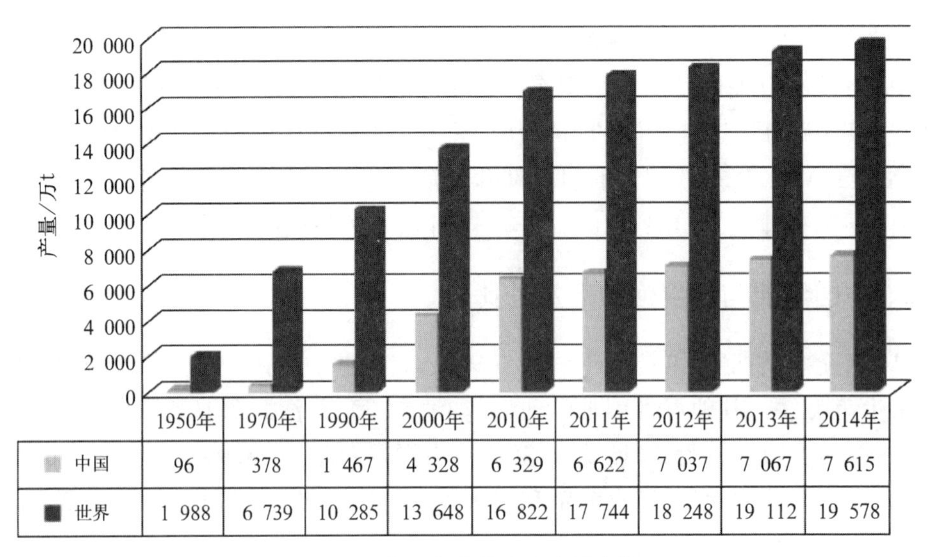

	1950年	1970年	1990年	2000年	2010年	2011年	2012年	2013年	2014年
中国	96	378	1 467	4 328	6 329	6 622	7 037	7 067	7 615
世界	1 988	6 739	10 285	13 648	16 822	17 744	18 248	19 112	19 578

图 4-2　中国和世界渔业产量比较

世界的渔业生产结构中捕捞和养殖几乎各占一半(图 4-4)。世界海洋捕捞产量占总产量的比例高达 42%,而中国海洋捕捞产量仅占总产量的 20%。中国侧重于养殖生产的结构对于世界海洋渔业资源的保护起到了重要的作用。

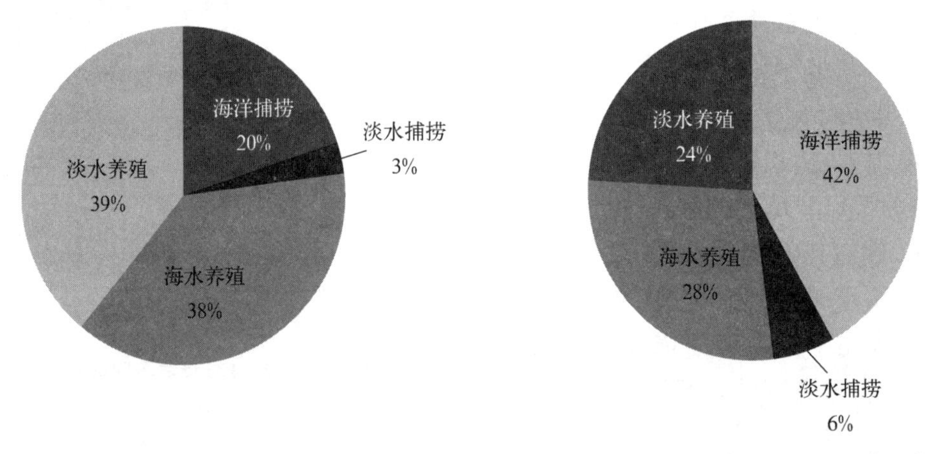

图 4-3　2014 年中国渔业生产结构　　**图 4-4　2014 年世界渔业生产结构**

2. 世界海洋捕捞产量

2014 年世界海洋捕捞产量达到 8 275 万 t,中国为 1 505 万 t,占比为 18%。中国海洋捕捞产量包括近海捕捞产量 1 280 万 t,远洋捕捞产量 202 万 t,另外,还有 23 万 t 是藻类折算的误差。世界除去藻类和非食用水产品的产量为 8 155 万 t,中国除去藻类和非食用水产品的产量为 1 481 万 t,占比为 18%。在海洋捕捞方面,不仅是发展中国家,发达国家,如美国、日本也是海洋捕捞大国,分别位于世界第三位和第五位。这与发达国家长期的生产优势和海洋文化传统分不开。2014 年世界海洋鱼类捕捞产量为 6 728 万 t,中国为 1 023 万 t,占比为 15%。中国的鱼类产量包括近海捕捞 881 万 t 和远洋捕捞 142 万 t。

这说明中国远洋捕捞产量的202万t中,鱼类只有142万t。鱼类捕捞前10名国家包括发达国家美国、日本和挪威。

2014年甲壳类海洋捕捞产量为634万t,中国为245万t,占比为38%。中国甲壳类海洋捕捞产量包括近海捕捞239万t和远洋捕捞近6万t。2014年世界捕捞贝类产量为255万t,中国为55万t,占21.6%。在贝类捕捞上面,中国与美国、日本的差距很小。美国、日本这样的经济发达国家也很重视贝类的捕捞,说明他们捕捞的很多是经济价值较高的品种,如鲍鱼、牡蛎、扇贝等水产品。前十大捕捞国家中,发达国家占了6个席位。

2014年世界头足类产量为478万t,中国为138万t,占比为28.9%。中国近海捕捞产量为68万t,远洋捕捞产量为70万t。中国头足类捕捞产量一直在增长,不过近几年增长的趋势在逐渐放缓。美国、日本分别位于第五位和第十位。2014年世界藻类产量为118万t,中国为24万t,占比为20.3%。排在第一位的智利的产量接近于中国的两倍。前10位国家里发达国家有6个。海洋哺乳动物的捕捞只有日本一个国家的记录,2014年日本海洋哺乳动物产量为600 t。其他动物(包括蛙、鳄鱼、乌龟、海参等)的产量为60万t,中国为19万t,占比为33%。中国的产量比较稳定,但是由于其他国家产量的增加,中国在世界中的占比在逐年下降。2014年其他水生动物制品(主要是指珍珠、海绵、珊瑚等非食用制品)的世界总产量为1.47万t,中国只有13 t,排在世界第22位。

3. 世界海水养殖产量

2014年世界海水养殖产量达到5 395万t,比2013年增长了3%。中国的产量达到2 936万t(藻类和贝类产量为2 641万t,约占海水养殖产量的90%),比2013年增长了1%。中国占全世界海水养殖产量的54%。

FAO公布的中国海水养殖产量与《中国统计年鉴》中的数字(1 812万t)相差1 124万t,这一差异主要是由藻类的差异造成的。FAO和中国对藻类统计的标准不一致,中国对藻类按干重统计,而FAO按湿重统计。中国的海藻干重是200万t,干湿折算比大致是1∶6.5,所以FAO公布的中国海藻产量为1 324万t。

20世纪70年代中国海水养殖产量占世界的比重就达到了32%,充分说明中国政府和民众对海水养殖的重视。虽然中国海水养殖产量在增加,但由于一些国家,如智利、越南、印度尼西亚和挪威的产量增长较快,相比较而言近几年中国占世界的比重一直在下降。

需要注意的是,在海水养殖的生产上面,韩国、挪威、日本、西班牙、英国、美国和法国等发达国家占有重要的地位(后5个国家排在11~20位)。发达国家的海水养殖在品种、技术和资金投入上与发展中国家之间存在一定的差距,因此,产量不能全面反映各国的海水养殖优势和地位。

从分类上看,2014年中国在其他动物养殖产量中所占的比重为89.30%,排第一位。但从世界范围看,其他动物产量仅有27万t,占世界的比例仅为0.6%。藻类和贝类的世界产量高达2 722万t和1 584万t(合计为4 306万t),中国分别为1 324万t和1 317

万 t(合计为 2 641 万 t),中国藻类和贝类产量分别占世界的 48.60%和 83.10%。在高价值的海水鱼类养殖方面,中国的产量仅为 119 万 t,低于挪威的 133 万 t,占世界的比重为 18.90%,排在第二位。鱼类养殖中排在前 10 位的国家和地区有挪威、日本、英国和中国台湾。在海水养殖中,鱼类的单位价值最高。因此,未来中国海水养殖的发展方向是大力增加对海水鱼类养殖的投入,以此来增加渔民的收入,同时满足大众不断提高的消费需求。2014 年中国甲壳类产量为 143 万 t,占世界的 34.40%,排第一位。从事甲壳类海水养殖的主要有印度尼西亚、越南、泰国等发展中国家。中国的贝类养殖产量为 1 317 万 t,以 83.10%占世界的绝对比例。在海水贝类养殖中,排在前 10 位的国家中,发达国家日本、美国、西班牙、意大利、法国、韩国占有重要地位。一方面说明发达国家对贝类海水养殖非常重视;另一方面说明海水贝类养殖产品也是经济价值较高的水产品。中国在开展海水养殖时应当在高卫生标准、高经济价值的贝类产品上进行投入。

4. 世界内陆捕捞产量

在内陆捕捞方面,世界总产出为 1 190 万 t,中国为 229.70 万 t,占 19%。229.7 万 t 与中国公布的 229.50 万 t 相差 2 000 t,主要是藻类折算多出的。排在前 10 名的国家都是发展中国家和欠发达国家,主要原因是这些国家的国民对蛋白质和收入的需求还依赖于湖泊和内河野生环境的捕捞。

近年来中国内陆捕捞产量较为稳定。随着中国经济的发展和国民生活水平的提高,预计中国的内陆捕捞产量会逐步下降。中国在鱼类、甲壳类、贝类上的捕捞产量是比较稳定的,2014 年的产量分别为 1 099 万 t、32 万 t、26 万 t,分别占世界产量的 15.20%、62%、76.10%。其他水生动物的产量一直在下降,从 2010 年的 5 万 t 下降到 2014 年的 3 万 t 左右。一方面是因为近年来中国加强了环境保护和对野生动植物资源的保护,人们的环保意识和保护野生动物的意识逐渐增强;另一方面则是渔民通过发展蛙、乌龟等特色养殖来增加收入,满足人们的消费需求,就不需要再到野生环境中去捕获。

5. 世界淡水养殖产量

2014 年中国的淡水养殖产量达到 2 943 万 t,占全世界产量的 62%,排在中国后面的 19 个国家的淡水养殖产量总和仅占世界总产量的 35%。由此可见,中国的淡水养殖对世界淡水养殖的发展具有重要作用。淡水养殖产量前 20 位国家中只有美国是发达国家,其他均为发展中国家。从这个意义上讲,称淡水养殖是“发展中国家的养殖”也不为过。究其原因,淡水养殖的种类主要以低值水产品为主,这满足了发展中国家国民的基本蛋白质需求。从资源禀赋来看,发达国家具备发展淡水养殖的条件,但他们没有这样的传统,也没有这样的需求。他们的需求是以海水捕捞和海水养殖产品为主。

在淡水养殖产品分类方面,无论是在鱼类,还是在甲壳类、贝类、藻类和其他动物的产量上,中国的排名都在第一位。甲壳类、贝类、藻类和其他动物的产量占世界的比重均超过 90%。甲壳类的虾、蟹养殖是中国的传统养殖品类，虾蟹的消费受到中国广大民众的喜爱。

三、中国与世界渔船、渔民情况的比较

2014 年世界渔船达到 460 万艘，其中机动渔船 292 万艘，非机动渔船 168 万艘，占比分别为 63%和 37%。世界渔船总数相比于 1995 年增加了 14%，主要是由机动渔船增加了 33%所导致的。非机动渔船数量相比于 1995 年下降了 8.7%。可以看出世界渔船的发展方向是更侧重于机动渔船的发展，减少非机动渔船的建造。

2014 年中国的渔船数为 106 万艘，其中机动渔船 68 万艘，非机动渔船 38 万艘。近几年中国的渔船总数保持在 106 万艘左右，相比于 1995 年的 95 万艘增长了 11.5%。这主要是由机动渔船增加所致，机动渔船相比于 1995 年增长了 58%，而非机动渔船则减少了 27%。

2014 年中国渔船占世界渔船的比例为 23%。机动渔船相比于 2009 年下降了近 3 个百分点。非机动渔船占世界的比重相比于 1995 年下降了近 6 个百分点。这与中国渔业部门实施的“转产转业”政策有关。需要注意的是，这里的渔船数量只能表明一个国家参与渔业生产的程度，并不能表明一个国家参与渔业生产的强度。

中国的渔民统计不仅包括养殖渔民和捕捞渔民，而且还包括专业渔民、兼业渔民和临时人员。但 FAO 统计的数据仅包括捕捞渔民，不包括养殖渔民。

FAO 发布的 2014 年世界捕捞渔民的总人数是 3 787 万人，中国的捕捞渔民人数是 916 万人，占全世界的比重为 24%。这一比例与中国渔船占世界渔船的比例大致相当，但高于中国海洋渔业捕捞产量占世界产量的比例 18%，这一方面说明中国海洋渔业的生产效益还有待于提高，另一方面也说明中国的海洋渔业资源禀赋相比于世界其他国家和地区要差。

2014 年《中国统计年鉴》发布的渔民人数是 1 429 万人，其中捕捞渔民 181 万人，养殖渔民 512 万人，其他人员 87 万人。如果 FAO 得到的数据是用渔民总人数 1 429 万人减去养殖渔民人数得到 916 万人的话，这一数字没有考虑到专业渔民和兼业渔民的区别。考虑到中国是世界上最大的水产养殖国，对渔民人数的统计应该要考虑养殖渔民。未来的工作需要进一步和 FAO 的统计部门进行沟通，在世界范围内把渔民人数的统计区分为捕捞渔民和养殖渔民，在此基础上的比较才是科学的。

第三节　中国渔业的自然环境与渔业资源

一、海洋渔业的自然环境

中国大陆东、南面临渤海、黄海、东海和南海，都属于太平洋的边缘海。大陆岸线从

鸭绿江口到北仑河口，全长18 000多千米，岛屿5 000多个，岛屿岸线14 000多千米。全年河流入海的径流量约为1.5万亿多立方米。4个海域的总面积为482.7万 km^2，大陆架面积约为140万 km^2。

1. *渤海*

渤海是中国的内海。以老铁山西角为起点，经庙岛群岛和蓬莱角的连线为界，该界线以西为渤海，以东为黄海。渤海面积为7.7万 km^2。水深20 m以内的面积占一半，仅老铁山水道的水深为85 m。底质分布情况是，沿岸周围沉积物颗粒较细，细砂分布很广，向中央盆地颗粒逐渐变粗。

2. *黄海*

黄海与渤海相通，南界以长江口北角与韩国济州岛西南角的连线为界，与东海相通，面积为38万 km^2。黄海分北、中、南3个部分，即山东成山头与朝鲜长山串连成线，以北为黄海北部，以南至34°N线之间为黄海中部，34°N以南为黄海南部。整个黄海海域处于大陆架上，仅北黄海东南部有一黄海槽。苏北沿海沙沟纵横等，深浅呈辐射状分布。底质以细砂为主。

3. *东海*

东海北与黄海相连，东北通过对马海峡与日本海相通。南端以福建省诏安县和台湾鹅銮鼻的连线为界与南海相连，总面积为77万 km^2，其中大陆架面积约占74%，为57万多 km^2，为四大海域中最大、最宽的地带，呈扇状。大部分水深处于60~140 m，大陆架外缘转折水深为140~180 m，冲绳海槽最深处为2 719 m。台湾海峡平均水深为60 m，澎湖列岛西南的台湾浅滩水深为30~40 m，最浅处为12 m，构成一海槛，对东海和南海的水体交换带来一定的影响。东海大陆架的底质一般以水深60~70 m为界，西侧为陆源沉积，以软泥、泥质砂、粉砂为主，东侧为古海滨浅海沉积，以细砂为主。台湾海峡南端开阔区域为细砂、中粗砂和细中砂区，近岸伴有砾石，澎湖列岛西南为火山喷出物、砾石、基岩等。

渤海、黄海、东海的自然条件概况见表4-2。

表4-2 渤海、黄海、东海的自然条件概况

海域	面积	水深	底质	水文条件
渤海	总面积7.7万 km^2，大陆架面积为7.7万 km^2	20 m水深以内面积占一半，最大水深为85 m（老铁山水道）	周围质细砂，中央盆地颗粒变粗	水文条件受气候影响较大，并受沿岸河流径流量影响
黄海	总面积38万 km^2，大陆架面积38万 km^2	最大水深为103 m	苏北沿海为沙沟，底质以细砂为主	黄海水团和沿岸水相互影响
东海	总面积77万 km^2，大陆架面积57万 km^2	大部分水深为60~70 m，大陆架外缘转折水深为140~180 m，冲绳海槽为2 719 m	60~70 m等深线以细软泥、泥质沙、粉沙为主，东侧以细砂为主，台湾海峡以南为砾石	以黑潮分支和沿岸水相互作用为主

4. 南海

南海面积最大，达 350 万 km^2，北部大陆架面积为 37.4km^2。地形是周围较浅，中间深陷，呈深海盆型，南部除南沙群岛等岛礁以外，还有著名的巽他大陆架。北部湾最深处为 80 m，大多处于 20~50 m，海底平坦。在底质分布上，北部大陆架大致与东海相似，北部湾东侧以黏土软泥为主，周围有粗砾砂（表 4－3）。

表 4－3　南海的自然条件概况

海域	面　积	水　深	底　质	水文条件
南海	总面积 350 万 km^2，大陆架面积为 37.4 万 km^2	周围较浅，南北为大陆架，中央为深海，北部湾最大水深为 80 m	除岛礁以珊瑚礁为主以外，其他以泥、砂为主	以黑潮为主，北部大陆架受沿岸水的影响

上述 4 个海域都属于半封闭海性质，其海洋水文与大洋性海洋有明显区别，取决于大陆的天气、水系，以及其外海海流和潮流等的影响。其各水层的等温线和等盐线的分布一般外高内低，南高北低，季节变化明显。构成中国海洋环流的主要是中国大陆沿岸流和黑潮流两个系统。前者一般都沿岸由北向南流动，除南海分支以外，黑潮流系终年向偏东北方向流动。相互消长和地形等的影响，直接关系到渔业资源的移动和洄游。《联合国海洋法公约》生效以后，上述 4 个海域除渤海是中国内海以外，黄海、东海和南海都与周边国家都存在关于专属经济区或大陆架划界的问题。

二、内陆水域渔业的自然环境

中国内陆水域辽阔，总面积约为 2.64 亿亩*，占国土面积的 1.84%，其中河流 1 亿多亩，湖泊 1.1 亿多亩，水库 3 000 多万亩，池塘 2 000 多万亩。河流流程在 300 km 以上的有 104 条，其中 1 000 km 以上的有 22 条。湖泊面积在 1 km^2 以上的有 2 800 多个，面积在百万亩以上的有 18 个，主要有鄱阳湖、洞庭湖、太湖、洪泽湖、巢湖、呼伦湖、纳木错、兴凯湖、南西湖、博斯腾湖等。大小水库有 8.7 万座，大型的有 328 座，中型的有 2 333 座，小型的有 8.4 万座。由于中国国土面积广大，纵贯 49 个纬度，横跨 62 个经度，5 个气候带，因此，其在地理、气候、水文等自然条件中的差异巨大，使内陆水域渔业资源纷繁复杂，丰富多彩。全国内陆水域大致可分为：

1. 黑龙江、辽河流域

黑龙江、辽河流域地处寒温带，降水量分布不均匀，11~4 月为封冻期，5~11 月为明水期，周年月平均水温为 7~24℃，水面大多分布在北部，结冰期不一。全流域水面积约占全国的 9%。

---

* 1 亩约等于 667 平方米。

2. 黄河、海河流域

黄河、海河流域地处北温带，降水不丰富，日照较长，周年月平均水温为3~28℃，水面主要分布在河流下游的平原地区。全流域水面积约占全国的11%。

3. 长江流域

长江流域地处北温带和亚热带之间，降水丰富，气候温和，周年月平均水温为6~29℃。该流域的中、下游各省的平原地区河川纵横，湖泊密度大，水网交织，全流域水面积约占全国的46%。

4. 珠江流域

珠江流域地处亚热带，降水特别丰富，周年月平均水温为13~30℃。全流域水面积约占全国的7%。

5. 新疆、青海、西藏地区

新疆、青海、西藏地区属于高原地区，是我国也是世界上最大的高原湖泊群分布区，其水面积占全国的25%。有的是陆封微碱性的水面，如青海湖等。

上述各流域的自然条件见表4-4。

表4-4 全国主要河流流域和新疆、青藏高原水域的自然条件概况

流　域	位　置	周年月平均温度等	流域面积占全国的百分比/%
黑龙江、辽河流域	寒温带	5~11月为明水期，周年月平均水温为7~24℃	水面多在北部，流域面积占全国的9%。
黄河、海河流域	北温带	周年月平均水温为3~28℃，日照时间长	水面主要在河流下游平原地区，流域面积占全国的11%。
长江流域	北温带和亚热带之间	周年月平均水温为6~29℃，降水丰富，气候温和	流域中下游水网交织，流域面积占全国的46%
珠江流域	亚热带	周年月平均水温为13~30℃，降水特别丰富	流域面积占全国的7%
新疆、青海、西藏地区	高原地区	水温差别很大	高原湖泊群为世界之最，流域面积占全国的25%

根据上述全国主要河流流域的自然条件，黄河流域、长江流域和珠江流域比较适合水产养殖业，尤其是长江流域中下游水网交织，水面积几乎占全国水面总面积的一半。值得引起注意的是，新疆、青藏高原拥有大量高原湖泊，拥有发展冷水性鱼类养殖的独特的有利条件。

三、海洋渔业资源

根据多年的调查数据，可知中国海洋渔业资源种类繁多。海洋鱼类有2 000多种，海兽类约40种，头足类约80种，虾类300多种，蟹类800多种，贝类3 000种左右，海藻类约1 000种。这些种类中有的缺乏经济利用价值，有的数量过少，渔业统计和市场销售名列上的种类大约有 200 种。

1. 按有关渔业资源栖息水层、海域范围和习性划分

中上层渔业资源：是主要栖息在中上层水域的渔业资源，如鲐鱼、鲹鱼、马鲛鱼等。

底层或近底层渔业资源：是主要栖息在底层或近底层水域的渔业资源，如小黄鱼、大黄鱼、带鱼、鮟鱇、鳕鱼等。

河口渔业资源：是主要栖息在江河入海口水域的渔业资源，如鲻鱼、梭鱼、花鲈，以及过河性的刀鲚、凤鲚等。

高度洄游种群资源：一般生长在大洋中，并做有规律的长距离洄游的鱼类资源，如金枪鱼类、鲣、枪鱼、箭鱼等。

溯河产卵洄游鱼类资源：在海洋中生长，回到原产卵孵化的江河中繁殖产卵的鱼类资源，如大麻哈鱼、鲥鱼等。

降河产卵洄游鱼类资源：与溯河产卵洄游鱼类资源相反，其是在江河中生长，回到海洋中繁殖产卵的鱼类资源，如鳗鲡。

2. 按捕捞种类的产量高低进行划分

根据 FAO 的统计，全球海洋捕捞对象约为 800 种。按实际年渔获量划分产量级单一种类为：超过 1 000 万 t 的为特级捕捞对象；100 万～1 000 万 t 的为Ⅰ级捕捞对象；10 万～100 万 t 的为Ⅱ级捕捞对象；1 万～10 万 t 的为Ⅲ级捕捞对象；0.1 万～1 万 t 的为Ⅳ级捕捞对象；小于 0.1 万 t 为Ⅴ级捕捞对象（表 4－5）。

表 4－5　全球海洋捕捞对象产量级

产量级	实际年渔获量/万 t	捕 捞 对 象	渔业规模
特级	>1 000	秘鲁鳀（1970 年年产量为 1 306 万 t）	特大规模渔业
Ⅰ级	100～1000	狭鳕、远东拟沙丁鱼、日本鲐等 10 多种	大规模渔业
Ⅱ级	10～100	黄鳍金枪鱼、带鱼、鲲、中国毛虾等 60 多种	中等规模渔业
Ⅲ级	1～10	银鲳、三疣梭子蟹、曼氏无针乌贼等 280 多种	小规模渔业
Ⅳ级	0.1～1	黄姑鱼、鮸鱼、口虾蛄等 300 多种	地方性渔业
Ⅴ级	<0.1	黑鲷、大菱鲆、龙虾等 150 多种	兼捕性渔业

根据我国开发利用海洋渔业资源的统计数据，我国尚无特级捕捞对象，实际年渔获量曾经超过 100 万 t 的只有鳀鱼一种。实际年渔获量超过 1 万 t 的有 40 多种，主要是带鱼、绿鳍马面鲀、蓝圆鲹、大黄鱼、日本鲐、太平洋鲱鱼、银鲳、蓝点马鲛、多齿蛇鲻、长尾大眼鲷、棘头梅童鱼、皮氏叫姑鱼、白姑鱼、马六甲鲱鲤、绒纹单角鲀、金色小沙丁鱼、远东拟沙丁鱼、青鳞鱼、斑鲫、黄鲫、乌鲳、海鳗、绵鳚、鳓鱼、竹筴鱼、鳕鱼、真鲷、日本枪乌贼、中国枪乌贼、中国对虾、鹰爪虾、中国毛虾、三疣梭子蟹、海蜇、毛蚶、菲律宾蛤仔、文蛤等。由于资源波动，目前实际年渔获量超过 1 万 t 的只有 30 多种。

3. 按捕捞对象的适温性划分

按捕捞对象的适温性划分,可将其分为冷温性种、暖温性种和暖水性种,暖水性种约占总渔获量的2/3。鱼类是我国海洋渔获物的主体,占总渔获量的60%~80%。各海域不同适温鱼类的种类数和比例见表4-6。

表4-6 各海域不同适温鱼类种类和比例

区 域	暖水性		暖温性		冷温性		合 计	
	种类数	比例/%	种类数	比例/%	种类数	比例/%	种类数	比例/%
南海诸岛海域	517	98.9	6	1.1	0	0	523	100.0
南海北部大陆架	899	87.5	128	12.5	0	0	1 027	100.0
东海大陆架	509	69.6	207	28.5	14	1.9	730	100.0
渤海·黄海	130	45.0	138	47.8	21	7.2	289	100.0

资料来源:《中国渔业资源调查和区划》编委会,1990年,《中国海洋渔业资源》

4. 按栖息水深进行划分

水深40 m以内的沿岸海域因受大陆河流入海的影响,盐度低,饵料生物丰厚,为多种鱼虾类的产卵场和育肥场,既有地方性种群资源,也有洄游性种群资源。渤海有小黄鱼、带鱼、真鲷、马鲛、鲈鱼、梭鱼、对虾、中国毛虾、梭子蟹等的产卵场。黄海沿岸海域有带鱼、小黄鱼、鳕、高眼鲽、牙鲆、鲂𩾃、太平洋鲱鱼、马鲛、对虾、鹰爪虾、毛虾等种类分布。南黄海还有大黄鱼、银鲳等,东海沿岸海域有大黄鱼、小黄鱼、带鱼、乌贼、鲳鱼、鳓鱼,虾蟹类的产卵场和育肥场,南海沿岸海域有班鲦、蛇鲻、石斑鱼、鲷类、乌贼等种类分布。

水深40~100 m的近海海域是沿岸水系和外海水系交汇处,是鱼虾类的索饵场和越冬场。近海海域渔业资源南北差异显著。34°N到台湾海峡,温水性种类占优势,如大黄鱼、小黄鱼、带鱼、海鳗、鲳鱼、鳓鱼等。台湾海峡以南的南海近海海域以暖温性和暖水性种类为优势,如蛇鲻、金线鱼、绯鲤、鲷类、马面鲀等。

水深100~200 m的大陆架边缘海域与上述海域的种类不同。东海外海有鲐鱼、马鲛、马面鲀;南海外海有鲐鱼、深水金线鱼、高体若鲹和金枪鱼类等,台湾以东的太平洋有金枪鱼、鲣、鲨鱼等。

四、海水养殖资源

由于中国沿海海域南北跨距很大,以及海水养殖技术不断提高,南北之间海水养殖种类差别很大,而且种类也不断增加。

1. 渤海区

渤海属于半封闭的内海,沿岸有辽河、海河、滦河、黄河等河流入海。河口附近多浅滩,当地毛蚶、文蛤、杂色蛤等贝类资源十分丰富,渤海各湾内多泥沙底质,又是鱼虾的产卵场,幼苗集中,对养殖和增殖对虾、梭鱼等十分有利。近年来在渤海口的长岛已发展了养殖鲍鱼、扇贝等名特优品种产业。

2. 黄海区北部

黄海区北部沿岸多岛屿和山脉，岸线曲折，海带、裙带菜、紫贻贝、牡蛎、鲍鱼、扇贝等资源丰富，尚可培育真鲷、牙鲆等经济鱼类的增养殖，南部多沙丘，贝类资源丰富，尤其是文蛤为优势，吕泗到连云港一带的条斑紫菜栽培颇有特色。沿岸河口的鲻鱼、梭鱼和蟹类幼苗资源也相当丰富。

3. 东海区

沿岸多山和岛屿，底质以岩礁和沙砾为主，适于紫菜、贻贝、鲍鱼等附着生长。滩涂以贝类为主，有泥蚶、缢蛏、文蛤、牡蛎、杂色蛤等(图 4－28)，各湾口内是鱼类养殖的最佳场所，主要有黑鲷、石斑鱼、大黄鱼等。

4. 南海区北部

除河口附近为泥沙和砂的底质以外，大多是沙砾、岩礁等。这里除可养殖石斑鱼、鲷类以外，还有马氏珍珠贝百蝶珍珠贝翡翠贻贝、华贵栉孔扇贝、麒麟菜等特有品种。

五、内陆水域渔业资源

我国内陆水域渔业资源相当丰富。据调查，全国鱼类有 800 多种，其中纯淡水鱼类有 760 多种(包括亚种)，洄游性鱼类 60 多种。近年来，从国外引进移植的有十多种。

全国内陆水域流域或地方鱼类资源种类数见表 4－7，即珠江流域 381 种、长江流域 370 种、黄河流域 191 种、黑龙江等流域 175 种、西部高原更少，如新疆有 50 多种，西藏 44 种，总体上种类分布呈东至西、南至北递减的趋势。

表 4－7　全国内陆水域流域或地方鱼类资源种类数

流域或地方	珠　江	长　江	黄　河	黑龙江	新　疆	西　藏
种类数	381	370	191	175	多于 50	44

在鱼种方面，鲤科鱼类比例最高，全国各水系中平均为 50%～60%。河口地区还有相当数量的洄游性鱼类，包括溯河产卵鱼类和降河产卵鱼类。除鱼类以外，还有大量的虾蟹类，如沼虾、青虾、长臂虾、中华绒螯蟹(大闸蟹)、螺类、蚌类(如三角帆蚌和皱纹蚌都是淡水育珠的母蚌)。列入国家珍稀保护动物的有白鱀豚、江豚、中华鲟、白鲟、大鳃、扬子鳄、山瑞等。应对濒临绝种的松江鲈、大理裂腹鱼等专门加以保护。

第四节　中国渔业的发展历程与趋势

一、中国渔业的发展历程

中国地处亚洲温带和亚热带地区，水域辽阔，水产资源丰富，为渔业的发展提供了有利条件。早在原始社会,捕鱼就成为人们谋生的一项重要手段。以后随着农业的发展,渔业在社会经济中的比重逐渐降低,但在部分沿海地区和江河湖泊密布区域,仍存在着以渔为主或渔农兼作的不同状况。在漫长的历史时期中,中国渔业经历了原始渔业、古代渔业、近代渔业、现代渔业的发展阶段;其生产规模、渔业技术随着时代的前进得到不断的发展;水产教育和科学研究自近代以来也有长足的进步。本节就中华人民共和国成立以来的渔业发展进行总结与展望,大致可分为以下几个时期。

1. 1949~1957 年的渔业恢复和初步发展时期

1949 年中华人民共和国成立至 1957 年的渔业发展可分为两个阶段:一是 1949~1952 年的恢复阶段;二是 1953~1957 年全国第一个五年计划的建设阶段。

(1) 1949~1952 年的恢复阶段

1949 年中华人民共和国成立,党和国家十分重视渔业生产。渔业和其他行业一样都处于恢复阶段。在渔业生产方针上明确"以恢复为主"。主要包括国家发放渔业贷款、调拨渔民粮食和捕捞生产所需的渔盐等措施,支持渔民恢复生产。在渔村进行民主改革。由于沿海有关岛屿尚未解放,还有海盗的干扰,特制定有关法令,派出解放军护渔,保护渔场,维护生产秩序。经过 3 年的努力,1952 年全国渔业产量已达 166 万 t,超过了历史最高水平 150 万 t。

(2) 1953~1957 年全国第一个五年计划的建设阶段

1953~1957 年全国第一个五年计划的建设阶段,在渔村通过互助组、初级渔业生产合作社、高级渔业生产合作社等渔业生产组织,以及对私营水产业进行社会主义改造,实施公私合营,创建了国有渔业企业等,大大推动了渔业生产的发展。这一时期渔业发展的主要特点是:水产品总产量逐年递增;水产养殖从无到有,养殖产量逐年有所增长,其中淡水养殖发展比较快,养殖面积增幅较大,海水养殖发展缓慢;捕捞渔船有所增加;水产品人均占有量呈明显上升趋势。渔业基础设施建设取得了重大进展,仅"一五"时期,国家对水产业基本建设投入的资金就达 1.25 亿元,超过原计划投资额的 41.2%。1957 年水产品总产量达到 346.89 万 t,是 1949 年的 6.6 倍,年均递增 26.6%,水产品人均占有量约为 5 kg。

2. 1958~1965 年的渔业徘徊时期

1958~1965 年的渔业徘徊时期可分为 1958~1960 年的"大跃进"和 1961~1963 年的恢复调整两个阶段。

(1) 1958~1960 年的"大跃进"阶段

高级渔业生产合作社推行"一大二公"的人民公社,政企合一。在渔业生产上违背了自然规律,所谓"变淡季为旺季",冲破了长期以来夏秋季鱼类繁殖生长盛期实施的有关禁渔、休渔制度。在捕捞方式上盲目地"淘汰"了选择性较强的刺网、钓渔具等作业,发展了高产的对生态破坏严重的拖网作业,造成了渔业资源的衰退。1958 年预计产量为 352 万 t,至当年 10 月已虚报完成了 715 万 t,最终核实全年产量仅为 281 万 t,比 1957

年减产了10%。

（2）1961~1965年的恢复调整阶段

1961~1965年的恢复调整阶段着重解决了渔业购销政策，规定了购留比例，允许国有企业和集体渔业都有一定的鱼货进入自由市场，到1965年年产量恢复到338万t，但仍低于1957年的水平。

虽然在这期间渔业生产受“左”的思想的严重影响，遭到破坏，但是值得引起注意的是，在渔业科学技术上仍有几项重大的突破，主要有：一是全国风帆渔船基本上完成了机帆化。可以做到有风驶帆，无风开机。对保障渔民的生命和生产安全，以及实现作业机械化减轻劳动强度，为以后的提高生产率和扩大生产区域等都具有深远意义；二是鲢鳙鱼人工繁殖孵化技术获得成功，相继青鱼、草鱼人工繁殖孵化技术也取得了突破，这为水产养殖业的发展打下了扎实的基础，养殖的苗种不再受自然条件的限制；三是海带南移和人工采苗的成功为藻类栽培拓宽了水域和自然条件的限制。这些成就在国际上也都具有重大的影响。

3. 1966~1976年渔业曲折前进时期

此时期也是“文化大革命”时期。大致可分为1966~1969年“文化大革命”的高潮和1970~1976年“文化大革命”的后期两个阶段。

（1）1966~1969年“文化大革命”的高潮阶段

1966年渔业年产量曾达到345万t，到1968年下降到304万t。

（2）1970~1976年“文化大革命”的后期阶段

1970~1976年，社会逐步趋向于稳定，党政机关和企事业单位逐步恢复工作。在渔业生产政策上做了部分调整，其中集体渔业和渔村推广了“三定一奖”制度，即定产量、定工分、定成本、超产奖励，有力地推动了生产。1976年产量已恢复到507万t。

此期间全国渔业生产上出现的主要问题有：一是捕捞过度，近海经济鱼类资源衰退。二是片面强调“以粮为纲”，淡水渔业遭受极大损害。主要有围湖造田、填塘种粮，致使池塘、湖泊的水面大大减少，破坏了水域生态系统和淡水渔业生产。

此期间在全国渔业上也抓了几件大事，主要如下。

一是发展了灯光围网船组，填补了中国渔业上的空白。从20世纪60年代中期起，日本在东海、黄海发展了大量的灯光围网船组，从事中上层鱼类资源的开发，其年产量可达30万~40万t，这给我国渔业带来了一定的影响。中央11个部委组成建造灯光围网船组领导小组，由中央投资，各省、市落实造船计划。于1973年完成了70组造船计划，并投入生产，取得了较好的成绩。该项计划促进了我国渔船设计和建造等水平的提高，而且为提高我国围网捕鱼技术水平，发展远洋灯光诱集鱼群和围网技术奠定了基础。

二是基本完成了全国淡水捕捞的连家船改造，在岸上安置住家。历史上，淡水捕捞渔民大多是一户一船，渔船既是生产工具，也是家庭住所。渔民子女随船生活。这对稳定生产、安定生活、培养渔民子女、提高渔民素质等都具有重大的历史意义。

三是以国营海洋渔企业为主体的海洋渔业生产基地的建设成就显著。1971~1979年,我国投资6.5亿元,先后在烟台市、舟山市、湛江市等地建设了中央直属和地方所属的海洋捕捞企业和拥有50艘以上渔轮的渔业基地(码头及配套设施)、万吨级水产冷库,以及渔轮修造厂等大中型项目11个,并购置了一批渔轮。初步形成了以17个国营海洋渔业公司为主体的国营海洋捕捞生产基地。

四是城郊养鱼获得发展。据不完全统计,到1975年有135个城市实现城郊养鱼,养鱼水面达到23万hm^2,占全国淡水养鱼面积的7%,产鱼75万多吨。经过多年的努力,一批精养高产的商品鱼基地得以建成。为缓解城市吃鱼难的重大问题做出了贡献,为今后池塘精养奠定了良好基础。

4. 1977年以来的渔业大发展时期

在渔业方面大致可分为以下4个阶段。

(1) 1977~1979年的恢复调整阶段

该阶段的重点是整顿党各级政府组织,恢复各项工作,加强集体渔业的领导,进一步明确水产品购销政策,调动各方面的积极因素。在渔业生产上注意力集中到渔业资源的保护和合理利用、大力发展水产养殖、改进渔获物的保鲜加工三个方面。

(2) 1980~1986年的确定渔业生产发展方针和购销政策调整的渔业大发展阶段

在该阶段中,根据党的十一届三中全会的改革开放精神,渔业生产和渔业科学技术发展进入了崭新的历史时期,渔业生产结构得到了调整,对经济体制和流通体制进行了改革,渔业生产获得飞跃发展。其中最主要的是:

一是把长期以来的"重海洋,轻淡水;重捕捞,轻养殖;重生产,轻管理;重国营、轻集体"等思想扭转过来,1985年中共中央、国务院颁布《关于放宽政策、加速发展水产业的指示》,确定我国的渔业生产发展方针为"以养殖为主,养殖、捕捞、加工并举,因地制宜,各有侧重"。尤其是应充分利用内陆淡水水域发展淡水养殖,有力地调整了我国渔业的生产结构。1986年的《中华人民共和国渔业法》的制定,将渔业生产发展方针用法律方式加以确定。

二是开放水产品市场,取消派购,发展议购议销,实行市场调节。这极大地提高了渔民的生产积极性。市场供应得到根本改善,渔业经济发生了深刻的变化。

三是在海洋捕捞作业方面,除对内采取保护、增殖和合理利用近海渔业资源,控制捕捞强度,实施许可制度以外,1985年开始走出国门,大力发展远洋渔业。目前,我国在世界各大洋中都有渔船投入生产,总船数已超过千艘。

(3) 1987~1998年的渔业大发展阶段

随着1986年《中华人民共和国渔业法》的颁布和实施,渔业生产结构得到了调整,渔业生产发生了根本性变化,年产量大幅增长。

从表4－8中可以看出，1987年全国渔业年产量已达955万t，居世界首位。1988年超过了1 000万t，比1976年的506万t几乎增长了一倍。1994年超过了2 000万t，1996年超过了3 000万t。这时中国水产品产量约占世界渔业总产量的1/3，也是国际上唯一的水产养殖产量高于捕捞产量的国家。

表4－8　1987～2015年全国渔业年产量变动

年　份	产量/万t	年　份	产量/万t
1987	955	2002	4 565
1988	1 061	2003	4 700
1994	2 146	2004	4 901
1996	3 288	2005	5 101
1998	3 800	2006	5 250
2000	4 276	2010	5 732
2001	4 382	2015	6 700

（4）1999～2015年渔业生产结构调整期

近海渔业资源不仅未获得恢复，而且尚有恶化的趋势，同时《联合国海洋法公约》于1994年起生效，我国与周边国家日本、韩国、越南分别按专属经济区制度签订新的渔业协定。为此，农业部于1999年提出了控制捕捞强度，明确了海洋捕捞产量应零增长，甚至负增长的规定。尤其是进入21世纪以来，在贯彻科学发展观的基础上，渔业生产增长方式由数量型转向质量型。传统渔业转向现代渔业，渔业发展将进入新的时代。由此，全国捕捞产量与水产养殖产量之比由1994年的47.11：59.89，到2005年的33.00：67.00，2010年进一步下降到28.70：71.30，2015年再次下降到26.30：73.70（表4－9）。

表4－9　1994年、2002年、2005年、2010年、2015年全国捕捞产量与水产养殖产量之比

年　份	捕捞产量：水产养殖产量
1994	47.11：59.89
2002	36.32：63.68
2005	33.00：67.00
2010	28.70：71.30
2015	26.30：73.70

（5）2015年以后实现以生态渔业为主的发展阶段

“十三五”期间，牢固树立创新、协调、绿色、开放、共享的发展理念，以提质增效、减量增收、绿色发展、富裕渔民为目标，以健康养殖、适度捕捞、保护资源、做强产业为方向，大力推进渔业供给侧结构性改革，加快转变渔业发展方式，提升渔业生产标准化、绿色化、产业化、组织化和可持续发展水平，提高渔业发展的质量效益和竞争力，走出一条产出高效、产品安全、资源节约、环境友好的中国特色渔业现代化发展道路。其中，国内捕捞产量实现“负增长”，国内海洋捕捞产量控制在1 000万t以内。新建国家级海洋牧场示范区80个，国家级水产种质资源保护区达到550个以上，省级以上水生生物自然保护区数量为80个以上。

5. 改革开放以来我国渔业发展中的主要成就

1）确立了以养殖为主的渔业发展方针，走出了一条具有中国特色的渔业发展道路。长期以来，我国传统渔业的生产结构是以捕捞业为主，直至1978年捕捞产量仍占水产品总产量的71%。这种以开发天然渔业资源作为增产主要途径的不合理的资源开发利用方式限制了渔业的发展空间，也导致天然渔业资源日趋衰退，严重制约了渔业经济的发展。改革开放以后，以养殖为主的渔业发展方针得到确立，推动了海淡水养殖业的迅猛发展。20年来，我国丰富的内陆水域、浅海、滩涂和低洼的宜渔荒地等资源得到了有效的开发利用，水产养殖业成为渔业增产的主要领域。这一时期水产品增加的绝对量中61%来自养殖业。1999年全国水产养殖面积已达6 29万hm^2，养殖产量达到2 396万t，占水产品总产量的58. 13%。2015年全国水产养殖面积为8 465千hm^2，其中海水养殖面积为231. 776万hm^2，淡水养殖面积为614. 724万hm^2，养殖总产量为4 937. 90万t，占总产量的73. 70%。同时，养殖品种也向多样化、优质化方向发展，名特优水产品占有较大的比例。我国成为世界主要渔业国家中唯一的养殖产量超过捕捞产量的国家。

2）综合生产能力显著提高，水产品总量大幅度增长。尤其是20世纪80年代中期至今，水产品产量连续14年(1985~1999年)保持高增长率，年均增长率达12. 4%，成为世界渔业发展史上的一个奇迹。同时，中国渔业在世界渔业中的地位也随之提升。20余年来，在世界水产品增加的总量中，中国占了50%强，中国水产品产量在世界中的排位从1978年的第4位逐渐前移，从1990年起至今居世界首位。

3）水产品市场供给有了根本性改观，全国人均水产品占有量逐年提高。20多年来，我国的水产品总量大幅增加，1999年人均占有量达到32. 6 kg，2015年达到48. 73 kg，超出世界平均水平。1985年党中央、国务院提出的用3~5年时间解决大中城市“吃鱼难”的奋斗目标，早已如期实现。市场上的水产品不仅数量充足，而且品种繁多、质量高、价格平稳，成为我国城乡居民不可缺少的消费品。渔业的发展不但改善了人们的食物结构，增强了国民体质，而且对中国乃至世界粮食安全做出了重要贡献。

4）渔业成为促进农村经济繁荣的重要产业，渔民率先进入小康水平。改革开放20年来，渔业是农业中发展最快的产业之一，为我国渔区、农村劳动力创造了大量就业和增收的机会。1999年全国渔业总产值比1978年增加了80多倍，占农林牧渔业的份额从1978年的1. 6%提高到1999年的11. 6%。2015年渔业从业人员有1 414. 85万人，大批渔(农)民通过发展渔业生产，率先摆脱贫困进入小康水平，生活质量发生了重大变化。同时,渔业作为我国农业中的一个重要产业,带动和形成了储藏、加工、运输、销售、渔用饲料等一批产前产后的相关行业,从业人数大量增加,对推动我国农村产业结构优化和农村经济全面发展发挥了重要作用。

5）渔业产业素质有了较大提升,科技含量增加,生产条件明显改善,加快了现代化进程。一批水产良种原种场建成投资：集中连片的精养鱼池、虾池和商品鱼基地得到了大规模的开发,工厂化养殖已形成规模化生产；水产冷藏保鲜能力大幅提高；渔港建设取得了较大进展,新建和改造的国家一级群众渔港近 100 个,渔船防灾和补给能力也有所改善与提高。渔业产业化进程加快,一批与生产、加工、运销相配套的水产龙头企业不断发展,市场竞争力不断增强。20 年来,水产科研工作也取得了重大成果,从中央到地方,从基础、应用、开发到技术推广,已基本形成一支学科门类比较齐全的渔业科技队伍。全国现有县级以上水产科研机构 210 个,直接从事科研的工作者有 7 000 多人；初步建成了由国家、省、市、县、乡五级组成的水产技术推广体系,拥有推广机构 1. 85 万个,从业人员 4. 6 万人；高等水产院校的广大教师也活跃在科研和推广的第一线。科技进步使渔业劳动生产率大幅提高,对加快我国渔业发展、促进产业结构升级发挥了巨大作用。

6）渔业法制建设取得了一定成效,促进了渔业的可持续发展渔业。执法队伍从无到有,从小到大,一支专业化的渔业执法队伍已初具规模,全国现有渔业执法人员 3 万多人,执法力量和执法水平显著提高。渔业立法取得了突破性进展,以 1986 年的《中华人民共和国渔业法》的颁布实施为标志,我国的渔业进入了加强法制建设及管理的重要历史时期。经 2000 年和 2004 年的修改,更加符合国内社会主义市场经济的发展和国际渔业管理的需要。目前,我国的渔业法律、法规的建设方面,已初步形成了以《中华人民共和国渔业法》为基干的、具有中国特色的渔业法律体系,在渔业生产管理、水生野生动植物和渔业水域环境保护及渔业经济活动等方面基本上可做到有法可依,有章可循。为保护我国近海渔业资源,实现可持续发展,经国务院批准,我国从 1995 年起相继在黄海、渤海、东海、南海实施伏季休渔制度,2002 年起对长江主干流实施春季休渔制度,保护渔业资源和生态效益是十分有利的。从 1999 年起,农业部提出海洋捕捞“零增长”目标,向全社会、全世界表明了我国保护渔业资源的决心。

7）我国在水产品国际贸易和远洋渔业方面迅速发展,已成为世界水产贸易和远洋渔业大国。长期以来,我国渔业始终处于一种封闭的状态。改革开放以后,我国渔业在这一领域取得了突破性进展。水产品国际贸易迅速发展,1999 年水产品进出口量达 265. 32 万 t,进出口额达 44. 3 亿美元。2015 年进出口总量为 814. 15 万 t,进出口总额为 293. 14 亿美元,为世界出口总额的首位。远洋渔业从零起步,经过 30 多年的艰苦创业,至 2015 年年底已有 2 600 艘各种作业类型的远洋渔船分布于世界三大洋从事远洋捕捞作业,渔获量达 210 多万吨,成为我国境外投资最成功的产业项目之一。我国与世界渔业界的合作日益广泛,目前已与 60 多个国家和国际组织建立了渔业经济、科技、管理方面的合作与交往关系。

根据我国渔业发展简况进行分析,发展渔业应基于本国国情,确定渔业发展方针和相关政策。政策是否稳定直接关系到渔民和企业的切身利益。国家在发展农业问题上,多次提出一靠政策,二靠科技。在渔业方面也是如此,两者缺一不可。

二、中国渔业发展的基本政策

1. *1977 年前基本上以海洋为主,以海洋捕捞为主的渔业发展方针*

1958 年曾有过“养殖之争”的讨论,虽然对海淡水养殖的认识有所提高,客观上当时的近海渔业资源比较丰富,一般都认为近海捕捞是投入少、产出高。尤其是在 60 年代的经济困难时期,食物供应不足的情况下,更加吸引人们造船出海捕鱼,增加副食品,改善生活。事实上,在无节制增船添网和一些“变淡季为旺季”“早出海、勤放网、赶风头、追风尾”“造大船、闯大海、发大财”等的错误口号影响下,近海资源遭到严重破坏。到 70 年代中期,东海和黄海海域内小黄鱼、大黄鱼、乌贼等底层资源都先后衰退。水产品供应日益紧张,产量一直徘徊在 300 万~400 万 t。

2. *1977~2000 年逐步明确了以养殖为主的方针*

1977 年到“九五”期间的渔业发展指导思想如下。

(1) 1977 年的全国水产工作会议提出了渔业生产方针

在总结历史经验和教训的基础上,在 1977 年的全国水产工作会议上首次提出的渔业生产方针是:“充分利用和保护资源,合理安排近海作业,积极开辟外海海场,大力发展海、淡水养殖。”但在执行上,虽有认识问题,但客观上发展外海渔业和水产养殖的条件还不充分等问题,仍然以近海海洋捕捞为主。

根据党的十一届三中全会精神,渔业工作的调整和重点转移。1978 年年底,根据党的十一届三中全会精神,研究了渔业工作的调整和重点转移,提出了:① 资源的保护、增殖和合理利用是维持产量和进步发展的可靠保护;② 大力发展水产养殖是提高产量的主要来源;③ 改进保鲜加工、提高产品质量,是改善市场供应的有效措施。这对全国渔业工作具有一定的影响和积极作用。到 1982 年,有关地方都重视了淡水养殖。

1985 年确定我国的渔业发展方针为:“以养殖为主,养殖、捕捞、加工并举,因地制宜,各有侧重。”通过长期的工作,中共中央、国务院于 1985 年 3 月 11 日颁发的《关于放宽政策、加速发展水产业的指示》中,明确了我国的渔业发展方针为:“以养殖为主,养殖、捕捞、加工并举,因地制宜,各有侧重”,有力地推动了我国渔业的各项工作,同时把这个方针写入 1986 年颁布的《中华人民共和国渔业法》中。

(2)“九五”期间渔业发展的指导思想

“九五”期间,渔业发展的具体指导思想为:“加速发展养殖、养护和合理利用近海资源,积极扩大远洋渔业,狠抓加工流通,强化法制管理。”根据上述发展方针和指导思想,总的要求应使渔业资源可持续利用,渔业才能获得可持续发展,确保经济效益、生态效益和社会效益的最佳水平。

3. “十五”(2001~2005 年)渔业发展的指导思想与主要成效

主要指导思想：根据《中华人民共和国国民经济和社会发展第十个五年计划纲要》中对渔业发展的要求是：“加强渔业资源和渔业水域生态保护，积极发展水产养殖和远洋渔业。”对整个海洋产业的要求是：“加大海洋资源调查开发、保护和管理力度，加强海洋利用技术的研究开发，发展海洋产业。”

主要成效：“十五”期间，在“以养为主”方针的指导下，我国水产养殖业以市场为导向，不断改革养殖方式，已成为渔业发展的主要领域和渔民增收的重要来源。水产养殖业的发展不仅改变了中国渔业的面貌，也影响了世界渔业的发展格局。其成就主要体现在以下几个方面。

1) 渔业经济较快发展对农业和农村经济发展发挥了重要作用。“十五”时期，我国渔业经济保持较快发展，成为农业经济的重要增长点。2005 年全国水产品总产量达到 5 101.65 万 t，水产品人均占有量为 39.02 kg，水产蛋白消费占我国动物蛋白消费的 1/3；渔业经济总产值达 7 619.07 亿元，渔业产值达 4 180.48 亿元，渔业增加值为 2 215.30 亿元，约占农业增加值的 10%；全国水产品出口额为 78.9 亿美元，占我国农产品出口总额的 30%；渔民人均收入为 5 869 元，比“九五”末增加了 1 140 元，比农民人均收入高 2 614 元。渔业在保障国家粮食安全、促进农民增收和农村经济稳步发展中发挥了重要作用。

2) 外向型渔业发展成效显著，世界渔业大国地位进一步凸显。“十五”期间我国外向型渔业快速增长，水产品出口贸易规模不断扩大，2005 年水产品出口额比“九五”末增加了 40.6 亿美元，增长了 106.0%，年均增长率达 15.56%，连续 4 年居世界水产品出口贸易首位；公海大洋性渔业资源开发利用能力增强。外向型渔业的发展提高了我国渔业的国际竞争力，促进了国内水产养殖、加工等产业的发展。目前，我国水产品总量已占全球渔业总产量的 40%，连续 15 年居世界首位，养殖水产品产量占世界养殖总产量的 70%。

3) 渔业经济结构进一步优化，资源利用趋向于合理。“十五”期间，我国渔业加快了结构调整步伐，产业结构进一步优化。近海捕捞产量实现了“负增长”，2005 年全国国内海洋捕捞产量为 1 309.49 万 t，较“九五”末减少了 81.44 万 t；养殖产品在水产品总产量中的比重从“九五”末的 60%提高到“十五”末的 67%；渔业第二产业、第三产业产值占渔业经济总产值的比重由“九五”末的 31%提高到“十五”末的 46%。优势品种区域布局成效明显，对虾、罗非鱼、鳗鲡、河蟹等养殖品种优势区域形成，带动了我国水产品出口贸易的快速增长；水产品加工能力显著增强，我国成为世界水产品来(进)料加工贸易的主要基地，在国际市场分工中占据了重要地位。

4) 渔业体系建设逐步完善，支撑保障能力显著增强。“十五”期间，各级政府加大了对渔业的投入，仅中央财政投入就达 45.5 亿元。各地积极推进水产原良种、水生动物疫病防控、水产品质量检验检测和渔业环境监测体系建设，建立了渔政管理指挥系统，改善了渔政执法装备，为渔业经济稳步发展提供了有力的支撑。渔业科研和水产技术推广体制改革取得了进展。渔业应急处置机制得到完善，国家渔业主管部门制定并发布了《渔业船舶水上安全突发事件应急预案》《水生动物疫病应急预案》，积极参与重大水域污染事故的调查处理，渔业应对突发事件的能力增强。

5）重大管理措施得到强化，渔业依法管理水平逐步提高。启动了全国养殖证制度建设；制定和公布了《中国水生生物资源养护行动纲要》；巩固和完善了海洋伏季休渔制度，全面实施了长江禁渔制度，沿海11个省（自治区、直辖市）、沿江10个省（市、区），以及香港、澳门近百万渔民实行了休渔禁渔政策；广泛开展了渔业资源增殖放流活动，积极促进资源养护，“十五”期间，全国累计放流水产苗种442亿尾（粒）、国家重点保护水生野生动物100多万尾（头）；2002年起实施沿海捕捞渔民转产转业政策，拆解报废近海渔船1.4万艘，培训转产转业渔民8万人；首次开展了全国渔港、渔船和水产苗种场普查工作，规范了渔业行政审批和监督管理；加强了海域、界江、界河巡航检查，中国渔政积极参与了双边协定水域和北太平洋渔业联合执法，树立了我国负责任渔业大国的形象，专属经济区渔业管理体制初步建立。

4. “十一五”（2006~2010年）渔业发展的指导思想与主要成效

指导思想：“以邓小平理论和‘三个代表’重要思想为指导，坚持以科学发展观统领渔业发展全局，紧紧围绕社会主义新农村建设的重大历史任务，以渔民增收、保障水产品质量、提高资源可持续利用为目标，坚持以市场为导向、以制度创新和科技创新为动力、以依法管理为保障，加快转变渔业增长方式，优化产业结构，提升水生生物资源养护水平，努力做强水产养殖业和远洋渔业，合理发展捕捞业，做优做大水产品加工业和休闲渔业，加快推进现代渔业建设，促进农村渔区和谐发展。”

主要成效：

1）渔业经济平稳较快发展，为保持农业农村经济好形势发挥了重要作用。5年来，渔业克服了自然灾害严重、国际金融危机冲击和国内经济环境复杂多变等不利因素，保持了平稳较快发展，成为农业农村经济中重要的支柱产业和富民产业。2010年水产品总产量为5 373万t，年均增长4.1%；渔业经济总产值为1.29万亿元，渔业产值为6 751.8亿元，分别年均增长11.0%和10.6%；水产品出口额为138亿美元，连续11年居国内大宗农产品出口首位；质量安全水平稳步提升，产地抽检合格率连续5年保持在96%以上；水产品市场供给充足，价格年均涨幅为4.9%，为丰富城乡居民“菜篮子”供给、稳定农产品价格发挥了重要作用；渔民人均纯收入为8 963元，年均增长9.8%。

2）渔业产业结构进一步优化，发展水平和产业竞争力显著提升。“十一五”末，水产品总产量中的养捕比例由“十五”末的67∶33发展为71∶29；渔业第二、第三产业产值比重达到48%，水产品加工业稳步发展，企业规模不断壮大，加工能力提高了30%；渔业发展方式转变步伐加快，以“两带一区”为代表的优势水产品养殖区域布局基本形成；

水产健康养殖全面推进，累计改造标准化养殖池塘 1 000 多万亩，创建标准化健康养殖示范场（区）1 700 多个，工厂化循环水养殖、深水抗风浪网箱养殖等集约化养殖方式迅速发展；国内捕捞业发展平稳有序，作业渔船结构有所改善；远洋渔业结构继续优化，大洋性公海渔业比重由 46%提高到 58%，成功启动实施南极海洋生物资源开发项目；休闲渔业蓬勃发展，成为带动渔民增收的新亮点。

3）资源养护事业迈上了新台阶，增殖放流等养护措施取得了历史性突破。2006 年国务院发布《中国水生生物资源养护行动纲要》，养护水生生物资源成为国家生态安全建设的重要内容。中央和地方财政大幅度增加增殖放流投入，全国累计投入资金为 21 亿元，放流各类苗种 1 090 亿尾，增殖放流活动由区域性、小规模发展到全国性、大规模的资源养护行动，形成了政府主导、各界支持、群众参与的良好氛围。启动并建立国家级水产种质资源保护区 220 个，国家级水生生物自然保护区数量达到 16 个；人工鱼礁和海洋牧场建设发展迅速；渔业生态环境监测体系逐步健全，涉渔工程资源生态补偿制度初步建立，累计落实补偿经费超过 37 亿元；海洋伏季休渔和长江禁渔期制度得到进一步巩固和完善，珠江禁渔期制度得到国务院的批准；国务院批准确定的 2003~2010 年海洋捕捞渔船控制目标基本实现。

4）强渔惠渔政策力度不断加大，产业基础和民生保障能力不断增强。5 年来，各级财政加大了对渔业的投入，仅中央财政投入就达 370 亿元，比“十五”增长了 7 倍，渔业基础设施条件得到明显改善。启动实施公益性农业行业科研专项和现代农业产业技术体系建设，落实渔业经费约 7 亿元；渔业重点领域的科技创新和关键技术的推广应用取得了成效，共获得国家级奖励成果 22 项，制定国家和行业标准 382 项；基层水产技术推广体系改革稳步推进，公共服务能力不断增强。《水域滩涂养殖发证登记办法》发布施施，从制度上强化了渔民生产权益的保障；启动渔业政策性保险试点，5 年累计承保渔民 323 万人、渔船 25 万艘；推动解决困难渔民最低生活保障和“连家船”渔民上岸定居；渔业柴油补贴、沿海捕捞渔民转产转业等惠渔政策效果显著。

5）渔业综合管理能力逐步增强，海洋维权护渔职能和作用凸显。渔业部门职能不断拓展和强化，管理、指挥调度和应急处置能力不断提高。渔业水域滩涂规划和养殖证发放工作深入推进，开展水产品质量安全和水产养殖执法，有力保障了渔民权益和渔业发展空间；强化渔业统计工作，建立渔情信息采集网络，建成并广泛应用中国渔政管理指挥系统和全国海洋渔业安全通信网，大大提高了渔业管理信息化水平；国务院办公厅下发《关于加强渔业安全生产工作的通知》，“平安渔业”建设扎实推进，成功应对地震、低温冰冻雨雪和台风等一系列自然灾害，渔业防灾减灾能力不断提升；累计救助遇险渔船 4 683 艘、渔民 22 232 人，挽回经济损失约 13. 9 亿元，渔业船舶水上安全事故发生起数和死亡人数呈“双下降”趋势；渔业执法队伍的装备水平和管理能力不断提升，与外交、边防等多部门间的涉外渔业管理机制不断成熟，中国渔政在维护国家主权、海洋权益和渔民生命财产安全中发挥了不可替代的作用。

5. “十二五”(2011~2015 年)渔业发展指导思想与主要成效

指导思想：以邓小平理论和“三个代表”重要思想为指导，深入贯彻落实科学发展观，坚持走中国特色农业现代化道路，按照在工业化、城镇化深入发展中同步推进农业现代化的要求，以加快推进现代渔业建设为主导方向，以加快转变渔业发展方式为主线，以强化水产品质量安全、渔业生态安全和安全生产为着力点，始终把确保水产品安全有效供给和渔民收入持续较快增长作为首要任务，始终把深化改革开放和加强科技创新作为根本动力，不断完善现代渔业发展的政策和体制机制，着力增强渔业综合生产能力、抗风险能力、市场竞争力和可持续发展能力，统筹各产业、各区域协调发展，着力构建现代渔业产业体系和支撑保障体系，努力实现渔业经济又好又快发展，为全面实现渔业现代化打下坚实基础。

主要成效：“十二五”是我国渔业快速发展的 5 年，也是渔业发展历史进程中具有鲜明里程碑意义的 5 年。渔业成为国家战略产业。国务院出台《关于促进海洋渔业持续健康发展的若干意见》(国发〔2013〕11 号)，召开全国现代渔业建设工作电视电话会议，提出把现代渔业建设放在突出位置，使之走在农业现代化前列，努力建设现代化渔业强国。渔业综合实力迈上新台阶。养殖业、捕捞业、加工流通业、增殖渔业、休闲渔业五大产业蓬勃发展，现代渔业产业体系初步建立。水产品总产量达到 6 700 万 t，养捕比例由“十一五”末的 71∶29 提高到 74∶26。全国渔业产值达到 11 328.7 亿元，渔业增加值达到 6 416.36 亿元，渔民人均纯收入达到 15 594.83 元，水产品人均占有量为 48.65 kg，水产品进出口额达到 203.33 亿美元，贸易顺差为 113.51 亿美元。强渔惠渔政策力度加大。“十二五”期间，中央渔业基本建设投资达 157.51 亿元，财政支持资金达 1 290.52 亿元，分别比“十一五”期间增长了 4.15 倍和 1.54 倍。启动实施“以船为家渔民上岸”安居工程和渔船更新改造工程。渔业油价补贴政策改革取得了重大突破。渔业生态文明建设成效明显。渔业生态环境修复力度不断加大，人工鱼礁和海洋牧场建设得到加强，增殖放流效果显著。新建国家级水产种质资源保护区 272 个，总数达到 492 个。新建国家级水生生物自然保护区 8 个，总数达到 23 个。海洋伏季休渔和长江、珠江禁渔期制度顺利实施。渔业科技支撑不断增强。渔业科技与推广投入大幅增加，渔业科技创新、成果转化能力增强。“十二五”期间，渔业科技共获得国家级奖励 11 项，省部级奖励 300 余项，审定新品种 68 个，发布实施渔业国家和行业标准 291 项。渔业科技进步贡献率达 58%。依法治渔能力显著提升。清理整治“绝户网”和打击涉渔“三无”船舶专项行动取得了积极进展，取缔涉渔“三无”船舶 1.67 万艘、违规渔具 55 万张(顶)。渔业法制建设得到进一步加强，《中华人民共和国渔业法》启动修订。渔业安全保障水平逐步提高。“平安渔业示范县”和“文明渔港”创建活动深入开展，水产品质量安全持续稳定向好，产地水产品抽检合格率稳定在 98%以上，没有发生重大水产品质量安全事件。渔业“走出去”步伐加快。2015 年全国远洋渔船达到 2 512 艘，远洋渔业产量为 219 万吨，船队规模和产量居世界前列。国际合作成果丰富，积极参与国际规则制定，加入南太平洋、北太平洋等区域性公海渔业资源养护和管理公约，国际渔业权利得到巩固；周边渔业关系和渔业秩序保持稳定，中日、中韩、中越周边协定继续顺利执行；双边渔业合作进一步拓展。

6. “十三五”(2016~2020 年)渔业发展的指导思想与发展目标

指导思想：深入贯彻落实党的十八大和十八届三中、四中、五中、六中全会精神及习近平系列重要讲话精神，牢固树立创新、协调、绿色、开放、共享的发展理念，以提质增效、减量增收、绿色发展、富裕渔民为目标，以健康养殖、适度捕捞、保护资源、做强产业为方向，大力推进渔业供给侧结构性改革，加快转变渔业发展方式，提升渔业生产标准化、绿色化、产业化、组织化和可持续发展水平，提高渔业发展的质量效益和竞争力，走出一条产出高效、产品安全、资源节约、环境友好的中国特色渔业现代化发展道路。

发展目标：到 2020 年，渔业现代化水平迈上新台阶，渔业生态环境明显改善，捕捞强度得到有效控制，水产品质量安全水平稳步提升，渔业信息化、装备水平和组织化程度明显提高，渔业发展质量效益和竞争力显著增强，渔民生活达到全面小康水平，沿海地区、长江中下游和珠江三角洲地区率先基本实现渔业现代化，提质增效、减量增收、绿色发展、富裕渔民的渔业转型升级目标基本实现，养殖业、捕捞业、加工流通业、增殖渔业、休闲渔业协调发展，以及第一产业、第二产业和第三产业相互融合的现代渔业产业体系基本形成。

1）产业发展目标。近海过剩产能得到有效疏导，内陆重要江河捕捞逐步退出，近海和内陆大水面养殖强度逐步降低，结构性过剩品种有效调减，名特优品种适度发展，养殖结构更加优化。产业链不断延长，价值链逐步提升，渔业比较优势和综合效益日趋凸显。水产品总产量为 6 600 万 t。国内捕捞产量实现“负增长”，国内海洋捕捞产量控制在 1 000 万 t 以内。远洋渔业产量为 230 万 t。渔业产值达到 14 000 亿元，增加值为 8 000 亿元，渔业产值占农业总产值的 10%左右。

2）绿色发展目标。海洋渔业资源总量管理制度全面实施，近海捕捞强度逐步压减，全国海洋捕捞机动渔船数量、功率分别压减 2 万艘、150 万 kW，渔业资源衰退趋势得到初步遏制。重要渔业水域得到有效保护，重点渔场生态功能逐步恢复，部分经济鱼类和珍稀濒危水生野生动物保护取得了阶段性成效，新建国家级海洋牧场示范区 80 个，国家级水产种质资源保护区达 550 个以上，省级以上水生生物自然保护区数量达 80 个以上。工厂化和池塘循环水养殖水平不断提高，养殖废水逐步实现达标排放，渔业可持续发展水平不断提高。

3）质量效益目标。区域布局基本匹配资源承载能力，产品结构基本满足消费升级需求，产业结构更加适应转型升级需要，要素配置基本符合产业发展方向，渔业生产组织化和产业化水平不断提高，规模经营主体基本实现标准化生产，新创建水产健康养殖示范场 2 500 个以上、健康养殖示范县 50 个以上，健康养殖示范面积达到 65%。水产品质量安全追溯体系逐步建立，水产品质量安全水平稳步提升，产地水产品抽检合格率在

98%以上。重大水生动物疫情得到有效控制。

4）富裕渔民目标。支渔惠渔政策力度日益加强，渔业保险覆盖范围得到扩展，渔民人均纯收入比2010年翻一番。渔民上岸安居工程顺利完成，长江“退捕上岸”启动实施，贫困渔民全部建档立卡，综合保障程度显著提高，现行标准下渔业贫困人口全面脱贫，贫困地区渔民人均可支配收入增长幅度高于全国平均水平。

三、中国渔业发展趋势

1. *未来发展的几个主要原则*

1）坚持生态优先，推进绿色发展。妥善处理好生产发展与生态保护的关系，将发展重心由注重数量增长转到提高质量和效益上来。以渔业可持续发展为前提，严格控制捕捞强度，养护水生生物资源，大力发展生态健康养殖，改善水域生态环境。

2）坚持创新驱动，实现科学发展。全方位推进渔业科技创新、管理创新、制度创新、体制机制创新。以体制机制创新为动力，统筹推进渔业各项改革。着力提升渔业科技自主创新能力，推动渔业发展由注重物质要素向创新驱动转变。

3）坚持“走出去”战略，推进开放发展。深入实施渔业“走出去”战略，规范、有序地发展远洋渔业，延长和完善产业链，大力推进水产养殖对外合作，提高利用“两种资源、两个市场、两类规则”的能力。加强双多边渔业合作，参与国际渔业规则的制定，提高我国的国际话语权，不断提升我国渔业的国际竞争力。

4）坚持以人为本，推进共享发展。将渔业安全放在更加突出的位置，保障人民的生命财产安全。以维护渔民权益与增进渔民福祉为工作的出发点和落脚点，尊重渔民经营自主权和首创精神，激发广大渔民群众的创新、创业和创造活力，培育渔业新型经营主体，让渔民成为渔业现代化的参与者与受益者。

5）坚持依法治渔，强化法治保障。完善渔业法律法规体系，用法治破解渔业发展管理中的难题。加强渔政执法队伍建设，严格渔政执法，不断提高依法行政水平，维护渔业生产的秩序和公平正义，为渔业稳定、健康发展提供强有力的法律保障。

2. *未来渔业发展需要解决的主要问题*

中国渔业在近几十年中取得了迅速发展，走出了一条具有中国特点的渔业发展道路。改革开放的不断深入和扩大，社会主义市场经济体制的不断完善，国际海洋制度的大幅度调整，都直接影响着中国渔业今后的发展方向。为此，中国渔业在今后的发展过程中需要重视和解决的主要问题如下。

1）加快渔业科技创新和技术推广体系建设。提高水产养殖、水产品精深加工与综合利用技术、现代远洋渔业综合配套技术、水域环境修复等重点领域的自主创新能力。强化国家级水产科学研究机构和渔业高校在渔业科技创新方面的引领功能，形成产、学、研相结合的新型科技创新体系。强化推广机构的公益性职能，积极稳妥地推进水产技术推广体系改革。

2）推进资源节约、环境友好型渔业建设。促进水产养殖增长方式的转变。科学确定养殖容量，制定合理的水域滩涂资源利用方案；按照资源节约、环境友好和循环经济的发展理念，提升水产养殖综合生产能力；提高水资源利用率，改善渔业水域环境。压缩捕捞强度，强化渔船管理，实施近海渔民转产转业工程，合理开发利用近海渔业资源。

3）调整产业结构，促进渔业经济产业优化升级。推广健康养殖技术，建设现代水产养殖业。完善养殖配套管理制度和运行机制，努力做到资源配置市场化、区域布局科学化、生产手段现代化、产业经营一体化，加快产业优化升级，提高水产养殖集约化发展水平。构建发达的水产品加工物流产业。拓展发展领域，提升渔业附加值。重点引导发展渔业第二、第三产业，特别是要扶持水产品深加工和物流业，促进渔业产业链向产前、产后延伸，提高渔业附加值和整体效益；进一步拓展渔业的粮食安全保障功能、水生生态修复功能、休闲娱乐和生物保健功能，重点发展集观赏、垂钓、旅游为一体的都市休闲渔业，培育面向国际市场的观赏鱼产业，打造人与自然和谐、都市与乡村融合的多功能、市场化、精品化的渔业产业群，实现渔业的全面发展。

4）坚持对外开放，发展外向型渔业。积极扩大水产品对外贸易。围绕日本、美国、欧盟等发达国家的水产品市场需求，按国际标准组织生产与管理，完善养殖、加工、出口的产业链条，培育主导出口水产品，发展具有自主知识产权的自主品牌的水产品加工产业；建立水产品质量安全的长效管理机制，努力提高应对各类贸易壁垒的能力；积极参与国际贸易谈判和国际贸易公约的制定，争取国际贸易的主动权。继续推进远洋渔业结构的战略性调整，积极发展过洋性渔业，加快开拓大洋性渔业。

5）全面实施水生生物资源养护行动计划。实施渔业资源保护与增殖行动；实施水生生物多样性和濒危水生野生动植物保护行动；实施水域生态保护与修复行动。

6）构建平安渔业，提高渔业安全保障水平。健全法律法规体系，强化渔业安全培训；落实渔业安全生产责任制；建立渔业安全应急救援体系；建立渔业政策性保险制度。

3. 未来渔业发展的重点任务

（1）转型升级水产养殖业

1）完善养殖水域滩涂规划。科学划定养殖区域，明确限养区和禁养区，合理布局海水养殖，调整优化淡水养殖，稳定基本养殖水域，科学确定养殖容量和品种。

2）转变养殖发展方式。压减低效、高污染产能，大力发展节水减排、集约高效、种养结合、立体生态等标准化健康养殖。优化养殖品种结构，调减结构性过剩品种，发展适销对路的名特优品种、高附加值品种、低消耗低排放品种。加强品种创新和推广，构建现代化良种繁育体系，培育一批育、繁、推一体化的种业企业，提高良种覆盖率。积极推广全价人工配合饲料，逐步替代冰鲜幼杂鱼。引导和鼓励养殖节水减排改造，制定养殖生产环境卫生条件和清洁生产操作规程，逐步淘汰废水超标排放的养殖方式。

3）推进生态健康养殖。深入开展健康养殖示范场、示范县创建活动。积极发展工厂化循环水养殖、池塘工程化循环水养殖、种养结合稻田养殖、海洋牧场立体养殖和外海深水抗风浪网箱养殖等生态健康养殖模式。大力推广工厂化循环水养殖设施设备，加强深远海大型养殖平台、养殖废水净化设备、浅海滩涂养殖采收机械等的研发和推广应用，提升水产养殖精准化、机械化生产水平。

（2）调减控制捕捞业

1）优化捕捞空间布局。调减内陆和近海，逐步压减国内捕捞能力，实行捕捞产量负增长，逐步实现捕捞强度与渔业资源可捕量相适应。优化海洋捕捞作业结构，逐步压减“双船底拖网、帆张网、三角虎网”等对渔业资源和环境破坏性大的作业类型。积极推进长江、淮河等干流、重要支流、部分通江湖泊捕捞渔民退捕上岸。

2）严格控制捕捞强度。切实加大捕捞渔民减船转产力度，执行海洋渔船“双控”制度，严厉打击涉渔“三无”船舶，逐步压减海洋捕捞渔船数量和功率总量。创新渔船管理机制，加强渔船分类分级分区管理，进一步完善捕捞作业分区管理制度。积极推动渔具准用目录的制定，严厉打击“绝户网”等违法违规渔具。

（3）推进第一产业、第二产业、第三产业融合发展

1）推进水产加工业转型升级。积极发展水产品精深加工产业，加大低值水产品和加工副产物的高值化开发和综合利用，鼓励加工业向海洋生物制药、功能食品和海洋化工等领域延伸。推进水产品现代冷链物流体系平台建设，提升从池塘、渔船到餐桌的水产品全冷链物流体系利用效率，减少物流损失，有效提升产品品质。稳定并发展来料加工产业，提高水产品的附加值。

2）加快水产品品牌建设。加强渔业品牌建设，积极推进公共品牌认定，加大品牌保护，提升渔业品牌的竞争力。建立和完善水产品品牌评价认定、品牌促进、品牌保护和品牌推广体系，制定科学合理的评价标准和认定办法，组织开展一系列品牌宣传、推广和保护活动。鼓励水产品企业全方位、多层次地推动自主品牌建设，开展水产品国际认证，培育一批国际竞争力强的自主品牌，提升水产品外贸企业的形象和竞争力，扩大出口市场份额。鼓励和支持企业积极参加国内外举办的各种水产品贸易博览会，扩大中国水产品的影响。

3）发展新型营销业态。鼓励发展订单销售、电商等销售模式。加强方便、快捷的水产加工品开发研究，拓展水产品功能，引导国内水产品市场消费，推动优质水产品进超市、进社区、进学校、进营房。

4）积极发展休闲渔业。加强渔业重要文化遗产开发保护，鼓励有条件的地区以传统渔文化为根基，以捕捞和生态养殖水域为景观，建设美丽渔村。加强休闲渔业规范管理和标准建设，深入开展休闲渔业品牌示范创建活动。大力发展休闲渔船及装备，加强和规范休闲渔船及装备的检验和监督管理。积极培育垂钓、水族观赏、渔事体验、科普教育等多种休闲业态，引导带动钓具、水族器材等相关配套产业的发展，推进发展功能齐全的休闲渔业基地，促进休闲渔业产业与其他产业融合发展。

（4）大力养护水生生物资源

1）强化资源保护和生态修复。建立和实施海洋渔业资源总量管理制度，开展限额捕捞试点。完善并严格执行海洋伏季休渔、长江禁渔、珠江禁渔等制度。加强渔业水域生态环境监测网络建设，建立健全渔业资源生态补偿机制，监督落实补救措施。积极推进水生生物自然保护区和种质资源保护区建设，强化和规范保护区管理，切实保护产卵场、索饵场、越冬场和洄游通道等重要渔业水域。

2）加强长江水生生物保护。实施中华鲟、江豚拯救行动计划，修复中华鲟、江豚的关键栖息地与洄游通道，建立迁地保护基地和遗传资源基因库。开展长江流域捕捞渔民转产转业工作，推进渔民“退捕上岸”，逐步减小捕捞强度，推动长江全面禁渔。加快划定长江重要渔业水域生态红线，加强生态红线内涉水工程和水域污染事故查处。

3）发展增殖渔业。制定增殖渔业发展规划，科学确定适用于渔业资源增殖的水域滩涂。加大增殖放流力度，加强增殖放流苗种管理，开展增殖放流效果评估，强化监管，确保增殖放流效果。积极推进以海洋牧场建设为主要形式的区域性综合开发，建立以人工鱼礁为载体，以底播增殖为手段，以增殖放流为补充的海洋牧场示范区。推进以鱼净水，促进湖库渔业转型升级和生态环境修复协调发展。

4）加强水生野生动植物保护。建立救护快速反应体系，及时对水生野生动植物进行救治、暂养和放生。制定重点濒危水生生物保护计划，加大中华白海豚、斑海豹等极度濒危水生野生动物的保护力度，实施专项救护行动。强化水生野生动植物栖息地保护，科学开展繁殖增殖，规范合理利用，严厉打击破坏水生野生动植物资源的行为。

（5）规范、有序发展远洋渔业

1）优化远洋渔业产业布局。控制远洋渔船总体规模，稳定公海捕捞，巩固提高过洋性渔业，积极开发南极海洋生物资源。

2）提升远洋渔业竞争力。鼓励远洋渔业企业通过兼并、重组、收购、控股等方式做大做强，提高企业的规范化管理水平和社会认知度，培育壮大一批规模大、实力强、管理规范、有国际竞争力的现代化远洋渔业企业。促进远洋捕捞、加工、物流业的相互融合和一体化发展，构建远洋渔业全产业链和价值链。加大市场开发力度，培育和打造远洋渔业的知名品牌。加强远洋渔业综合基地建设，夯实远洋渔业后勤保障能力。

3）积极开展水产养殖国际合作。发挥我国水产养殖的技术优势，引导产业化龙头企业、远洋渔业企业，通过租赁水域、援建水产养殖设施、开展渔业技术合作等方式，加强与东南亚、中南美、非洲等地区及“一带一路”沿线国家的合作，建设水产养殖基地。鼓励科研院所、大专院校积极开展对外水产养殖技术示范推广，完善技术输出服务体系。

（6）提高渔业安全发展水平

1）加强安全生产管理。按照“安全第一、预防为主”的方针，全面落实安全生产责任制。完善渔业安全“网格化管理”办法，建立健全纠纷调解机制。深入开展“平安渔业示范县”“文明渔港”创建和渔业安全生产大检查活动，逐步推行渔业安全社会化管理。加强渔业安全应急管理体系建设，完善渔业安全应急预案，开展渔业海难救助演练。积极引导渔船编队生产，鼓励渔船开展相互支援和自救互救。加快建设渔船信息动态管理和电子标识系统，尽快普及配备渔船救生筏、船舶自动识别系统、卫星监控系统、渔船通信设备等安全设施。

2）确保水产品质量安全。坚持产管结合，推动属地管理责任、部门监管责任和生产经营者主体责任落实。加强水产品质量安全源头保障，规范养殖用药行为，推行水产健康养殖和标准化生产，推进“三品一标”认证工作。严打违禁药物使用，继续开展产地水产品质量安全监督抽查，就突出问题开展专项整治行动。强化水产品质量安全风险评估、监测预警和应急处置工作，推进水产品质量安全可追溯体系建设。

3）加强水生生物安全。强化水生动物防疫体系建设，加快建立渔业官方兽医制度，推进水产苗种产地检疫和监督执法。做好渔业乡村兽医备案和指导工作，壮大渔业执业兽医队伍。加强重大水生动物疫病监测预警，完善疫情报告制度。推进创建无规定疫病水产苗种场。加强病死水生动物无害化处理，提高重大疫病防控和应急处置能力。

思考题

1. 简要描述中国渔业在国民经济中的地位和作用，以及其在世界渔业中的影响。
2. 简要描述中国沿海的自然环境特点和其与渔业资源分布的关系。
3. 简要描述中国主要内陆河流流域自然环境特点及其与渔业资源分布的关系。
4. 简要描述中国渔业的发展现状。
5. 简要描述中国渔业发展中存在的主要问题。
6. 中国渔业为什么要向生态渔业转变？

第五章　主要渔业学科概述

第一节　捕 捞 学 概 述

一、捕捞学概念及其研究内容

1. 基本概念

捕捞学(Piscatology)根据捕捞对象种类、生活习性、数量、分布、洄游,以及水域自然环境的特点,研究捕捞工具、捕捞方法的适应性、捕捞场所的形成和变迁规律的应用学科。捕捞学是渔业科学分支之一,与水产资源学、海洋学、气象学等学科有着密切的联系。

2. 研究内容

渔捞业是渔业的重要组成部分。捕捞是最古老的生产活动,伴随着人类的自然资源的狩猎活动就产生了对鱼类的捕捞。现代渔业中的捕捞业,主要是直接捕获自然界中的鱼类等水生生物资源,由于它的经济特点,作为一种产业将会长期存在。

捕捞作为生产活动,涉及捕捞工具的设计制造、对渔业资源与渔场的了解和把握,需要渔船设计制造、冷冻冷藏等许多工程技术的支持,还涉及船队管理和市场营销等经济管理等活动。因此,捕捞业的科技支撑,从学科的角度来分析有捕捞学、渔业资源学以及水产品加工冷藏学等。

捕捞学按研究内容可分为:① 渔具学,研究捕捞工具设计、材料性能、装配工艺等。可分为研究渔具原材料和有关构件的物理、机械特性的“渔具材料学”,研究渔具装配工艺设计与技术的“渔具工艺学”,研究渔具及其构件的静力和水动力特性的“渔具力学”,以及研究渔具设计和选择性的“渔具设计学”。② 渔法学,研究鱼群探索技术、诱集和控制群体技术、中心渔场探索、渔具作业过程中的调整技术、捕鱼自动化等。③ 渔场学,亦称“渔业海洋学”,研究渔场形成和变迁的机制,以及渔况变动规律的应用学科。涉及海洋环境与鱼类行动之间的关系,鱼群侦察和渔情预报等。

从学科关系来看,渔具学和渔法学是以鱼类行为学、渔具力学为主要基础,而渔具力学是以理论力学、材料力学、流体力学、弹性力学和结构力学等为基础。鱼类行为学涉及鱼类学、鱼类生理学、行为学及许多现代科学。渔场学涉及鱼类生理学、环境科学、气象学、海洋学、鱼类行为学、统计学等。

二、捕捞学研究现状

1. 捕捞业的重要性以及可持续发展

捕捞业是全球渔业的主要组成部分,捕捞产量主要来自海洋。海洋渔业为人类提供了大量、优质、廉价的蛋白质,创造了可观的经济效益和社会效益。但是,由于经济和管理等方面的原因,全球的捕捞能力增长很快,过度捕捞给渔业资源带来沉重的压力,加上气候变动,促使大多数经济鱼类资源衰竭。严酷的现实迫使人们对渔业资源的生物特点和渔业经济规律进行研究,探求科学的管理办法和技术支撑,合理利用水生生物资源,实现海洋渔业的可持续发展。

2. 捕捞学与科学技术

渔业发展的历史表明,科技进步对海洋渔业产生过广泛而深刻的影响。例如,造船工业的发展和船舶动力化,使海洋渔业的活动范围逐渐由沿岸水域,向近海、外海,以及远洋深海拓展。与此同时,海洋渔业产业结构、生产方式的内涵也发生深刻变化。从依靠人力或风力的小船,在沿海水域进行日出晚归的捕捞作业,发展到在远离基地港的深海远洋进行周年生产。目前,代表现代渔业的是大规模工业化生产的、专业化分工的、组织管理复杂的远洋渔业船队,如大型拖网加工船、大型光诱鱿鱼钓船、超低温金枪鱼钓船和金枪鱼围网船船队等。远洋渔业的生产活动体现了科学技术的高度集成,而这种生产活动是在20世纪50年代以后,在科学技术的发展下才得以实施。

主要作业方式有拖网、围网、钓捕、张网和笼壶等定置渔具,以及流刺网等。① 拖网是目前最为普遍使用的渔具,由渔船拖曳滤水的袋型网具,鱼虾类等水生生物被网片滞留在网囊中而被捕获。拖网属主动性渔具,具有较高的生产效率。作业方式有单船和双船拖曳一顶网具,在底层或中水层进行捕捞作业。大型中层拖网的网口面积近1 000 m^2,作业时每小时过滤水体可达500万 m^3,网次产量可达几十吨。大型中层拖网加工船舶适应无限航区,可以全年在海上连续作业。② 围网是一种空间尺度大的渔具,网长为800~1 200 m,网具作业高度为100~200 m。作业时,网衣在水体中先形成圆柱状,而后因底部纲索被绞收,故整个网衣呈碗状,围捕水体达2 200万 m^3。主要捕捞集群性鱼类,如鲐鱼、鲱鱼等,一网可围捕几百吨渔获物。③ 延绳钓是钓捕的主要作业方式,主钓线可以长达几公里,悬挂许多支线,可挂有几千个钓钩。一般采用自动化装饵投钓机和起钓机进行作业。主钓线以水平方向进行投放作业的主要有金枪鱼延绳钓。此外,还有垂直延绳钓,如鱿鱼钓,许多钓钩串接在主钓线上,作业时,钓钩垂直投入水体并下降到一定水层,而后连续上下运动。运动的钓钩能引诱鱿鱼上钩。大型钓船往往装备几十台自动鱿鱼钓机,配有几十盏2 000瓦的诱鱼灯,光线穿越水体,形成光场。利用鱿鱼喜光的习性,诱集成群,提高捕捞效率。④ 大型流刺网是利用鱼类穿越网目时,被网目限制或网衣钩挂而捕获。网长达十几公里,一般配备流网起放网机等专门机械,可进行连续作业。刺网有定置刺网和流刺网之分。定置刺网一般用锚或重物固定在海底，保持在一定水层进行作业，多半在浅水区作业。流刺网则通过带网纲与渔船相连接，一起随波逐流。刺网属被动式渔具。定置网中还有张网、陷阱网、落网、扳缯网等。按鱼类习性和运动能力，渔具设计成使捕捞对象会“自投罗网”，属被动式网具。

捕捞业，作为一种商业性生产活动，众多的科技成果对它的发展起到促进作用。综观科技对捕捞业的影响，尤其是18世纪工业革命以来，蒸汽机与机械化、人造合成纤维和超声波探测仪器三项科技发明对现代海洋渔业产生革命性影响，使捕捞业获得空前的发展。海洋捕捞业发展也促进了造船、电子、机械、化工工业、冷冻工程、食品加工等工业的发展。长期的密切配合，已形成相互关联的产业链，形成专门化，如渔船建造、渔业电子和机械仪器、水产品化学和冷藏、水产品加工等专业领域，又进一步支持海洋捕捞业的发展。历史的经验表明，积极主动地将先进的科技成果引进到渔业中，是促进渔业发展的重要途径。除了上述引起海洋渔业革命性发展的三大科技成果以外，还有许多重要的科技成果对海洋渔业和捕捞业的发展产生积极的作用。例如，大型工厂化加工拖网船与平板速冻机，大型双甲板尾滑道拖网加工船是现代渔业中的一项重要的发明，它是将捕捞作业、加工生产、冷冻贮藏、运输航行等功能集成在一艘船上，成为海上加工工厂。船舶的性能设计成无限航区，续航力大大延伸，可以周游全球各海区进行全年作业。通过海上补给加油、海上过载等，使捕捞渔船可长时间地在海上连续作业。这些活动又需要结构合理的船队支持，以及发达的通信技术和海上装卸手段，以适应各种气候海况，保证安全作业。

在渔业生产和渔业科学研究中，需要对渔具作业状态、鱼群行动和行为反应等进行观察，但是，在浩大的海洋中，要进行观察不是一件容易的事。从观察技术的分类有在生产作业现场的空中观察和水下观察，以及在实验室进行的观察，例如飞机空中侦察等。

为了提高捕捞生产的效益，或对捕捞对象进行选择性捕捞，达到渔业资源可持续利用，捕捞生产工具必须适应鱼类的行为反应和生产环境，研究开发出对生态友好的渔具渔法。

3. 捕捞学的发展历程

由于不同的历史时期对于海洋渔业资源开发利用的需求不同，世界海洋渔业资源的开发利用经历了从追求渔获数量，到追求选择性开发，重视节能、高效、生态友好的负责任捕捞的发展历程。我国的海洋捕捞渔业也经历了从追求“产量增长”到“零增长”和“负增长”，从捕捞产量“量增长”到“质增长”的发展历程。捕捞学为了适应形势的发展，相应地经历了如下四个发展阶段。

（1）第二次世界大战前，学科发展积累阶段

蒸汽机渔船的应用和机械化。蒸汽机的发明，引起了第一次工业革命。各个领域迅速推进机械化和动力化，生产效率迅速提高，产业得到飞跃发展。其中，蒸汽机使铁路交通成为现实，大大开拓市场，促进了消费和经济发展，也促进了对水产品的消费和

需求。科技人员又研发了单船尾拖网渔具和水动力网板,替代了固定框架的桁拖网,扩大了拖网的网口和扫海面积。1925 年日本学者田内森三郎博士出版《渔捞物理学》开创了渔具力学研究方向。

(2) 第二次世界大战后(1946 年)至 1975 年,学科与工程技术密切结合综合发展阶段

技术创新,降低渔具阻力,瞄准捕捞、高效捕捞技术应用。人造合成纤维(网具规格扩大、耐用等优点)应用;渔业机械化;声呐技术、探鱼仪、无线电通信导航技术的应用;渔具技术(中层拖网、大网目渔具和绳索网、短袖拖网)创新;造船技术(大型工厂化加工拖网船与平板速冻机)发展;鱼类行为学、渔具设计理论等研究取得突破;开始研究声光电辅助渔法。全球的捕捞能力增强很快,加上气候变动,使大多数经济鱼类资源衰退。严酷的现实迫使人们对渔业资源的生物特点和渔业经济规律进行研究,探求科学的管理办法和技术支撑,合理利用水生生物资源,实现海洋渔业的可持续发展。

(3) 1975~1999 年,学科与可持续发展、资源养护等理念密切结合发展阶段

提出选择性捕捞,对环境和生态系统的保护成为渔业学科研究的重要方向。鱼类行为学研究取得突破;建立渔具选择性理论并应用;渔具渔法学得到发展,网位监控技术和深水捕捞技术(1 500~2 000 m)得到应用。为了保护渔业资源,渔业管理越趋严格,对渔具的选择性提出更高的要求,研究工作深入到鱼类对网线的颜色、粗细,钓钩的形状和尺寸的反应,网片的结构和网目形状、尺寸的渔获性能,以及在水中作业环境中的可见性等鱼类对渔具结构的行为反应。研究工作涉及渔具类型选择性、渔具结构选择性、捕捞对象选择性、网目选择性等。

(4) 2000 年至今,学科与生态、环境等学科密切结合发展阶段

提出负责任捕捞、均衡捕捞的理念,开发对环境和生态友好的捕捞技术成为学科发展的重要关注点。提出捕捞渔业应该对生态环境负责、对生物资源负责、对生物多样性负责、对人类生存负责、对社会经济负责、对可持续发展负责。开发减轻拖网对海底生物栖息地损害的技术;开发拖网渔获物以活体销售的技术;开发节能技术;开发生物可降解渔具材料;开发投网之前确定鱼群的种类和规格的技术;进一步开发深海和极地捕捞技术;开发高效捕捞技术,应用卫星遥感技术(渔情预报系统、船位监控系统、生产管理指挥系统);大数据、人工智能技术和物联网技术在渔业中的推广应用。

三、捕捞学的发展趋势

1. 捕捞学面临的挑战

(1) 捕捞作业应该对生态环境友好

要求捕捞作业减少对生物赖以生存的海底栖息地的影响、对濒危物种的影响;采用均衡捕捞的策略;减少废弃的渔具等产生的海洋垃圾和微塑料;减少渔获物海上丢弃;减少二氧化碳排放量。

（2）捕捞作业应该节能和高效

要求捕捞作业降低渔船、网具的阻力；降低光诱渔业渔船灯光能耗；减少在海上寻找鱼群的时间。

（3）5G时代人工智能装备开发、大数据和物联网技术在捕捞渔业中的推广应用

要求捕捞作业过程中利用5G技术和大数据技术开发人工智能装备，做到渔船、渔具的智能控制和匹配，根据渔获物的行为和数量智能控制渔船、渔具和起放网时间。利用物联网技术控制渔获物的质量并做到产品溯源。

2. 捕捞学的发展

（1）基础理论研究

1）渔具力学：渔具数值模拟和作业性能仿真速度和精度提高；渔具作业实时、智能控制理论建立；模型试验和测试方法改进；渔具数值模拟、海上实测验证、模型试验验证三者有机结合、互相佐证。

2）鱼类行为学：进一步开展鱼类视觉、游泳能力、听觉研究，建立数学模型；研究鱼类对声光电的行为反应机理；研究鱼类诱集装置的诱集机理；鱼类行为学研究设备和技术开发。

（2）渔具设计

包括无损伤拖网网囊设计；渔获物监视、观察装置设计；减少渔具丢弃、丢失或废弃（ALDFG）的渔具设计；减少对环境和生态系统造成负面影响的渔具设计；鱼类诱集装置设计（减少鲨鱼、海龟等缠绕，采用生物可降解材料，诱集目标鱼种，驱离非目标鱼种幼鱼）。

（3）渔具选择性

确定最佳选择时机，提高鱼类通过选择性装置的概率，提高选择后成活率；体型相同物种的选择和分离；兼捕减少装置开发、应用。

（4）渔船装备和船舶设计

1）渔船装备：渔船装备趋向自动化、智能化、专业化；声光电捕鱼、取鱼技术得到开发应用；新光源的开发，光场分布更趋合理、节能。

2）船舶设计：开发专用渔船和辅助船只。根据捕捞对象、渔场、加工能力与市场、产品形式、船队结构、入渔方式等开发高度专门化的专用渔船，船型优化与标准化，如南极磷虾捕捞加工拖网渔船；开发灯光船、冷冻运输船。

（5）信息技术和遥测技术

开发生物资源立体探测与渔场解析技术；开发捕捞数字化管理系统；开发捕捞产品物联网技术；开发无人机探鱼技术。

（6）均衡捕捞的提出

均衡捕捞一词由“balancing/balanced exploitation”“balanced harvest”“balanced fishing”翻译而来，由于捕捞涉及资源、渔场、作业方式等方面的内容，不同研究领域对

“均衡捕捞”有着不同的理解。“balancing/ balanced exploitation”和“balanced harvest”是从生态学角度出发,研究重点是在海洋生态资源的开发利用对象,强调的是对生物资源的开发和收获。而“balanced fishing”是从渔具角度出发,强调的是开发利用生物资源的方式,如何使用合适的渔具渔法来充分利用所有渔获(包括兼捕和误捕),而不再出现死后丢弃或丢弃后死亡,产生资源的浪费。

“均衡捕捞”理念是指将捕捞压力(死亡率)分散到所有营养层次以确保维持不同物种、不同个体大小之间的营养关系的一种管理战略。均衡捕捞往往利用营养金字塔来表示,说明捕捞活动应如何在不同营养层次上进行,以便与相应的生产力水平保持正比。

渔业活动往往具有选择性,因为其目标通常是能产生最高经济收益的物种和(或)个体大小。此外,任何渔具都具有选择性,选择方式取决于其技术特性和配置方式。选择性出现在不同层次,比如,在捕捞作业中可以使用特定渔具类型来瞄准最想要的物种和个体大小,或者通过选择特定的个体大小和特定物种所在的渔场来实现这一目的。有选择性的捕捞行为可能会导致群落或生态系统中个体大小和(或)物种的构成出现改变。一些渔业活动以某一特定营养层次的物种(如磷虾、小型上层鱼类或顶层捕食者)为目标,因此会在不考虑对依附物种产生阶梯式影响的前提下取走生态系统中的一个组成部分,这也可以被视为生态系统层次上的一种选择性捕捞形式。证据表明,捕捞的种类和个体大小越分散,产量就越高,而相反,如果渔业活动无法均衡地影响不同营养层次,就可能会改变生态系统的结构,导致产量下降。

目前,人们认识到以“均衡”的方式开发利用海洋生态系统的重要性对于基于生态系统的渔业管理和渔业生态系统方法的发展均有着重要意义。人们也已经认识到有必要维持各营养层次的物种生物量或在不同营养层次维持不同个体大小的丰度,并就此开展了讨论。目前面临的主要挑战是将这些理念转化为渔业管理实践。

第二节　渔业资源学概述

一、渔业资源学的概念及其研究内容

渔业资源学也称“水产资源学”,是水产学的主要分支之一。在《中国农业百科全书》中,渔业资源学是指“研究可捕种群的自然生活史(繁殖、摄食、生长和洄游),种群数量变动规律、资源量和可捕量估算,以及渔业资源管理保护措施等内容,从而为渔业的合理生产、渔业资源的科学管理提供依据的科学”。《大辞海》(农业科学卷,2008 年出版)认为:“水产资源学是研究水产资源特性、分布、洄游,以及在自然环境中和人为作用下数量变动规律的学科。为可持续开发利用水产资源提供依据。主要包括研究水产资源生物学特性的水产资源生物学,研究评估水产资源开发利用程度的水产资源评估学,研究渔业资源开发利用与社会经济发展、资源最佳配置规律的渔业资源经济学等”。

随着学科的发展,渔业资源学的内涵也在不断延伸,因此可以认为,渔业资源学研究鱼类等种类的种群结构、繁殖、摄食、生长和洄游等自然生活史过程;研究鱼类等种类的种群数量变动规律,资源量和可捕量的估算,不同管理策略下种群数量变动规律及其不确定性;研究鱼类等种类的资源开发利用与社会经济发展、资源优化配置规律;以及研究渔业资源管理与保护措施等内容,从而为渔业的合理生产、渔业资源的科学管理提供依据的科学。

渔业资源学通常包括渔业资源生物学、渔业资源评估与管理、渔业资源经济学、渔业资源增殖学等内容。

二、渔业资源学的研究现状

以下对渔业资源生物学、渔业资源评估、渔业资源经济学等学科研究现状进行分析和介绍。

1. 渔业资源生物学研究现状

渔业资源生物学是研究鱼类资源和其他水产经济动物群体生态的一门自然学科,是生物学的一个分支。通常渔业资源生物学是指:“研究鱼类等水生生物的种群组成,以及以鱼类种群为中心,研究渔业生物的生命周期中各个阶段的年龄组成、生长特性、性成熟、繁殖习性、摄食、洄游分布等种群的生活史过程及其特征的一门学科。”

(1) 国内渔业资源生物学的发展现状

我国渔业历史悠久,距今5万多年前,就有采食鱼、贝的记录。中华人民共和国成立以后,国家有关部门和水产研究机构有组织地开展内陆水域和近海渔业资源调查工作。例如1953年,朱树屏等渔业资源专家首次系统地开展了对烟台-威海附近海域鲐鱼渔场的综合调查,研究了鲐鱼生殖群体的年龄、生长、繁殖和摄食等生物学特性及其与环境因子的关系。进入21世纪之后,类似近海渔业资源专项调查较少,更多地被近海渔业资源日常监测所替代。沿海海区研究所在国家和有关部门的统一协调与组织下,开展了长时间序列、覆盖面较广的近海渔业资源监测计划,这为全面掌握近海主要渔业资源生物学变化和资源状况提供了第一手资料。

与此同时,1985年我国开始发展远洋渔业。远洋渔业资源调查工作也同步开展,但多数是与生产渔船相结合进行的。例如,1993~1995年上海海洋大学与舟山海洋渔业公司、上海海洋渔业公司、烟台海洋渔业有限公司、宁波海洋渔业公司等联合,对西北太平洋海域的柔鱼资源进行探捕调查。2001年至今,国家相关部门每年组织渔业企业和科研单位,联合开展公海渔业资源探捕,对大洋性鱿鱼、金枪鱼、深海底层鱼类、秋刀鱼和南极磷虾等资源进行了探捕调查,对其捕捞种类的生物学、资源渔场分布、栖息环境等有了初步的了解,为我国远洋渔业的可持续发展提供了基础。

(2) 国外渔业资源生物学的发展

有记载的渔业资源生物学研究历史可追溯到1566年。Robert Hooke利用刚刚问世的显微镜观察鱼类鳞片的结构，在以后的很长时间里，鱼类鳞片鉴别一直是渔业资源生物学的主要研究内容。

随着研究手段和科学技术的日益进步，学科交叉不断深入，微化学和微结构技术得到应用，鱼类等年龄的鉴定采用微小的耳石等材料，通过耳石可以逐日跟踪耳石"日轮"生长，通过观察这些轮纹的分布，可帮助人们分析鱼类早期发育过程的日、周与季节生长的规律。同时利用耳石等硬组织的微量元素，分析其不同生长阶段的含量变化与水温等海洋环境因子的关系，以此来推测鱼类等的生活史过程和种群组成等。

与此同时，人们在渔业资源生物学的各个方面都进行了深入研究，以及与分子生物学、生理学、生物能量学和环境科学等进行交叉渗透，促进了渔业资源生物学的发展，也形成了一些新兴学科和研究领域的发展，如鱼类分子系统地理学，鱼类繁殖策略及其环境因子影响，气候变化对鱼类种群的影响等。

种群是渔业资源生物学研究的重要内容，也是研究的基础和难点，因此，有关种群鉴定与判别的技术发展迅速。近期主要经典著作有：① 由 Miriam Leah Zelditch，Donald L. Swiderski 和 H. David Sheets 共同编著的 *Geometric Morphometrics for Biologists*（2012 年出版），该书系统阐述了几何形态学及其在鱼类等种群鉴别方面的应用。② 由 Steven X. Cadrin，Lisa A. Kerr 和 Stefano Mariani 共同编著的 *Stock Identification Methods: Applications in Fishery Science*（2014 年出版），该书比较系统地介绍了目前世界上对种群鉴定的研究方法，特别是一些新技术和新方法的发展，如分子生物学、微化学、图像识别技术、标志放流技术等的最新研究成果，多学科的交叉促进了种群鉴别技术的发展，丰富了渔业资源生物学的研究内容和技术体系。

2. 渔业资源评估发展现状

渔业资源评估基于科学调查、渔业捕捞等数据，利用渔业资源评估模型，估算渔业与种群相关参数，以回溯种群和渔业捕捞历史，评估渔业活动、渔业管理对资源的影响，并对渔业资源发展趋势进行预测和风险分析。因此，渔业资源评估是渔业资源科学管理的基础。

随着计算机能力的提高，以及在多学科交叉的推动下，渔业资源评估模型在过去三十多年得到了快速发展。评估模型不断被拓展，其能利用各种数据源更真实地描述种群动态。参数估计方法更加多样化，参数估计的不确定性量化更加完善，管理策略的效果评估也更加全面。随着渔业资源评估模型日益复杂、多样化，模型选择及其使用难度也相应增大了，而模型的不恰当运用则可能导致渔业资源管理的失误。

大多数渔业资源评估模型通常由 4 个子模型构成：① 种群动态模型（population dynamics model），即根据种群生活史特征与渔业过程，模拟种群动态变化；② 观测模型（observation model），即建立观测数据（如渔获量、资源指数等）的预测模型；③ 目标函数（objective function），根据观测变量的误差结构假设与先验信息定义目标函数，通过对目标函数的最小化或最大化来获得参数估计；④ 投影或预测模型（projection model），即利用参数值及相关管理控制规则，分析一定期间内种群的动态变化，以评估管理效果和风险。不同评估模型的种群动态模拟、观测模型构建、参数化方式和参数估计方法等存在差异。

渔业资源评估模型主要包括单物种渔业资源评估模型、多物种渔业资源评估模型、基于生态系统的渔业资源评估模型等。目前，用于渔业资源评估与管理的模型仍以单物种模型为主。但随着计算机能力与相关软件的开发，该类模型日益多样化、复杂化。由于各模型的假设与数据需求不同，模型评估效果的差异并不一定说明模型本身的优劣。因此，应研究各模型的评估对象和数据需求特点，总结使用经验、教训，以提高使用评估模型和方法的能力，并进一步完善模型，确保研究者能使用最恰当的模型为渔业资源的评估与管理提供建议。同时，应利用多物种评估模型，基于生态系统的渔业资源评估模型提供的数据、知识或理论，提高单物种评估模型的评估、管理质量，并结合渔业数据、假设等方面的不确定性，对管理规则等进行管理策略评价，以规避管理风险。

随着基于生态系统的渔业资源管理成为渔业管理的方向，掌握种间关系，理解环境、气候变化及人类活动对渔业生态系统的影响，是今后渔业资源评估模型所要研究的重要内容，是建立基于生态系统的渔业资源管理的基础。通过海洋物理-生物过程的耦合，可了解鱼类早期的生命史及其对补充的影响；通过建立栖息地模型，利用海洋遥感等海洋观测数据及物理海洋模型同化数据，可分析海洋环境变化对种群空间分布的影响；通过建立基于食物网的数量、能量平衡模型，可理解或预测生态系统中的能量转化过程，以及不同营养级种群间的捕食和竞争等营养关系；而物理-生物-渔业过程的耦合将进一步促进基于生态系统的渔业资源评估模型的发展。这类模型将是未来渔业资源评估模型的发展方向，并随着多学科交叉及日益丰富的观测数据的发展，该类模型在渔业资源评估与管理中的应用将会不断深入。

3. 渔业资源经济学发展现状

渔业资源经济学研究的客体是渔业资源及其开发利用。但渔业资源经济学并不研究渔业资源系统及其开发利用中的自然规律和技术体系，而是研究资源及其开发利用过程中，人与渔业资源之间的相互关系，并阐明这些相互关系的客观规律，即渔业资源经济规律。因此，渔业资源经济学定义为："利用经济学的基本原理，研究人类经济活动的需求与渔业资源的供给之间的矛盾过程，渔业资源在当前和未来的优化配置及其实现的一门学科。"

渔业资源经济学整个学科的发展，特别是在可持续发展理论提出以后，已经达到一个较为完善的阶段。但是，渔业资源经济学学科的研究仍处在一个发展与完善的阶段，渔业资源往往作为一般资源经济学中"可再生资源"或"共享资源"的一个典型案例进行分析。一方面，总体上对渔业资源问题及其经济问题的研究起步要比土地经济学、资源经济学等学科晚；另一方面，渔业资源本身具有特殊性，如流动性、共享性等方面的特性，使得对渔业资源经济问题的研究变得极为复杂。

根据渔业资源经济学的发展历史，可将其发展过程分为4个阶段：① 第一阶段为古代社会到前资本主义时代。这一时代为朴素的渔业资源经济学思想产生时期。② 第二阶段为前资本主义时代至20世纪50年代以前，这一阶段为从纯生物角度来研究的渔业资源经济学理论，其特点是渔业资源过度开发的问题不明显，渔业资源问题及其经济问题不突出。③ 第三阶段为20世纪50年代至80年代的渔业资源经济学产生与发展阶段，1954年H. S. Gordon在渔业资源开发利用和管理中首次引入经济效益与成本的概念，将生物的自然生态过程和资源开发中的经济过程联系起来，提出了"生物经济平衡"和最大经济产量(maximum economic yield，MEY)概念及其方法，创立了开放式或公共渔业的经济理论。这一理论可以作为对渔业资源经济学研究的一个里程碑。④ 第四阶段为20世纪90年代以后渔业资源经济学迅速发展与完善阶段，这一阶段的渔业资源经济学有了新的发展，特别是在生物经济模型方面。

渔业资源开发是一个非常复杂的系统工程，不仅涉及渔业资源本身，而且还包括经济效益、社会效益、市场供给、管理规则和海洋环境等方面，因此，构建一个综合的渔业资源生物经济模型，需要综合考虑包括渔业资源本身、渔业资源管理者和渔业资源开发者，以及渔业资源开发和管理过程中的不确定因素等(图5-1)。渔业资源本身包括：

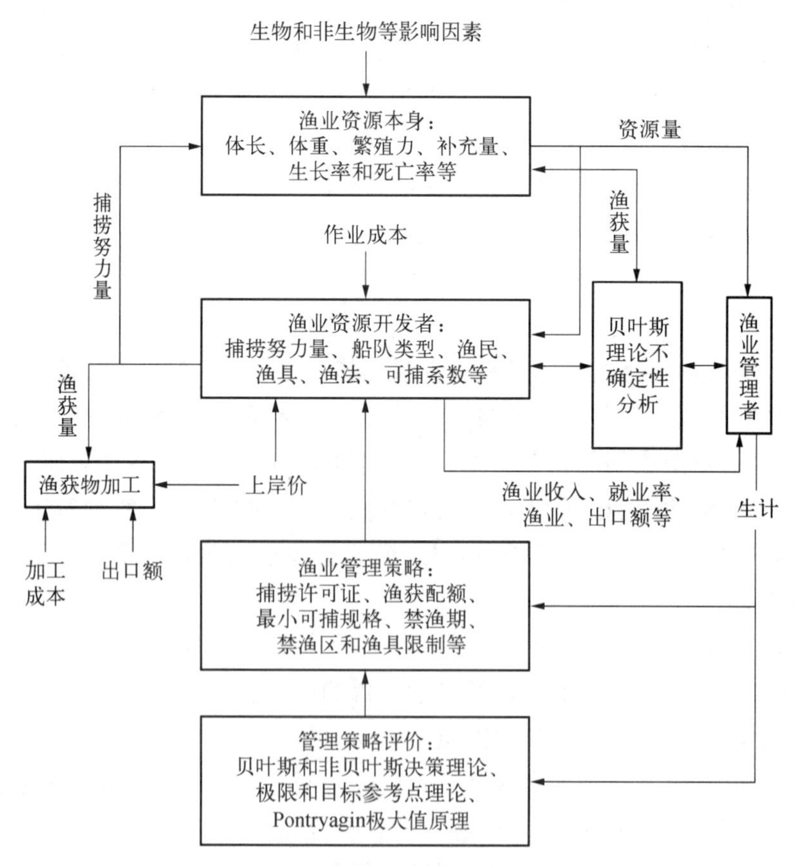

图5-1　渔业资源生物经济综合模型构建示意图

① 鱼类种群在整个生命周期内的生物学参数变化，如繁殖力、补充量、生长率和死亡率等；② 影响渔业资源量变动和种群时空动态分布的环境因素；③ 种类之间的竞争、共生(symbiotic type of ecology)、共存(coexistence)、寄生(parasitism)，以及捕食与被捕食等生态关系。渔业资源管理者包括渔业管理部门制定的各种管理措施、执行标准和管理策略评价等。渔业资源开发者包括捕捞努力量、船队类型与渔民数量、渔具选择性、作业成本、渔获物价格和加工利用等。渔业资源开发和管理过程中的不确定因素来源于：① 渔业资源丰度动态变化；② 模型结构；③ 模型参数；④ 资源开发者的渔业行为；⑤ 未来的海洋环境状况；⑥ 未来的经济、政治和社会条件等。为了能更好地分析这些不确定性，有学者建议利用贝叶斯和非贝叶斯决策理论、极限和目标参考点理论来管理渔业。近年来，越来越多的证据表明，气候变化对渔业资源变动的影响也增大了渔业资源管理中不确定性的复杂程度。

三、多学科交叉与应用促进了渔业资源学科的发展

鱼类巨大的资源量、广泛的空间分布和难以准确采样等特点，使生态学家很难进行种群动力学的研究，为此动力学模型在鱼类资源研究中扮演了重要的角色。生态学家越来越多地基于个体模型(individual-based model，IBM)来解决生态动力学的问题，在过去的十多年中，IBM 在鱼类早期生活史上的应用发展很快，尤其是在鱼类种群动态研究中，已成为研究鱼类补充量和种群变动的一个必要工具，被认为可能是研究鱼类生态过程唯一合理的手段。IBM 考虑了影响种群结构或内部变量(生长率等)的大多数个体，能够使生态系统的属性从个体联合的属性中显现出来，IBM 有助于我们加深对鱼类补充过程的详细理解。

传统的鱼类种群动力学模型基于一些资源补充关系的补偿模型来研究整个资源种群的动态，但自从建立了补充量动力学总体架构后，人们清楚地认识到环境因素不能被忽视，所以 DeAngelis 等(1979)第一个提出 IBM 及其在鱼类中的应用，20 年代 80 年代末 Bartsch(1988)开发了第一个鱼类物理-生物耦合模型，他将个体作为基本的研究单元，重点考虑了环境对个体的影响。

传统的种群动力学模型是在一个种群内综合个体作为状态变量来代表种群规模，忽略了两个基本生物问题，即每个个体都是不同的和个体会在局部发生相互作用，实际上每个体在空间和时间上都存在差异，都有一个独特的产卵地和运动轨迹，IBM 能够克服传统种群模型的缺点，这也是促进 IBM 发展的原因之一。IBM 的发展在很大程度上也得益于20 世纪 80 年代至 90 年代计算机硬件和软件系统具有很强的处理能力和运算速度，从而允许充分模拟更多个体和属性。目前 IBM 模型在国内近海渔业中的应用还很少见。

过去的十多年中，使用 IBM 研究早期鱼类的生活史已证明在很多方面非常有用(表 5-1)，主要研究龙虾、贝类、石鱼等这些早期幼体具有很强的被动漂移性、成体基

本不移动的种类,其随着海流漂移到的地方基本上就是它们一生的栖息地,再结合幼鱼的生长发育可以直接研究连通性和补充量的问题。对于游泳能力强的鱼类,主要是模拟早期的生长阶段,利用鱼卵仔鱼的被动漂浮特性来研究其输运方向和进入育肥场的情况,间接地研究补充量和连通性问题。

表5-1　部分渔业IBM研究应用类型　　(余为等,2012)

类　型	重点研究	海　　域	鱼　种
输运相关	从产卵场到育肥场输运	北海,欧洲	鲱鱼
		北极东北	比目鱼
		罗弗敦群岛,挪威	鳕鱼
		北海,欧洲	鳕鱼
		比斯开湾,欧洲	鳀鱼
		阿兰瑟斯帕斯湾,墨西哥湾	鲑鱼
		波罗的海	鳕鱼
	滞留研究	本吉拉北部,安哥拉	沙丁鱼
		温哥华西南,加拿大	—
		乔治湾,美国	鳕鱼
		乔治湾,美国	鳕鱼
		新斯科舍,加拿大	鳕鱼
	物理因素的影响	乔治湾,美国	扇贝
		乔治湾,美国	鳕鱼
		雪利可夫海峡,阿拉斯加州	狭鳕
		奥克拉科克,北卡罗来纳州	鲱鱼
	鉴别产卵地	切萨皮克湾,美国	鲱鱼
		美国东海岸	鲱鱼
		美国东海岸	鲱鱼
		东南澳大利亚	鳕鱼
	种群连通性	加勒比海	岩礁鱼类
		乔治湾,美国	扇贝
生长死亡相关	温度、食物相关生长	北海,欧洲	鳕鱼
		新斯科舍,加拿大	鳕鱼
		乔治湾,美国	鳕鱼
		东北大西洋	鲐鱼
	生物能量消耗和转化	阿拉斯加湾	鳕鱼
		乔治湾,美国	鳕鱼
	温度、体重、体长相关的死亡率	本吉拉南部,安哥拉	鳀鱼
		本吉拉南部,安哥拉	鳀鱼
		布朗斯湾,美国	鳕鱼

（续表）

类　型	重点研究	海　域	鱼　种
	饥饿死亡率	波罗的海	鲱鱼
		阿拉斯加海域	狭鳕
		波罗的海	鳕鱼
捕食相关	觅食选择性	—	太阳鱼、鳀、鲐、鲱鱼
		乔治湾，美国	鳕鱼
	湍流对仔幼鱼捕食的影响	乔治湾，美国	鳕鱼
		雪利可夫海峡，阿拉斯加	鳕鱼
		实验室	鳕鱼
		—	鳕鱼

从表5－1中可以看出，虽然IBM在世界范围内被广泛应用，但研究的鱼类大部分是商业价值高的鳕鱼、鲱鱼，主要研究区域集中在阿拉斯加陆架、美国东北岸和欧洲北部沿岸3个海域。IBM在渔业上应用的目标是寻求解释和预测渔业种群的补充量，按其应用侧重点的不同，分为鱼卵与仔稚鱼输运、鱼类生长死亡、鱼类捕食3种类型，前两类研究在渔业生态学上都有很长的历史。这些研究中有的包含很少或没有生物过程；有的则结合大量的仔幼鱼生物学特性，但空间分辨率不高；当然还有一些研究是将两方面结合来进行研究。在这三大类的许多研究中一般都引入了物理场，意味着渔业IBM都考虑物理因素，所以生物数据相对粗糙，到目前为止，IBM应用最多的是在鱼卵与仔稚鱼输运相关的研究上。

近年来，我国IBM在渔业上的应用不多。首先渔业和海洋学科交叉不够、合作不够，渔业学家获取不到物理场，这就遏制了渔业IBM的应用；其次我国对近海鱼类早期生活史的研究不够深入，这对应用IBM中的参数化过程是一大阻碍。为此，建议我国应该开展多学科的跨领域合作，海洋生物学、物理海洋学、计算机技术等学科的合作，渔业资源调查、海洋观测、计算机模拟等领域相结合，以较完整的物理过程为基础，从简单的生物过程开始，一步一个脚印地研究近海物理场与海洋生物场的耦合关系，同时利用充足的实验和观测数据，提高IBM的实用性，使IBM能够在我国近海鱼类早期生活史研究中尽快应用起来，增进我们对鱼类种群早期生态过程和补充量过程的了解，为开展基于生态系统的渔业资源评估与管理提供基础。

第三节　水产增养殖学概述

一、水产养殖的概念及其研究内容

水产养殖业包括养殖和增殖两部分。养殖（culture）包括池塘养殖、河道养殖、湖泊水库养殖、稻田养殖、工厂化养殖和网箱养殖等（王武，2000），其主要特点是苗种和饵肥料主要由外源提供、水体较小、人类对养殖生态系统控制程度较高；增殖（enhancement）包括天然水域（江河、湖泊、水库、海湾和海域等）人工放流增殖、水域养殖环境保护和自然增殖等，其与养殖的区别在于不投放饵肥料而依赖于天然饵料、水体较大、人类对养殖生态系统控制程度较低。养殖和增殖的区别还在于前者关注养殖生物个体重量增加，而后者强调种群数量增长。

养殖包括四个阶段：通过人工繁殖获得幼体；幼体经数十天乃至数月培育成苗种；苗种经数月或1~3年养成食用水产品；食用水产品经选育成为供繁殖用的亲本。池塘养殖完整地包括上述四个生产阶段；而河道、湖泊和水库养殖等通常由池塘供应苗种，养成食用水产品。至于增殖的苗种人工放流，其来源也由池塘养殖供应。

从发展历史看，池塘养殖业具有水体数量多、分布广、生产规模灵活、产量高、养殖战线短、风险小、投资少、收效快和经济效益显著等特点。在长期的养殖实践过程中，池塘养殖已形成一套完整而成熟的技术体系和管理体系。中国池塘养殖业，无论其养殖历史、养殖面积、总产量、单位面积产量和养殖技术等均已闻名于世。因此，中国水产养殖技术的立足点是池塘养殖。河道、湖泊、水库、海湾和海域养殖或增殖均离不开幼体和苗种，而幼体和苗种来源和培育技术均离不开池塘养殖。河道养殖和湖泊水库养殖等的理论和技术基础是池塘养殖。

水产养殖业的发展促进了水产养殖学科的发展，相继建立起池塘养殖学、内陆水域水产增养殖学、特种水产养殖学和海水水产增养殖学等学科。由于这些学科的基本原理和基础相同，故合并为一门学科——水产增养殖学。水产增养殖学是研究海水、淡水经济水产动物的生物学特性及其与养殖水域生态环境关系的应用学科。该学科以研究养殖对象的生态、生理、个体发育和群体生长为基础，以提供合适养殖水域和工程设施为前提，在人工控制的条件下，研究经济水产动物人工繁殖、苗种培育、养殖和增殖技术等。其目的是保护和合理开发中国各类水域环境和水产动物资源，提高养殖水体经济效益、生态效益和社会效益。根据学科性质，其是一门应用科学，除自身的系统性和理论性外，还具有较强的实践性。

水产增养殖学的基础是化学和生物学。生物科学包括两大类：生命科学和环境科学。通过生命、环境和化学等学科的互相渗透、互相交融，将它们整合为水产增养殖学的学科基础。

水产增养殖学还与水产动物营养饲料、水产动物病害防治、水产动物育种学以及养殖工程和水产养殖企业管理等学科密切交叉。只有综合应用这些学科技术，才能发展中国水产增养殖业。

近年来水产养殖行业出现了饲料商业化、养殖模式集约化趋势。目前中国水产增养殖模式较快地进入以饲料为基础的新阶段，传统粗放式淡水水产动物混养逐渐转变为单一品种为主的集约化精养，单位面积产量快速增长。随着养殖品种多样化，鱼类不仅可以作为主养品种,也可以成为虾蟹类养殖的混养品种。水产养殖模式和方式发生了较大的改变,一些传统养殖方式逐渐消失,如中国传统的桑基、蔗基和花基鱼塘生产方式,虽然营养物质和能量的内部循环利用,可以大幅降低对环境的影响,但由于受劳动力成本上升等经济因素影响,现已被新型集约化生产方式取代。

中国东部、中部、东北、西部地区,以及城市和城郊地区渔业发展的资源禀赋、产业基础、比较优势、资源环境承载能力的不同,在水产养殖业发展中也呈现出不同特点和优势产业带。由于经济发展、地租快速上升、社会对水产品需求变化以及产业升级等原因,中国沿海经济发达地区传统水产养殖逐渐被新兴的特种水产动物养殖所取代,传统养殖对象鲤科鱼类从主养品种转变为特种养殖的混养品种。中部地区如湖南、湖北和江西等地现为鲤科鱼类主要产区。在政府推动和产业自主发展下,水产增养殖业形成了一大批产业集中区和优势产业带,如广东茂名和海南文昌的罗非鱼养殖区、江苏盐城沿海的鲫鱼养殖区、福建宁德近海的大黄鱼养殖区等。对虾、罗非鱼、鳗鲡和河蟹等养殖品种优势区域形成,带动了中国水产品出口贸易的快速增长。

二、中国水产科技发展现状

1. 水产动物人工繁殖理论和技术的突破奠定了水产增养殖业的根基

20 世纪 50 年代末家鱼人工繁殖获得成功,奠定了水产动物人工繁殖的理论和技术基础。自 20 世纪 80 年代起,随着中国水产养殖业的快速发展,对苗种的需要量剧增。为解决一些名特优水产苗种对不良环境的适应能力差,生态条件要求较高的问题,人工控制小气候的育苗温室便应运而生。

2. 养殖新品种的培育和选育推动了水产养殖的发展

中国有着丰富的水产动物和种质资源。通过引种驯化、遗传育种、生物工程技术等方法,开发了大量的水产养殖新对象。特别是自 20 世纪 90 年代起,名、特、优水产品养殖的掀起,促进了养殖对象的扩大。

根据国家渔业主管部门的统计,截至“十二五”末,中国共建设遗传育种中心 31 家、引育种中心 26 家、水产原良种场 429 家以及水产种质检测中心 3 个。全国共有水产种苗生产企业约 1.5 万家,其中国家级水产原良种场 84 家,省级水产原良种场 820 家,还有一些市、县级水产原良种场。在 1991~2017 年,中国审定的水产新品种共有 201 个,其中自主选育品种 171 个,淡水鱼类 73 个,海水鱼类 10 个,虾类 21 个,蟹类 7 个,贝类 31 个,藻类 21 个,鳖类 2 个,棘皮类 6 个。

3. 水产养殖高产理论与实践大幅度提高养殖产量

通过总结群众增养殖经验,对各类水域的高产高效技术、方法和养殖制度进行深入研究,探索出不同水域系列水产养殖高产高效技术体系,并在较短的时间内在全国大面积推广应用,取得了明显的社会效益、经济效益和生态效益。

养殖设施的改造和标准化建设也对水产养殖高产起到积极作用。在池塘养鱼业方面，通过改造低洼地、盐碱地和河滩地，采取池塘清淤和建设进排水系统、护坡道路、废水处理系统，建立高标准、规范化精养鱼池组成的连片商品鱼基地。截至“十一五”末，我国累计改造标准化养殖池塘超67万 hm^2，创建标准化健康养殖示范场(区)1 700多个；同时对工厂化循环水养殖、深水抗风浪网箱养殖等集约化养殖方式做出了有益探索。

2000年以来，在人民群众不断实践的基础上以及新的生物技术、养殖工程和养殖技术研究的支撑下，我国池塘养殖又连续突破高产纪录。我国水产养殖平均每公顷产量从1990年代的1 500 kg大幅度增长至2013年的4 600 kg。在长江流域，传统的家鱼养殖单产稳定在15 000~22 500 kg/hm^2。在珠三角乌鳢养殖最高单产达150 000 kg/hm^2，肉食性大口黑鲈养殖单产也近60 000 kg/hm^2。

4. 营养饲料研究和饲料工业有力地支撑了现代水产养殖业发展

自1980年以来，中国开始将配合饲料与传统的综合养殖方法结合起来，加速了水产动物生长，提高了饵料利用率和经济效益。

2000年以来，传统的水产养殖品种逐渐从施肥和投放精饲料为主转变为配合饲料化，促使养殖产量不断提升。作为水产养殖业发展的物质基础，水产配合饲料行业随水产养殖业的快速发展进入了高速发展时期，成为饲料工业中增长最快、效益最好、潜力最大的阳光产业。1991年中国水产配合饲料产量只有75万t，仅占中国配合饲料总产量约3%，到1999年，其产量已增至400万t，占配合饲料总产量的5.8%，2014年中国水产配合饲料的产量约为1 874万t，占配合饲料总产量的12.26%。水产饲料行业已发展成为中国饲料工业的一个重要支柱产业，是支撑现代水产养殖业发展的基础，是联系种植业、水产养殖业和水产品加工业等产业的纽带，是关系到城乡居民水产品供应的民生产业。据统计，2014年中国水产饲料产量占全世界水产饲料产量的40%。

特种水产养殖业的兴起，不仅在调整渔业产业结构方面发挥了重要作用，同时也推动了特种水产配合饲料市场蓬勃发展。根据中国饲料工业协会提供的数据，中国特种水产配合饲料产量从2006年的75.24万t增至2014年的140.22万t，年均增幅超过8%。

5. 水产动物病害防治研究对水产增养殖业发展起到了保障作用

我国对主要水产动物常见病、多发病的防治方法进行了长期的研究，取得了可喜的成绩，基本控制了病害发生。近年来，病害防治重点又着眼于改善养殖对象的生态条件，推广生态防病，实行健康养殖，从养殖方法上防止病害的发生，取得了较大的进展。

中国鱼类疫苗研究和应用也较为成功。中国的草鱼和西方国家养殖的鲑鳟鱼类是全球仅有的两个成功应用疫苗进行大规模养殖鱼类病害防治的案例。鱼类疫苗的成功应用对减少病害造成的经济损失，降低抗生素投入以及相应的环境影响有着积极意义。

中国在养殖非药物用品的研发和使用方面也做出了许多尝试，包括新型有机肥料、微生物制剂和水质、底质改良剂等。非药物用品的广泛应用和其相对较高的利润一方面吸引了较多接受高等教育的专业人员就业，提高了行业的知识能力和技术水平，另一方面也使行业快速、无序发展，带来了一些不良的社会和环境影响亟待解决。

三、中国水产增养殖发展趋势

水产养殖被认为是满足世界对水产品日益增长需求的唯一解决方案，而淡水鱼类养殖在可预期的将来将保持水产养殖最主要的组成部分。根据公布的《全国农业现代化规划(2016~2020年)》和《全国渔业发展第十三个五年规划》，渔业发展将以保护资源和减量增收为重点，推进渔业结构调整进行转型升级，捕捞产量预计将会被进一步压缩，我国未来水产品产量增长主要由水产养殖贡献。联合国粮食和农业组织(简称粮农组织)和世界卫生组织牵头的联合国“营养行动十年(2016~2025年)”工作计划，也为提高对水产品作用的认识、确保将水产品纳入主流的粮食安全和营养政策提供了重要契机。

进入新时代，中国水产养殖业必须从以下五个方面着手：用现代化知识武装水产增养殖业；用现代化科技改造水产增养殖业；用现代化工业装备水产增养殖业；用现代化信息指导水产增养殖业；用现代化手段管理水产增养殖业。这就要求水产增养殖学科在其相应学科支持下，进一步提高其理论水平和实用价值。

四、国际水产养殖业的发展现状及趋势

目前，世界各国的渔业发展普遍面临两大问题：一是如何恢复、保护和持续利用天然渔业资源；二是如何保证养殖业的可持续发展。同世界主要渔业国家相比，我国是唯一养殖产量超过捕捞产量的渔业大国。虽然我们在一些养殖技术方面领先，但在某些科研领域、经营管理、信息技术方面与发达国家还有明显差距。因此，了解和把握世界水产养殖业发展的趋势、方向，吸收借鉴国外成功经验，对于加快我国现代渔业建设十分必要。当前世界水产养殖业发展趋势概括起来主要有以下三个方面。

1. *更加关注水生生物资源养护、生态与环境保护*

随着人类对水生生物资源和水域开发利用步伐的加快，水生生物资源养护、水域生态与环境的保护问题越来越受到重视。一是将近海渔业资源增殖作为渔业资源养护的一项重要措施，并对增殖放流的方法、取得的经济效益和生态效益进行评估。联合国粮农组织专门提出了“负责任的渔业增养殖”概念，要求增养殖计划的实施，必须依据海域的资源状况和环境，对生物多样性的潜在影响以及对增殖放流的可能替代方案进行评估，以实施负责任的渔业资源增殖。二是在浅海滩涂开发利用中，重视环境效益和生态效益，要求在开发利用之前，必须对环境容纳量、最大允许放流量、放流种群在生态系统中的作用以及养殖自身污染、生态入侵可能造成的危害等因素分别进行论证。鉴于大水面养殖和水环境质量之间存在相互影响、相互制约的复杂关系，一些发达国家非常重视水库湖沼学和水利工程对环境的影响及其对策方面的研究和应用。三是1992年世

界环境发展大会通过的《21世纪议程》，将各大洋和各海域，包括封闭和半封闭海域以及沿海地区的保护，海洋生物资源的养护和开发等列为重要议题。发达国家不仅对工业和生活废水的排放有严格控制，对水产养殖业也有限制，制定了养殖业废水排放标准、渔用药物使用规定、特种水产品流通以及水生野生动植物保护等要求，形成了一系列法律体系。在渔场生态与环境修复与保护、养殖场设置和养殖废水处理、减少污染物的扩散或积累等方面都取得了实效。

2. 不断研发推广高效集约式水产养殖技术

高效的集约式养殖技术，如深水抗风浪网箱养鱼、工厂化养鱼等蓬勃兴起，而且技术日臻成熟、品种不断增加、领域不断拓展、范围不断扩大，成为现代水产养殖业发展的方向。在海水网箱养殖方面，日本最先兴起，以养殖高价值的鱼类为主，并能够利用网箱完成亲鱼产卵、苗种培育、商品鱼养殖以及饵料培养等一系列生产过程，同时将网箱养鱼向外海发展。近十多年来，挪威、芬兰、法国、德国等致力于大型海洋工程结构型网箱以及养殖工程船的研制。网箱样式多、材料轻、抗老化、安装方便，采用自动投饵和监控管理装置，能承受波高12 m的巨浪。同时，太阳能、风能、波能、潮汐能和声光电诱导等技术均在网箱养鱼中得到应用。目前，网箱养殖系统正在向抗风浪、自动化、外海型方向发展，具有广阔前景。工厂化养殖是利用现代工业技术与装备建立的一种陆地集约化水产养殖方式。具有养殖密度高、不受季节限制、节水省地、环境可控的特点，得到一些国家的重视，并从政策、立法、财政等方面予以支持，积极推进其发展。这方面较发达的国家有日本、美国、丹麦、挪威、德国、英国等。较为成功的案例有英国汉德斯顿电站的温流水养鱼系统、德国的生物包过滤系统、挪威的大西洋鲑工厂化育苗系统和美国的阿里桑纳白对虾良种场等。目前，工厂化养殖的主要方式是封闭式循环水养鱼，养殖品种多样化，主要是优质鱼虾和贝类等品种。

3. 将现代科学技术和管理理念引入水产养殖业

挪威的大西洋鲑养殖管理是这方面较具代表性的案例。大西洋鲑养殖遍布欧洲、北美和澳洲等地，产业竞争十分激烈，而挪威的大西洋鲑产业持续快速发展，多年稳居世界前列，成为挪威的第二大支柱产业，其成功主要有两点：一是政府的严格管理，二是完善的技术体系。

在管理方面：政府部门严格按照保护环境、科学规划、总量控制等原则和理念，实施养殖许可证制度，对养殖地点、养殖密度、养殖者专业培训背景和管理经验、养殖运营中病害传播、污染风险等都提出了具体甚至苛刻的要求。在全球建立完善的营销网络，通过政府资助不断拓展国际市场。

在技术方面：通过改造网箱，使养殖环境得到改善，网箱由大型向超大型发展，网箱周长由过去50 m发展到120 m；实现种质与饲料标准化，选育出生长快、抗逆性好、抗病力强的良种，并成为养殖的主体，目前80%的产量来源于一个优良品种的支撑，饲料配方也不断改进和完善，使饲料的营养更加平衡；饲料投喂精准化，可通过计算机操纵，精确地定时定量定点自动投喂，并根据鱼的生长、食欲及水温、气候变化、残饵多少，通过声呐、可视化及残饵收集系统，自动校正投喂数量，还可自动记录每日投喂时间、地点及数量；积极研制和推广应用疫苗，4 种常见病疫苗已广泛应用于生产，并可以混合注射，一次注射可终身免疫，疫苗的普遍采用，不但控制了疾病，减少了抗生素使用量，还从根本上保证了产品质量安全。

五、大数据技术在水产养殖业中应用

水产养殖对象特殊、环境复杂、影响因素众多，精准地监测、检测和优化控制极其困难。大数据技术结合数学模型，把水产养殖产生的大量数据加以处理和分析，并将有用的结果以直观的形式呈现给生产者与决策者，是解决上述难题的根本途径。目前水产养殖大数据建设还处于探索阶段，没有成熟的建设模式可供借鉴，但水产养殖业数字化、精准化、智能化的重大需求和大数据技术迅猛发展的态势为水产养殖大数据技术发展提供了一次重要机遇。未来水产养殖大数据技术的研究将主要从如下几方面展开：

1）通过物联网使水产养殖大数据获取更加自动化。随着数据采集技术的提升，水产养殖业可以量化指标大大提升，数据采集对象、采集范围和采集方式都逐渐增加，实现对水产养殖全产业链的全时全程感知和数字化获取。整合水产养殖全产业链数据，通过构建大数据共享平台，实现全行业甚至跨行业数据的交换和共享。

2）通过人工智能使水产养殖大数据应用更加智能化。随着深度学习、知识计算、群体智能等人工智能技术在水产养殖领域深层次运用，大数据技术将更适应水产养殖领域的具体需求，对水产养殖大数据研究和分析更加深入，从而真正实现精准化、智能化水产养殖。

3）通过区块链实现水产养殖大数据应用产业链链条化。随着大数据技术在水产养殖全产业链应用范围的扩大，通过区块链技术已达成全行业共识机制，研究实现水产养殖生产效益对生产过程的“反馈调节”，建立综合产业链全要素、面向产业链全过程的联动分析，形成数据驱动的产业发展。

4）通过标准体系建设实现水产养殖大数据标准化。随着水产养殖业数据获取范围的扩展和数据获取技术的提高，数据规模化增长，研究构建标准化的适宜本领域的大数据管理体系，促成制定数据标准、应用接口标准、测试标准和维护标准迫在眉睫。

5）大数据技术已经成为水产养殖全产业链向集约化、精准化和智能化发展的关键技术。在这样的大背景下，近年来，国家出台了一系列强有力的政策措施，开展大数据关键技术研究，加强大数据技术在农业生产、经营、管理和服务等方面的创新应用，这些都为水产养殖大数据的发展提供了难得的历史机遇和良好的发展环境。数据是根本，分析是核心，利用大数据技术提高水产养殖综合生产力和效益是最终目的，应深度挖掘现实需求，整合水产养殖全产业链数据，加强基础理论和核心关键技术研究，从而推进

大数据技术与水产养殖产业的深度融合与应用,支撑我国水产养殖业彻底转型升级。

第四节　水产品加工利用学科概述

一、水产品加工利用学科的概念及历史

1. 水产品加工利用学科的概念

水产品加工是指以海水、淡水产的鱼类、贝类、虾蟹类和藻类等水产品为原料,经一定的工艺处理,加工形成各类食品、饲料和工业、医药等用品的过程。我国是水产品生产、贸易和消费大国,水产品加工业是渔业捕捞和养殖的延伸,共同构成了水产业的三大支柱,水产品加工业的发展对于渔业的发展起着桥梁纽带的作用,不仅是我国当前加快发展现代渔业的重要内容,而且也是优化渔业结构、实现产业增值增效的有效途径,同时更是提高渔业国际竞争力的有效手段。

2. 水产品加工利用学科历史

我国水产品加工历史悠久,加工方式多样。水产品的生产、加工及消费远在种植业和畜牧业发展之前。贾思勰的《齐民要术》专设《养鱼》篇详细记载了各种水产品加工技术,包括鲜鱼干制、用鱼制酱等方法。

我国水产品总产量从1990年以来一直位居世界第一。2017年我国水产品总产量为6 445.3万t,约占世界水产品总产量的37%。改革开放40年来,我国水产品加工的比例逐年增加,深加工比例也越来越高,产品结构不断优化。2017年水产加工品产量达2 196.3万t,已发展成为一个包括渔业制冷和冷冻品、冷冻鱼糜及鱼糜制品、水产罐头、干制品、腌熏制品、海藻食品、鱼粉、鱼油、海藻化工、保健食品、海洋药物与医药化工、鱼皮制革、化妆品和工艺品等系列产品在内的完整加工体系。

淡水产品的加工比例明显低于海产品,与世界水产品75%用来加工的比例相比还存在一定的差距。

通过技术的引进、消化、改造和提高,改变了传统水产品加工的不足和缺陷,形成了大规模自动化的生产线,使水产品加工技术及产品质量有了明显提高,有一批产品已达到世界先进水平,在管理上已通过GMP(良好操作规范)、SSOP(卫生标准操作程序)和HACCP(危害分析及关键控制点)认证的企业越来越多,使产品质量安全得到保证,生产效率明显提高。

二、水产品加工利用内容和研究现状

我国水产品加工技术水平不断提高,已形成冷藏、冰鲜、干腌制、熏制、罐制、调味品、鱼糜制品、鱼油、鱼粉与饲料、海藻食品加工和海藻化工等十几个专业门类的庞大产业,构成了较为完善的水产加工体系。

1. 干腌制品

腌制和干制是水产品常见的传统加工工艺。腌制又称盐渍，基本原理是食盐向水产品内渗透使水分排出的过程，就是用食盐对鱼体脱水，通过抑制微生物的生长繁殖和鱼体内酶的活性延长产品保质期。按用盐方式的不同，分为干腌法、湿腌法、混合腌制法和注射腌制法。通过腌制能有效延缓水产品的腐败，且具有一定的脱腥和改善风味的作用，提高食用价值，并可为次级加工不断提供原料，创造更高的经济效益。腌制品特点是蛋白质变性、水分含量低、味咸。一般需脱盐后食用，例如咸黄鱼、咸虾皮、三矾海蜇等。

干制又称干藏法，水产品原料直接或经过盐渍、预煮后，在自然或人工条件下干燥脱水的过程称为水产品干制加工。干制保藏的原理是通过减少水产品的水分含量或降低水分活度，使微生物生长受到抑制，大部分生化反应也降低了速度，从而延长了产品的保质期。水产品的干制方法可分为天然干燥法和人工干燥法两类。天然干燥法又分为日干和风干；人工干燥法很多，用于水产品干制的主要有热风干燥法、冷风干燥法、远红外干燥法、冷冻干燥法等。

水产干制品的优点是保存期长、重量轻、体积小、便于贮藏运输，但要注意防止脂肪氧化酸败，以免产品的色、香、味、形态和组织质地发生变化。产品有鱼片干、鱿鱼丝、虾皮、干紫菜等。

2. 罐头制品

水产罐头制品是将水产品经过预处理后装入密封容器中，再经加热杀菌、冷却后的产品。水产罐头制品有较长的贮藏期、便于携带、食用方便等优点，在食品保藏技术领域占有重要地位，是现代食品工业中的一大支柱产业。十多年来，随着软包装罐头的发展，罐头制品市场不断扩大，得到了消费者的广泛欢迎。

水产罐头食品的品种较多，根据罐藏原料的加工方法不同，可将水产罐头食品分为清蒸类水产罐头、调味类水产罐头、油浸类水产罐头和鱼糜类罐头等。一般经过装罐、排气密封，高温灭菌、冷却等工艺，可灭菌，使酶失活，隔绝空气，防止外界的再污染和空气氧化，从而使产品长期保藏。例如豆豉鲮鱼罐头、沙丁鱼罐头、金枪鱼罐头等。

3. 烟熏制品

烟熏加工是指原料用木材不完全燃烧时生成的挥发性物质进行熏制的过程。烟熏是我国一种传统肉制品的加工方法，烟熏食品具有诱人的烟熏风味，深受世界各地人们的喜爱。烟熏加工不仅可以使肉制品脱水，改善其质构和外观，赋予其特有的色泽，还具有抗菌和抗氧化效果，有效延长保质期，是肉制品行业重要的加工和保存方法。例如鲑鱼熏制品、鳟鱼熏制品、鲱鱼熏制品等。

烟熏按烟熏温度不同，分为温熏、冷熏和热熏，按烟熏方式可分为烟熏和液熏。熏烟中含有四百多种不同的成分，主要分为酚类、醛类、醇类、酸类等，其中苯并芘对人类健康有一定威胁，是一种致癌物质。而液熏技术在熏制过程中能有效减少有害物质的污染。如液熏罗非鱼、三文鱼和金枪鱼等，而我国于1984年才开始进行烟熏香味料的研制，液熏加工技术整体还处于试验推广阶段。目前，国内液熏技术主要用于畜类和禽类相关肉制品的加工，很少应用于鱼类和贝类等水产品的加工。

4. 冷冻鱼糜和鱼糜制品

冷冻鱼糜是将原料鱼经过采肉、漂洗、脱水后，加入糖类、磷酸盐等防止蛋白质冷冻变性的添加剂，使其在低温下能较长时间保藏的产品，一般用作生产鱼糜制品的半成品。鱼糜制品是指将鱼肉绞碎或冷冻鱼糜经配料、擂溃、成型、加热而制成各种产品。因其营养价值高、方便调理、美味可口，适应快节奏生活的需要，颇受消费者青睐，因而是一种很有发展前途的水产制品。目前，鱼糜制品已有一百多种产品。

近年来，我国鱼糜制品行业取得了快速的发展，每年产量在160万t左右。由过去生产鱿鱼丸、虾丸等单一品种，发展到一系列新型的鱼糜制品和冷冻调理食品，例如鱼香肠、鱼肉香肠、模拟蟹肉、模拟虾肉、模拟贝柱、鱼糕、竹轮、鱼豆腐等。

5. 烤鳗制品

鳗鱼，又名鳗鲡、河鳗，是富含钙、蛋白质、磷脂、软骨素、维生素、氨基酸及其他矿物质的水产品。鳗鱼由于味道鲜美、营养丰富，深受消费者喜爱。20世纪80年代后，烤鳗产业发展迅速，我国烤鳗的出口贸易已居世界首位。我国鳗鱼产品以活鳗和烤鳗为主，鲜、冷鳗和冻鳗为辅。原料经放血、切片、打串（串烧）、烘烤蒸煮（蒲烧）、调味、烘烤（1）、调味、烘烤（2）、调味、烘烤（3）、预冷、急冻制成。烤鳗制品脂肪含量较高，易发生氧化，需要在生产工艺和保藏中引起重视并在技术处理上加以改进。同时也迫切需要烤鳗企业及相关养殖运输等产业不断完善质量管理体系，改造升级整条产业链，以保障产品质量。

6. 藻类加工

我国藻类资源丰富，藻类产量居世界前列。海带、紫菜、裙带菜是人们喜食的藻类，可制作多种美味菜肴，营养颇丰富。海藻含有丰富的微量元素和维生素，具有较好的保健和药用价值。目前可供食用的经济藻类主要有海带、紫菜和裙带菜等品种，可加工成淡干、盐渍、调味海藻产品。海带含有丰富的碘、钾、钙、氨基酸、褐藻胶、维生素及胡萝卜素等成分，是我国产量最高的海藻，海带多以干品保藏；紫菜含有较丰富的钙、磷、铁、碘、胡萝卜素及维生素B、胆碱、多种氨基酸等，是一种富于营养素的海藻。紫菜主要加工成干制品或调味干制品，裙带菜通常加工成干制品和盐藏品。

（1）海带加工

海带加工一般分为两类，一类加工成食品，另一类加工成海藻工业产品。食品中以淡干海带为主，其次是咸干海带、盐渍海带卷（结）和少量的调味海带丝等。海带具有很好的加工特性，能加工成多种不同类型的健康食品，国外已有200余种新型海带食品问世，我国近年来也研制开发出各种风味的海带方便快餐食品和保健食品等深加工产品。海藻工业产品是以海带为原料加工成以褐藻胶、甘露醇、碘、藻酸双酯钠为主要产品的褐藻工业体系。海藻粗纤维还可以加工成饲料或肥料，具有较好的利用价值。

(2) 紫菜加工

紫菜营养丰富，在食品工业上有着极大的开发潜力。我国加工利用的主要是坛紫菜和条斑紫菜。近年来紫菜加工产业发展很快，从粗加工转向精加工，由淡干散菜和饼菜转为加工各种小包装和调味紫菜，如海苔、花生紫菜、蛋卷紫菜、鱼糜紫菜、快餐紫菜汤、紫菜酱等产品，畅销国内外。我国海苔和干紫菜加工主要集中在江苏、福建和浙江。

(3) 裙带菜加工

裙带菜，俗称海芥菜，是我国的主要经济藻类之一。含有褐藻酸、活性多糖、纤维素和多种微量元素，具有较高的食用价值和良好的保健功能。大连是我国裙带菜主要养殖和加工产地，约占辽宁省裙带菜产量的70%以上。裙带菜加工方法有多种，可直接加工成淡干品、盐渍品和冷冻加工品。产品主要出口日本、韩国。目前市场上有裙带菜茶、裙带菜酱、裙带菜饮料等深加工产品，具有较好的产业发展前景。

7. 水产调味料

人们对食品的要求由鲜味型向风味型、香味型发展，不仅要求色、香、味俱佳，还要求调味品具有营养、保健、天然和多样等功效。传统的水产调味料是利用低值的鱼、虾、蟹及贝类等水产动物为原料，经过盐渍、发酵等工艺加工制成的一类产品，常见的有鱼酱、虾酱、蟹酱、鱼露、虾油、蚝油、虾味素等。水产调味料作为一种日常佐料食品，在我国传统的调味料中占有重要比例和地位，含有丰富的氨基酸、多肽、糖、有机酸、核苷酸等呈鲜物质和牛磺酸等保健成分，这类调味品的美味之源主要是含有较多的谷氨酸，其浓郁的海鲜风味深受广大群众尤其是沿海一带消费者的喜爱。

随着食品工业的迅速发展，多种现代食品新技术在水产调味料中得到了应用。主要有：生物酶解技术，真空浓缩、干燥技术，超临界流体萃取技术等。

水产品来源丰富、调味料市场巨大及调味料工业发展迅速，未来水产调味料的发展将成为海洋经济新的增长点，更加注重调味料的功能性和生理活性，更加方便化、多样化、安全化。水产调味料的独特风味和营养价值正被逐渐重视，具有较好的市场开发前景。

8. 海洋生物活性物质

海洋生物活性物质是指海洋生物体内所含有的对人体健康有一定影响的微量或少量物质。主要包括海洋药用物质、生物活性物质、海洋生物毒素等海洋生物体内具有特定功能的天然产物，如活性多肽、活性多糖、活性脂质与脂肪酸类、生物碱、萜类、糖苷类、内酯、皂苷、多酚和聚醚类等。目前国内外利用海洋生物活性成分开发研制的产品主要有海藻功能食品、牡蛎功能食品、鱼类功能食品、浓缩水解鱼蛋白等。

海藻含有丰富的海藻胶、纤维素、半维生素、维生素和矿物质等，其中海带、江蓠、马尾菜、麒麟菜等都是生产膳食纤维的优质原料。膳食纤维对人类健康有积极的作用，在预防人体胃肠道疾病和维护胃肠道健康方面功能突出。近年来，各国都在研究从海洋生物中分离提取抗菌肽、生物毒素、抗肿瘤因子、抗氧化因子、心血管活性肽、海洋生物活性多糖等，具有较好的开发利用价值。

9. 贝类加工

贝类加工可以分为贝类罐头、贝类干制品和冷冻贝类。

(1) 贝类罐头

将贝类原料去壳取肉后密封在容器中，经高温处理杀死致病菌及腐败微生物，便能在室温下长期储藏。罐头按其盛装容器通常分为刚性罐头和软包装(高压杀菌复合薄膜袋)罐头两种类型。刚性罐头包括金属(马口铁)罐头、玻璃罐头及铝罐头。软罐头包括透明的复合薄膜袋及带铝箔的不透明复合薄膜袋两种。按对贝肉的处理方式有清蒸贝类罐头、烟熏贝类罐头及调味贝类罐头。

近年来，随着罐头新的杀菌技术如气调包装结合分段杀菌技术、真空包装结合梯度升温以及温和二次杀菌技术的推广与应用，贝壳软包装罐头产品，如调味扇贝柱、鲜味虾夷全贝及豆豉牡蛎软包装罐头等已实现了产业化。

(2) 贝类干制品

干制方法包括自然干制和人工干制。自然干制包括晒干和风干。人工干制包括热风干燥、真空干燥、微波真空干燥和冷冻干燥等。贝类干制品不仅能保持鲜品的营养，还因加工而产生独特的风味，从而深受人们喜爱。同样，干制也会带来干缩、变色、蛋白质变性、脂肪氧化及口感变硬等。随着人工干制技术的发展，热风干燥、真空干燥、微波干燥及冷冻干燥等方法应用到贝类生产中，不再受气候条件的限制，且干燥时间缩短、易于控制，产品质量明显提高。贝类干制品根据加工方法不同，可分为生干品、煮干品、盐干品和冻干品。例如干贝、牡蛎干(生蚝干)、淡菜(贻贝干)及蛏干等。

(3) 冷冻贝类

以带壳或不带壳的方式经包装后进行冷藏或冻藏。对冻藏产品要注意包冰衣，以防止干耗失重。

10. 海藻化工

海藻分为十大门，主要经济藻类分为褐藻、红藻、绿藻和蓝藻四大类。人们对海藻的利用已有三千多年的历史，主要是食用。近百年来，人们发现可从许多种海藻中提取褐藻胶、甘露醇、琼胶、卡拉胶、海藻多糖、碘、钾等成分。随着科学技术的进步和发展，海藻的新用途不断被发现，因此，海藻的综合利用已引起人们的广泛重视。海藻综合利用是指除加工成海藻食品以外的加工利用，目前主要有褐藻胶、甘露醇、碘、卡拉胶、琼胶、海藻肥、海藻面膜、海藻护肤用品、海藻止血胶带等产品，主要用于食品工业、纺织工业、生物技术、医药工业等。

11. 低值水产品和加工副产物的利用

随着我国水产品总产量的不断提高，每年都会产生大量的低值水产品及加工副产物。因此开展水产品综合利用，变废为宝，生产出各种农业、轻工、医药、环保、食品行业所需的新产品，大大提高水产品的经济价值，对推动水产品加工业的发展有着重要意义。所以，综合加工利用不仅是水产品加工利用的一个重要研究方向，而且也是提高生态效益和社会效益的必然要求。

（1）甲壳素和壳聚糖

甲壳素，又名几丁质，甲壳质，β－（1,4）－2－乙酰氨基－2－脱氧－D－葡萄糖，分子式（$C_8H_{13}NO_5$）$_n$，是由β－1,4 糖苷键连接起来的线性高分子多糖。甲壳素分布极为广泛，主要存在甲壳动物的外壳、昆虫表皮、菌类，软体动物内骨骼及藻类等微生物的细胞壁中，是自然界仅次于纤维素的第二丰富的生物聚合物。壳聚糖，又称为脱乙酰甲壳素、甲壳胺，是甲壳素一定程度脱乙酰基产物，化学名称是β－（1,4）－2－氨基－2－脱氧－D－葡聚糖，又称可溶性甲壳素。

我国目前工业生产甲壳素和壳聚糖的主要原料是虾蟹壳，甲壳素和壳聚糖的提取方法主要有化学法、酶解法和微生物发酵法。

甲壳素和壳聚糖有着十分优异的生物活性，国内外的一些学者进行过研究，也证实了甲壳素及其衍生物有着增强免疫力、抗肿瘤、抑菌和止血等作用，在医药、食品、化妆品和环保等行业有较广泛的应用。

（2）蛋白胨

蛋白胨是利用低值鱼在酶的作用下，经水解而得到的一种以蛋白胨为主的蛋白质降解产物的混合物，是一种淡黄色具有极强吸湿性的粉末，分为生化试剂蛋白胨和工业蛋白胨。蛋白胨主要用于微生物工业发酵和抗生素的生产。

（3）鱼粉

鱼粉一直是最主要的动物蛋白饲料，一般是利用低值小杂鱼或鱼体内脏等加工副产物生产鱼粉，蛋白质含量高达 50%以上，是动物生长中重要优质蛋白质来源，我国每年鱼粉产量在 70 万 t 左右，但仍满足不了养殖业发展的需要，每年还要从秘鲁等国进口 80 万 t 左右。鱼粉可以与豆粕、菜籽粕、棉籽粕、花生粕等混合生产多种生物饲料。也可以与豆粕混合采用微生物或酶发酵方法生产发酵豆粕型生物饲料，使营养价值显著提高，抗营养成分大幅度降解，无异味，蛋白质含量接近三级鱼粉水平。

三、国内外水产品加工科技发展现状

随着科学技术的进步，水产品加工业也在快速地发展，加工的方法和工艺都在不断地改进和提升，新产品的开发越来越多，新技术的广泛应用主要体现在以下几个方面。

1．微波技术

微波是指波长在 1 mm～1 m（其相应的频率为 300 MHz～3 000 GHz）的电磁波。微波技术是利用电磁波把能量传播到被加热物体内部，使加热达到生产所需温度的一种新技术。常用的微波频率有 915 MHz 和 2 450 MHz。在食品工业中，微波技术成为越来越常用的一种食品加工方法。其特点是食品物料内外同时加热,因而加热速度快,内外受热较均匀,有利于水分的扩散和蒸发,可节省大量能源。在众多食品加热方式当中,微波加热是无须传热介质、靶向加热、热效率高而且绿色环保的一种加热方式,围绕微波技术,形成了非常多的食品加工方法,比如微波+蒸汽鱼糜制品可缩短加热的时间;采用微波对甲壳素处理,可以大大缩短脱乙酰基的时间,提高脱乙酰基的效率。

目前微波作为一种新的加热能源,被广泛应用于水产食品加工、杀菌和胶原蛋白提取等工艺。

2. 超高压技术

超高压技术是指以水或其他液体作为传压介质,对密封于超高压容器里的水产品施以200~1 000 MPa的压力进行处理的一种技术。该技术可以减少水产品中初始微生物数量,抑制腐败菌,延长货架期。超高压技术是一种非热处理方法,能够将食品中的味道与营养成分保留下来,满足消费者对食品的追求,因而在食品加工中不断应用推广。资料显示超高压处理对对虾有很好的脱壳效果,并得出在200 MPa、保压时间3 min下,所得虾仁比传统的速冻解冻技术得到的虾仁在颜色、嫩度及完整性等指标上均有很大提升。超高压处理鱼糜制品,可以使鱼糜制品的质地发生明显的改善,还可以提高水产品的膨化率及虾贝类脱壳率。

3. 辐照技术

辐照技术是利用^{60}Co、^{137}Cs等放射性元素产生的γ射线、电子加速器产生的电子束或X射线等与物质相互作用所产生的物理效应、化学效应和生物效应,对被加工物品进行处理,以达到预期目标的方法。辐照技术具有以下特点:① 属于“冷加工”技术,能较好地保持物质原有的内外在品质;② 可对包装好的产品进行处理,操作简便、快捷;③ 没有化学药物残留,不污染环境;④ 杀虫、杀菌比较彻底,安全性高;⑤ 成本低,能耗少,节省能源。

辐照技术是一项新兴的高新技术,在食品工业中发挥了较好的作用。由于公众缺乏对辐照食品安全性的了解,导致其发展缓慢。通过辐照,可以延缓其某些果蔬的生理过程,也可对食品及其包装材料进行杀菌、消毒等处理,以延长货架期,保持或改善品质,保持食品新鲜度,防止二次污染。文献显示采用4.0 kGy电子束辐照美国红鱼鱼肉,可有效降低鱼肉的菌落总数,延长其保质期。

经过多年研究与发展,辐照食品的安全性已得到越来越多国家的承认。我国的食品辐照技术研究与国际先进水平基本同步,但在食品辐照技术商业化方面还需要不断推进。

4. 超微粉碎技术

超微粉碎是近20年迅速发展起来的一项高新技术,是利用机械或流体力学方法克服固体的凝聚力使其破碎的粉碎技术。材料的粒度可达到10 μm以下,甚至达到1 μm的超微粒级。在食品加工等领域得到了广泛应用。超微粉体颗粒具有一定界面活性和较大的比表面积、良好的溶解性、分散性及吸附性等特点，可以明显提高生物利用率，是食品工业中一种理想的加工手段。

从新型食品资源开发利用来讲，超微粉碎技术可以开发新的食物资源；从环境保护方面来讲，食品加工过程中的果壳残渣等废弃物经过超微粉碎再加工，变为可食用的资源，更加节约环保。

5. 微胶囊技术

微胶囊技术是利用无机或高分子材料通过物理、化学等手段将固态、液态、气态的功能性材料包覆成具有核壳结构的固体微粒，这种固体微粒直径一般在 10～1 000 um 之间，微胶囊可以使芯材得到保护，并提高其稳定性。而在加压、升温或消化等条件下，可使囊壁破裂而释放出囊芯内具有功能性的物质。微胶囊技术已经被广泛地应用于食品工业中，以保护食品成分在生产加工过程中免受外界环境如光、热、氧等的影响而发生降解、氧化以及挥发损失等，同时还可以防止各成分发生相互作用，也能控制食品成分在特定的时间与位置释放。

在食品领域中，功能性成分常被用来改善食品的风味、颜色、质地、延长保质期或提升营养价值等，利用微胶囊技术对功能成分如抗氧化剂、益生菌等进行包埋，对食品的加工以及价值提升具有重要意义。通过微胶囊化包埋 $\omega-3$ 脂肪酸可提高其稳定性，克服其易于氧化的缺点。

6. 膜分离技术

膜分离技术是 21 世纪迅速发展起来的一种新型技术。它是利用具有一定选择透过性的过滤介质，依靠其两侧的能量差作为推动力，利用混合物中各组分在过滤介质中迁移速率的不同来实现物质的分离与纯化的单元操作。具有浓缩、澄清、提取、灭菌等多种功能。而整个膜分离的使用过程比以往的技术效率更高，环保效果更好，应用范围更广，更加方便使用和控制，对整个食品饮料工业的生产起到重要的推动作用。

食品和饮料工业中常用的膜分离技术包括反渗透、纳滤、超滤、微滤和电渗析等，膜分离技术在果蔬汁加工、奶制品、茶饮料生产浓缩处理操作、水产蛋白降解产物的分级分离等广泛应用，食品加工生产过程中，膜分离技术的开发和使用解决了以往技术所无法解决的问题，从而进一步促进食品加工业的发展。

7. 超临界萃取技术

超临界萃取技术是利用超临界流体对食品原料有效成分进行萃取，在超临界状态下，将超临界流体与待分离的物质接触，使它选择性地萃取其中某一组分，再通过降压或升温的办法降低超临界流体的密度，从而改变超临界流体对萃取物的溶解度，使萃取物得到分离的技术。这是一种时效高，提取率大的新型萃取手段。

在实际应用中，需要考虑超临界流体的溶解性、临界点等，可能与混合物发生的化学反应等因素，因此可选择的超临界流体并不多，二氧化碳（CO_2）的临界温度是常温且临界密度比较大，临界压力适中，因此 CO_2 是理想的超临界流体溶剂。

由于超临界 CO_2 萃取技术操作简便，且安全无污染，在食品加工业中得到了广泛的应用，如使用超临界 CO_2 分离咖啡因、分离油脂、提取啤酒花中的有效成分、提取植物中的功能性物质、从水产原料中分离提取 EPA 和 DHA、提取食品中的调味料和香料等。

8. 发酵工程

发酵工程是指运用现代工程技术，利用微生物的某些特定功能用于工业生产过程的一种新技术。发酵工程的特点表现为反应条件温和、专一、能耗低、废弃物少、反应可自我调控、互不干扰、产物单一。发酵工程技术在食品开发中的应用时间较长，赋予了食品多样化的特性。

发酵工程在食品工业中的应用越来越多，使用双酶法糖化工艺取代传统的酸法水解工艺，可大幅度缩短啤酒发酵时间。利用发酵工程生产天然色素和香味剂等食品添加剂，逐步取代人工合成的色素和味精。利用微生物发酵酶解原料鱼生产鱼酱油。运用发酵技术生产发酵鱼糜制品，具有特殊的风味。发酵工程技术已成为未来食品工业发展的一个重要分支。

四、水产品加工业发展趋势

中国是渔业生产大国，近三十年水产品总产量一直居世界首位。水产品加工产量逐年增加，加工比例也不断提高。2017 年水产品加工产量达 2 196. 3 万 t，加工比例达到了 41. 6%。水产品加工是提高水产品综合效益和附加值的重要途径，随着国民经济的发展和科学技术的进步以及国外先进生产设备及加工技术的引进，未来水产品加工发展主要会在以下五个方面越来越受到重视。

1. 加强水产食品的质量和安全管理

随着人民生活水平的提高，对水产食品生产中质量和安全性越来越关注。由于水产动植物生长的水域环境，受到来自工业废水、生活污水和养殖水体自身污染的影响，而污染物往往通过食物链被水产动植物富集，从而影响水产品的食用安全。如一些贝类极易将水中的致病菌、病毒、石油烃、农药、重金属和藻类毒素富集于体内，使消费者食用后引起中毒。水产原料由于未及时采取保鲜措施而导致鲜度下降，腐败变质。在养殖过程中因为过度使用抗生素而导致加工产品中药物残留超标。为了保证水产品的食用安全和质量，世界各国会越来越重视渔业环境的保护和治理，选择优质原料，严禁购入有毒、有害原料，强化贝类的净化，保持原料的新鲜状态。加强对有毒有害物质的检测技术和检测方法的研究，强化流通和销售过程的管理，并建立完善的配套跟踪系统。加强制订有关的食品生产法律法规和标准体系建设。加强生产过程中的质量控制，规范加工工艺流程，制定并执行相关的生产标准，保持环境卫生，杜绝食品交叉污染，严防混入有毒有害成分，规范食品添加剂的使用。

2. 越来越重视水产加工食品的营养化和功能化

为了最大限度地保持水产食物原料中营养成分不流失和破坏，会越来越重视对食品加工生产设备和合理工艺流程的研究，根据不同食物的营养特点采用不同的加工方法和工艺。此外，由于水产食品具有高蛋白低脂肪、不饱和脂肪酸含量高、微量元素丰富的特点，具有特定保健功能的天然功能性食品研发会越来越受到重视。如 $\omega-3$ 系列鱼油制品具有防止心脑血管疾病和促进神经系统发育等功效，螺旋藻、小球藻等具有补充微量元素和维生素的作用，藻类多糖和多酚类物质具有降血脂和抗氧化等功能，将来具有特定功效的水产功能食品会越来越多。

3. 水产食品加工继续向精深加工和方便化方向发展

随着人民生活水平的提高和生活节奏的加快，人们期望从繁杂、琐碎的家庭厨房劳作中解脱出来，以便有更多的时间进行工作、学习和休闲、娱乐。提高生活质量，就要求食物具有方便烹调的特性，因此，精深加工水产食品将是消费的趋势和发展方向，成品和半成品食品、调理食品和方便食品的产量将会大幅度提高。可将鱼糜加工成色、香、味、形近似蟹、虾、贝、鱼翅、鱼子等模拟产品，水产食品与肉类和蔬菜配套的复合食品的需求量也会大幅增加。

4. 水产加工副产物的高值化利用会越来越受到重视

我国低值水产品和加工副产物数量较大，这部分资源中含有较多蛋白质、脂类、多糖、矿物质和维生素等物质及各类毒素、甲壳素、磷脂、寡糖、虾青素等活性成分，具有较高的营养价值和经济价值，是未来重要的研究课题，具有较好的开发价值和市场前景。研发重点和发展趋势主要集中在以下几个方面。

1）功能性蛋白与活性肽的研发与产业化：主要集中在内脏蛋白、藻类蛋白、鱼鳞和鱼皮胶原蛋白、贝类裙边蛋白水解产物和多肽等活性成分的利用，具有营养、抗菌、降压、美容和微生物培养等作用。

2）活性多糖与寡糖的研发与产业化：主要有藻类多糖和寡糖的研究和利用，具有降压、预防心脑血管疾病的作用；虾蟹壳中甲壳素/壳聚糖衍生物的开发利用，在食品、医药、农业和环保上具有重要的作用。

3）活性脂质的研发与产业化：主要指鱼油中 $\omega-3$ 系列不饱和脂肪酸、南极磷虾油、新型脂质（DHA/EPA 磷脂、鞘脂）和虾青素的开发利用，在预防心脑血管疾病方面和抗氧化方面具有一定的功效。

4）水产毒素的研发和产业化：主要指在水产原料中因食用或富集而存在的毒素，包括河鲀毒素、贝类毒素和藻类毒素，其中对河鲀毒素的研究较多，具有麻醉和解毒的功效。其他毒素研究较少，值得深入研发、利用和产业化。

5. 对水产加工装备的研发应用越来越重视

机械化、精深化、智能化是水产食品加工装备发展的三个主要阶段，也是水产品加工实现规模化发展、保证产品品质、提高生产效率、应用现代科技的必然趋势。目前，我国水产食品加工还处于机械化、精深化的发展阶段，加工装备在部分企业或部分工序得到了应用，但仍未普及，而且引进和消化较多，自主研发能力较弱。未来的水产品加工将呈机械化快速普及、自动化逐步推进、智能化逐步显现的发展趋势,加工装备将朝专业化、连续化、自动化、节能化方向发展,自主装备设计和研发能力要大幅度提高,要向多品种、高规格方向发展,以适应市场需求和竞争需要。

第五节　渔业信息技术概述

一、渔业信息技术的概念与内涵

1. 渔业信息技术的概念

信息技术是指在信息的产生、获取、存储、传递、处理、显示和使用等方面能够扩展人的信息器官功能的技术,随着经济的发展、科学技术的进步,现代信息技术已发展成为一门综合性很强的高新技术群。它以现代信息科学、系统科学、控制论为理论基础,以通信、电子、计算机、自动化和光电等技术为依托,已成为产生、存储、转换、加工图像、文字、声音和数字信息的所有现代高新技术的总称。20 世纪末,信息技术在世界各国国民经济各部门和社会各领域得到了广泛应用,不仅改变了人们的工作、学习及生活方式,也促使人类社会产业结构发生了深刻变革。

现代渔业信息技术是现代信息技术和渔业产业相结合的产物,是计算机、信息存储与处理、电子、通信、网络、人工智能、仿真、多媒体、3S、自动控制等技术在渔业领域移植、消化、吸收、改造、集成的结果,是发展渔业现代化、信息化的有效手段。

现代渔业信息技术与其他各种新型渔业技术相结合,与渔业所涉及的资源、环境、生态等基础学科有机结合,并对其进行数字化和可视化的表达、设计和控制,在数字水平上对渔业生产、管理、经营、流通、服务等领域进行科学管理,改造传统渔业,达到合理利用渔业资源、降低生产成本、改善生态环境等的目的,从而加速渔业的发展和渔业产业的升级,使渔业按照人类的需求目标发展。

2. 渔业信息技术的内涵

众所周知,信息技术内涵深刻,外延广泛,其构成至少包括 3 个层次,如图 5-2 所示。第一层是信息基础技术,即有关材料和元器件的生产制造技术,它是整个信息技术的基础;第二层是信息系统技术,即有关信息获取、传输、处理、控制设备和系统的技术,主要有计算机技术、通信技术、控制技术等方面,是信息技术的核心;第三层是信息应用技术,即信息管理、控制、决策等技术,是信息技术开发的根本目的所在。信息技术的这 3 个层次相互关联,缺一不可。

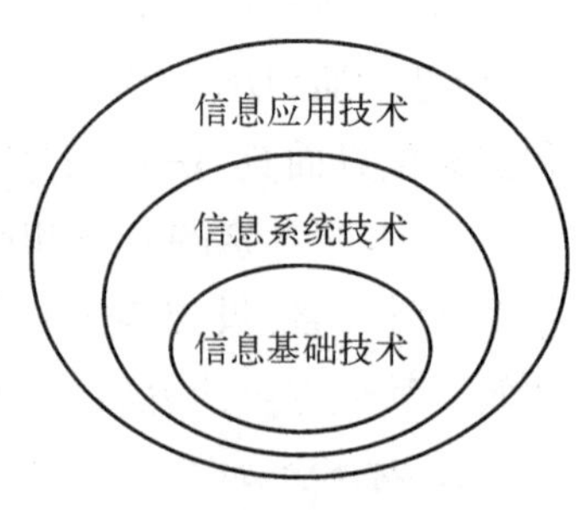

图 5-2　信息技术的层次模型

渔业信息技术是信息技术在渔业中的应用,主要属于信息应用技术范畴,因此,我们对渔业信息技术的内涵主要从应用的角度来理解。早期的渔业信息技术主要是指在渔业中应用的计算机技术，此后，随着信息技术的发展，逐渐向综合应用方向发展，涉及许多新的技术，如计算机网络、微电子技术、现代通信技术、数据库、计算机辅助系统、管理信息系统、人工智能与专家系统、仿真与虚拟现实、多媒体、3S技术、自动控制技术等。

由此可见，渔业信息技术是一个不断发展的技术领域，渔业信息技术的内涵将随着信息技术的发展而不断丰富，并且，随着时代的进步，信息技术在渔业领域的不断深入应用，渔业信息技术的内容将会越来越丰富，对渔业发展的促进作用也必将越来越显著。

渔业信息技术是一个多维技术体系。从渔业行业内部各产业结构的角度来看，渔业信息技术包括养殖业信息技术、捕捞业信息技术、加工业信息技术，以及渔业装备与工程信息技术等；从渔业经济和管理层面来看，渔业信息技术包括渔业宏观决策信息技术、渔业生产管理信息技术、渔业市场信息技术、渔业科技推广信息技术等；从认识渔业对象发生发展规律来看，渔业信息技术包括渔业对象信息技术、渔业过程信息技术等；从渔业信息自身属性来看，渔业信息技术是渔业信息获取、存储、处理、传输、分布和表达的综合；从渔业信息技术的应用形式来看，渔业信息技术是渔业管理信息系统、渔业资源与生态环境监测信息系统、渔业生产与执法过程管理调度系统、渔业决策支持系统、渔业专家系统、精确渔业系统、渔业电子商务系统、渔业教育培训等系统的综合。

二、发达国家渔业信息技术的发展状况

渔业信息技术的历史是从计算机在渔业中的应用开始的，最早可追溯到美国华盛顿大学的L. J. 贝尔德森关于北太平洋渔业模型的计算。在多数发达国家，渔业（尤其是水产养殖业）属于大农业范畴，因此，要了解渔业信息技术的发展历史，就有必要先了解农业信息技术的发展历史。

农业信息技术的历史最早可追溯到1952年美国农业部的Fred Waugh博士在饲料混合方面的工作，在此后的50多年中，大致经历了4个发展阶段：20世纪50~60年代，主要用于解决农业中的科学计算问题，如饲料配比、田间试验统计分析、农业经济中的运筹与规划等；70年代，由于计算机存储设备的改善、软件开发技术的提高，各类农业数据库得到了开发和应用；80年代初，微机技术崛起，计算机在农业方面的应用逐步发展为一股潮流，应用重点转向知识处理、农业决策支持与专家系统、自动化控制的研究与开发；90年代进入Internet网络化时代，同时，以人工智能、3S技术、多媒体技术为依托的虚拟农业、精细农业初现端倪。

与农业信息技术的发展相比，发达国家渔业信息技术的发展主要经历了三个阶段。

第一阶段：20世纪70年代。主要是科学计算，如当时华盛顿大学的L. J. 贝尔德森设计了北太平洋渔业模型，并在计算机上运行，得到了不少运行结果，大大提高了数据处理速度。

第二阶段：20世纪80年代。主要是数据处理和数据库的建设，如采用Basic、

Pascal、C 等语言编写程序进行数据处理，数据格式主要是文件系统；80 年代末期，字处理软件包、Lotus、dBASE 等数据库管理系统出现，开发和建立了一些渔业数据库，如美国、加拿大、日本和澳大利亚等国家建立了海洋渔业生物资源数据库、环境数据库、灾病害数据库、文献专利技术数据库等。由于这个时期计算机没有普及，使用计算机的人员大部分是软件编制人员，与渔业专业人员相分离，致使计算机在渔业上的应用仍然局限在很小的范围内。

第三阶段：20 世纪 90 年代。随着以计算机技术为代表的信息技术的迅猛发展，发达国家的渔业信息技术得到了快速发展，许多信息技术应用到政府辅助决策、资源管理和环境保护、水面利用和区划管理方面，气象、海况、渔况预报和鱼群探测、渔船导航和海上生产作业实时指挥等；智能化的专家系统用于水产养殖中的池塘理化参数监制、自动投饵、饲料配制、鱼病诊断等；随着 Internet 技术的迅猛发展与普及，出现了许多渔业网站，产生了渔业电子商务等。

目前，在国际上，尤其是在美国、欧洲、日本等发达国家或地区，渔业信息技术已经得到了广泛的应用，渗透到了渔业的生产、管理和科研的方方面面。下面简单介绍几个渔业信息技术。

1. 渔业数据库系统

数据库系统（database system，DS）是一种能有组织地和动态地存储、管理、重复利用一系列关系密切的数据集合（数据库）的计算机系统。利用数据库系统可将大量的信息进行记录、分类、整理等定量化、规范化处理，并以记录为单位存储于数据库中，在系统的统一管理下，用户可对数据进行查询、检索，并能快速、准确地取得各种所需要的信息。

建立渔业数据库是实现渔业信息共享的基础，因此，发达国家非常重视渔业数据库建设和信息资源的开发利用。渔业上常见的基础数据库有：渔业资源信息数据库（种质资源、水资源）、渔业环境信息数据库（水文、气象、病虫害、污染）、渔业生产资料信息数据库（种苗、鱼药、化肥、渔具、饲料及其原料等）、渔业技术信息数据库（新技术、新产品、新品种等）、水产品市场信息数据库（各种水产品的销售数量、价格及各地水产品行情等）、渔业经济数据库（渔业人口、水面、产量、渔民收入、就业等）、渔船及捕捞许可数据库、渔业政策法规数据库、渔业机构数据库等。

世界各国都建立了很多各具特色的渔业基础数据库。世界渔业中心（World Fish Center）建立了世界上最大的鱼类种质资源数据库 FishBase，该库收集了 30 000 多种鱼类信息，几乎涵盖了全世界鱼类资源的绝大多数信息。FAO 建立了世界范围的渔业资源、渔业环境、市场和人力资源等方面的数据库，如 FiSAT、FISHERS、FISHSTAT plus、FISHERY FLEET 等。美国国家海洋和大气管理局（National Oceanic and AtmosphericAdministration，NOAA）国家海洋渔业服务中心（National Marine Fisheries Service，MNFS）编制的《水产科学和渔业文摘》（*Aquatic Sciences & Fisheries Abstracts*）提供完整的海洋和环境科学工程相关主题的信息，包括 7 个子资料库，收录 5 000 余种主要期刊、专利、会议论文、图书、报纸等资料，以及非英语期刊和政府报告。水产方面涉及的学科有生物学、生态学、水产养殖、渔业、海洋学、湖沼学、资源和经济、污染、生物技术、海洋技术和工程等。

2. 渔业专家系统

专家系统（expert system，ES）是一种智能的计算机程序，它能够运用知识进行推理，解决只有专家才能解决的复杂问题。换句话说，专家系统是一种模拟专家决策能力的计算机系统。专家系统是以逻辑推理为手段，以知识为中心解决问题。

渔业专家系统是以渔业专业知识为基础，在特定渔业领域内能像渔业专家那样解决复杂的现实问题的计算机系统。它是将渔业专家的经验，用合适的表示方法，经过知识的获取、总结、理解、分析，存入知识库，通过推理机制来求解问题。

国外从 20 年代 70 年代后期起就把专家系统技术应用于相关生产领域，目前已应用于水产养殖水中理化参数监控、自动投饵、饲料配制、鱼病诊断和渔业经济效益分析、水产品市场销售管理等方面。例如，80 年代初挪威某公司研制出一种由计算机系统控制的鱼类投饵装置，使养鱼生产中的投喂饵料达到全自动化。日本的青田木一郎等开发了包括鱼卵丰度、幼鱼渔获量和黑潮暖流路径等 28 个变量和由这些变量之间的关系构成的 146 条规则的专家系统，以对日本神奈县的鳀鱼渔况进行预测。丹麦研究机构利用专家系统外壳 AUTOKLAS 开发了分析鱼类与环境之间关系的专家系统。FAO 开发了交互式专家系统，它包含一个专家知识库和一个模型库，可以对包括环境因子的剩余产量模型进行选择和拟合，主要应用于对渔业资源的评估与预测。1995 年罗马尼亚加拉茨大学水产学、计算机和疾病病理学方面的专家组成的研究小组研制出了世界上第一个鱼病诊断专家系统。2000 年以色列研发了一套基于模糊逻辑和推理规则的单 PC 机的鱼病诊断专家系统。日本学者把专家系统应用于鳗鱼渔况的预报中。韩国学者使用人工神经网络使 30 种鱼的长期渔业数据模式化，其能准确评估海洋渔业资源现状，对合理、持续地利用海洋渔业资源有很重要的作用。

3. 渔业管理信息系统

管理信息系统（management information system，MIS）是一个以人为主导，利用计算机硬件、软件、网络通信设备和其他办公设备，进行信息搜集、传输、模拟、处理、检索、分析和表达，以增强企业战略竞争、提高效率和效益为目的，并能帮助企业进行决策、控制、运作和管理的人机系统。

渔业管理信息系统是管理信息系统技术在渔业管理中的具体应用，能够帮助渔业从业人员辅助管理、科学决策、提高效益。目前在发达国家和地区，渔业管理信息系统已经广泛应用于渔业行政管理、渔业生产管理、渔业经营管理、渔业企业管理、渔业产物资源质量管理、渔业科技管理等方面。

4. 3S 技术

3S 技术是遥感（remote sensing，RS）、地理信息系统（geography information systems，

GIS)和全球定位系统(global positioning systems,GPS)的简称,是将空间技术、遥感技术、卫星测量定位技术与计算机技术、通信技术和控制技术互相渗透、互相结合的一门技术,已经广泛应用于军事、通信、交通、环境、国土、农业等诸多领域,对社会可持续发展起了极其重要的作用。

在渔业领域,3S 技术最早应用于海洋渔业,始于 20 世纪 80 年代中后期,但在 90 年代才得到发展。目前,3S 技术已经广泛应用于渔况预报和鱼群探测、渔业资源管理、渔场动态监测、环境保护、各种渔业灾害(赤潮、台风、病虫害等)的实时预测与监测、水面利用和区划管理、渔船导航和海上生产作业实时指挥等,并针对不同的应用对象和用途进行研究开发,在渔业生产、科研和管理中起着重要的作用。

在国际上,西方发达国家和地区相对较早地将 3S 技术应用于渔业领域,举例如下。

20 世纪 80 年代中期,美国西南及东南渔业研究中心将遥感技术应用于加利福尼亚沿岸金枪鱼和墨西哥湾的鲳鱼和稚幼鱼资源分布和渔场调查研究,取得了成功,并且利用 Nimbus27 CZCS 水色扫描仪所获得的信息,定期计算墨西哥湾的叶绿素和初级生产力的空间分布,并结合利用 NOAA AVHRR 信息计算海面温度及其梯度分布,发现鲳鱼和稚幼鱼资源渔场分布与上述信息的关系,研究出定量回归模型,此后又将这一成果结合专家系统广泛应用于美国墨西哥湾的渔业生产。

日本农林水产省自 20 世纪 80 年代以来也一直以气象卫星遥感信息为主,为该国海洋捕捞做定期渔场渔情服务,包括每隔 5 天、7 天的整年定期渔海况速报,渔汛期季节性的定期渔海况速报和全年(每 10 天 1 次)的渔海况速报。Tokai 大学还利用卫星监测夜间在日本附近海域作业的渔船的灯火分布,并将它与遥感反演的海表温度进行叠加分析,发现渔船作业大多在冷暖水边界靠冷水的一边,这就为海洋渔业资源管理提供了依据。目前,日本海渔况速报和预报的品种、预报海域的范围均不断扩大,技术处于国际领先水平。

加拿大建立了海湾地理信息系统(G-GIS)、海洋信息系统(MEDS),用于管理加拿大 200 海里经济专属区的国内外渔船,自动记录捕捞证、配额、捕获量、捕捞努力量等数据;英国综合运用 GIS、DBMS 和 GPS 技术开发了渔业生产动态管理系统 FISHCAM2000,该系统由船载模块和管理模块两部分组成,船载模块安装在船载微机中,定制的软件系统与全球定位系统相连,数据以自动传送和磁盘两种方式汇集,管理部门用管理模块(ODBMS 与一个 GIS 相连)进行数据处理、分析和输出;德国、芬兰、挪威、苏格兰和瑞典联合开发的 Skagex 电子图集,包括 7 个波罗的海国家海域的物理、水文、化学、生物参数。

5. 计算机网络

计算机网络(computer network)是指利用通信设备和传输介质将地理位置不同、功能独立的多个计算机系统互连起来,以功能完善的网络软件实现网络中资源共享和信息传递的系统。目前世界上发展最迅速、利用最广泛、规模最庞大的计算机网络便是国际互联网 Internet。目前 Internet 已覆盖了全世界大多数国家和地区,联网的主机达到数千万台,上网用户达到数亿。Internet 的信息内容涉及广泛,几乎包括工农业生产、科技、教育、文化艺术、商业、资讯、娱乐休闲等诸多方面,在 Internet 上购物、在线教育、在线股市、远程医疗、点播电影、网络会议、网络展览都已变成现实,成为人类技术和文明的巨大财富,是全球取之不尽、用之不竭的信息资源基地。

国外渔业信息网络建设已较成熟,数量和类型众多,覆盖面广,特色鲜明,信息服务功能多样,交互功能强,网站设计简洁实用。例如,美国五大湖地区水产资源网、密西西比水产资源信息网等,还有 FAO 渔业处、世界水产养殖学会、亚洲水产养殖中心网、美国农业部水产养殖信息中心、美国农业部和一些大学的水产养殖学院的网站。除了传统的渔业数据库系统、渔业专家系统、渔业管理信息系统等信息系统由单机转向网络化,还建立了专门的渔业信息网络,提供了专业的渔业信息服务。例如,创建于 1870 年的美国渔业协会于 20 世纪 90 年代初期就发布了其信息服务的网站 www. fisheries. org,提供功能强大、内容丰富的渔业信息服务;美国国家渔业信息网络建设了全国性的、基于 Web 的、统一的渔业信息系统(the fisheries information system,FIS),提供美国渔业准确、有效、及时、全面的数据信息,回答何人、何时、何地、做何事、为何和如何等问题,为决策者提供渔业政策和管理决策依据,为科研人员提供数据资料,为从业人员提供信息服务。

6. 多媒体技术

多媒体技术(multimedia technology)是指把文字、音频、视频、图形、图像、动画等多种媒体信息通过计算机加工处理(采集、压缩、解压、编辑、存储等),再以单独或合成形式表现出来的一体化技术,其本质不仅是信息的集成,也是硬件和软件的集成,同时它通过逻辑链接形成具有交互能力的系统。多媒体技术处理的信息具有两个重要特性,其一是信息呈现的多样性,信息以图文并茂、生动活泼的动态形式表现出来,给人以很强的视觉冲击力,使人留下深刻印象;其二是交互性,人们可以使用键盘、鼠标、触摸屏等输入设备,通过计算机软件控制多媒体的播放,从而提供更有效的控制、使用信息的手段。

多媒体技术丰富了渔业信息技术手段,使渔业信息的表现形式呈现多样化,与其他渔业信息技术综合应用,开发出多媒体的渔业数据库系统、渔业专家系统、渔业管理信息系统,其图、文、声、像并茂,易为渔业从业人员所接受。发达国家早在 20 世纪 90 年代初期就开发和应用了多媒体的水产养殖管理系统、饲料配方专家系统、渔业信息咨询系统等。

三、我国渔业信息技术的发展状况

国内的信息技术在渔业领域的应用起步于 20 世纪 80 年代初期,在短短 20 多年的时间里,我国渔业信息技术经历了起步、发展和提高三个阶段,与发达国家的差距正在缩小,在某些地区、某些技术方面的应用已经达到了国际先进水平。

1. 起步阶段(1990 年以前)

在这一阶段,信息技术背景是电子计算机昂贵,局限于科研院所,为专业人员使用,且计算机的功能有限。在渔业领域,主要是利用计算机的快速计算能力,解决渔业领域中的科学计算和数学规划问题,以及简单的渔业数据处理、预测分析等。

1980 年厦门大学的江素菲等应用 TQ-16 电子计算机,对闽南-台湾浅滩渔场带鱼种群进行了研究,解决了长期以来该海域带鱼是否存在两个不同种群的问题;1983 年厦门水产学院的林瑞镛应用 TRS-80 微型计算机,对福建省渔业机械化进行调查统计,有效地减轻了统计分析工作中庞大、烦琐的人工劳动,并使整个统计工作达到国内先进水平;1983 年 4 月黄海水产研究所等单位研制的渔情测报系统,首先开拓了微型电子计算机在渔业中应用的新领域,为我国渔情资料快速传递、处理和发布,及时反映海上渔场分布概况,指出中心渔场,反映捕捞对象的全面动态提供了重要手段;1986~1989 年福建水产研究所开展了"微电脑在渔业上的应用研究"课题,采用多元回归分析方法进行了闽南地区灯光围网渔获量预报的研究,用 DBASE2 数据库建立了闽南地区灯光围网渔业统计资料及有关气象水文资料数据库。另外还有,1986 年徐明的"鱼用饲料原料配比的计算机程序初步研究",1987 年林瑞镛的船舶推进计算机辅助设计的数值计算,1989 年的中小型船舶微机辅设计 SCAD 系统,1986 年张秉章的水产养殖微机数据采集处理的硬件电路与软件设计等。

与此同时,还引进和利用了国外的先进的渔业信息数据库系统。1985 年,国家海洋信息中心代表中国加入了联合国水科学和渔业情报系统(ASFIS),并成为 ASFA 中国国家中心。《水科学和渔业文摘》(ASFA)是 ASFIS 系统的主要产品,有联机数据库、数据库光盘、印刷本杂志等几种形式,其收录范围包括海洋、半咸水、淡水环境的科学、技术与管理,生物与资源及其社会、经济、法律问题等,文献覆盖范围包括:海洋、淡水和半咸水环境的生物学、生态学、生态系和渔业;物理和化学海洋学、湖沼学,海洋地球物理学和地球化学,海洋工程技术,海洋政策法规和非生物资源;水环境的污染、影响、监测与防治;水产养殖、管理和有关的社会经济问题;分子生物学和遗传学在水生物领域的应用技术等。

2. 发展阶段(1991~1997 年)

这一阶段,计算机不再是奢侈品,且计算机的功能越来越丰富,计算机的多媒体、网络等方面的功能得到加强,以计算机为核心的信息技术发展迅速,其应用越来越广泛、越来越深入。在渔业领域,主要利用计算机的复杂数据处理能力,以及网络通信、多媒体方面的功能,人工智能、3S 技术也得到了快速应用,不仅开发和建立了各种渔业数据库系统、专家系统、管理信息系统,实现了渔业生产自动化,还应用 3S 技术进行渔业资源环境的监测、高效远洋捕捞。

1991 年中国水产科学研究院渔业综合信息研究中心在《中国水产文摘》基础上,开发和建立了《中国水产文献数据库》。该数据库系统收集了 1985 年以来国内主要水产刊物的文献,是我国水产领域最大的专业数据库,规模超过了 4 万条目信息,涉及渔业的各个领域,包括资源、捕捞、养殖、加工、机械、渔业经济等;1995 年中国水产科学研究院黄海水产研究所利用 PC 机,建立了 1971~1985 年的渔捞产量数据库,进行相关统计分析,揭示马面鲀渔场与东海黑潮的关系,为生产企业单位掌握渔情动态、把握中心渔场、科学地安排生产提供了依据;90 年代以来,国内相关部门还建立了其他数据库,如鱼病防治、工厂化养殖、渔业信息、水产养殖技术等数据库,这些数据库的建立为渔业信息的传播和分享,更好地为渔业科技、教学、生产、经营等部门服务提供了强有力的支撑。

国内把遥感技术应用于海洋渔业的研究始于 20 世纪 80 年代初,但直到 90 年代其才得到快速和深入应用。首先对气象卫星红外云图在海洋渔业中的应用进行了探索性的研究,利用外部定标方法提取卫星红外云图中的海面水温信息,在此基础上,结合非遥感源的海况环境信息和渔场生产数据,经过综合分析,手工制作成黄海、东海区渔海况速报图,并定期(每周)向渔业生产单位和渔业管理部门提供信息服务。国内进行的气象卫星海况情报业务系统的研究工作,包括对气象卫星海面信息的接收处理,海渔况信息的实时收集与处理,黄海、东海环境历史资料的统计与管理,海渔况速报图与渔场预报的实时制作与传输,海渔况速报图的应用等,其研究成果的水平基本接近日本同类水平,但在智能化、可视化、应用的广度和深度方面尚存在一定差距。

另外,在渔业信息系统的开发和应用方面也取得了一些成绩,如中山大学进行了"微电脑草鱼饲料配方研究"和"池塘高产电子计算机人工智能咨询系统研究",厦门水产学院开发的"鱼用饲料原料配比的计算机程序初步研究",以及"鱼类营养学专家系统""鱼病诊断专家系统""全国渔业区划信息系统""对虾养殖计算机管理系统"等。同时,20 世纪 90 年代中期以来,在经济发达地区和沿海的一些渔场建立了不少工厂化养鱼车间,这些车间以自动化为核心建立,发展了设施渔业。

3. 提高阶段(1998 年以后)

这一阶段,计算机价格不断下降,软件开发环境不断完善和提高,计算机逐渐普及,尤其是 Internet 的出现和普及,使信息技术在渔业领域的应用不仅进一步普及,而且应用水平也得到了很大提高,我国与发达国家或地区的差距缩小,某些领域、地区已经达到或超过国际先进水平。

(1) 形成了全国性的渔业信息组织机构体系

农业农村部已形成了由市场与经济信息司具体组织协调,以信息中心为技术依托,各专业司局和有关直属事业单位共同参与的信息组织机构体系,如东海区渔业信息服务网络,如图 5-3 所示。全国各省级农业行政主管部门都有负责信息工作的职能部门,有 89%的地级市、60%的县、20%的乡镇建立了农村综合经济信息中心和相应的农业信息服务机构及自己的信息服务平台。国家对渔业信息的管理纳入农业信息的管理之中。

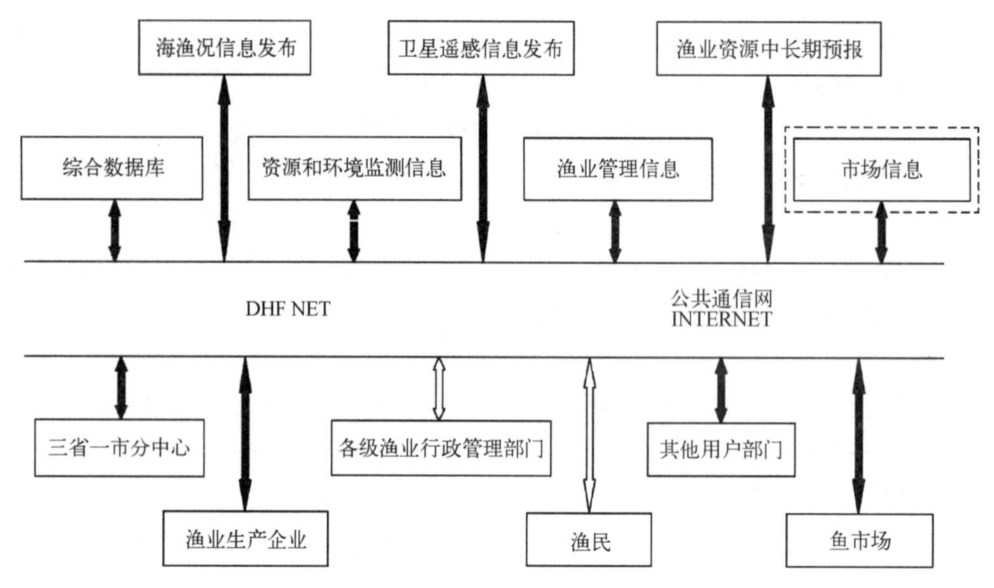

图 5－3　东海区渔业信息服务网络

（2）建起了一批较有影响的渔业信息网站

随着 Internet 在国内的普及，渔业网站也得到了迅猛发展，从 1999 年的 20 多家，发展到目前的几百家，参与渔业网站建设的有各级水产行业管理机构、水产科研和教学机构、水产企业，甚至一些个人，在这些不同类型的渔业信息网站中，比较知名的有中国渔业政务网（www. cnfm. gov. cn）、中国水产科学研究院（www. cafs. ac. cn）、中国渔业网（www. zgyy. com. cn）、中国水产信息网（www. aquainfo. cn）等，这些网站以不同方式为渔业部门和全社会提供渔业信息服务。

（3）开发出一批有较高实用价值的数据库和信息系统

在渔业信息资源开发利用和基础数据库建设方面，经过多年的努力，已建成了一批实用数据库或信息系统，如渔业科技文献数据库、科研成果管理数据库、全国渔业区划数据库、水产种质资源数据库、实用养殖技术数据库、渔业统计数据库、海洋渔业生物资源数据库、海洋捕捞许可证与船籍证管理数据库、远洋信息管理系统等，其中有的已经推广应用，并在渔业生产、管理和科研教学中发挥了重要的作用。

由中国水产科学研究院渔业综合信息研究中心创建的中国水产科技文献数据库收录了由 1985 年以来公开发表的文献资料约 4 万篇，是我国水产行业科研、教学和生产管理的主要检索工具。由中国水产科学研究院创建的我国水产种质资源数据库收录了 3 000 多条水生生物种类的基本生物学特征数据，目前也已经通过科技部的验收。

上海海洋大学鱿钓技术组于 1995 年，在农业部渔业局捕捞处支持下，建立北太平洋鱿鱼渔获量的数据库系统。该数据库收集了 1995~1999 年十多家主要生产单位的渔获量及其分布数据，内容包括了作业日期、生产渔区、各渔区的投入船数、各渔区的投入渔获量和平均渔获量，可以按单位、作业日期、渔区等不同的条件进行查询和统计，并编印出5册1995~1999年度的北太平洋鱿钓作业的渔场分布图，供渔业主管部门和各生产单位使用。

2001年为适应当前国际海洋管理制度的变革和我国专属经济区、重点渔业水域管理的需要，农业部渔业局立项开发建设中国渔政管理指挥系统。建设的总体目标为建设国家（农业部）、海区（黄渤海、东海、南海区渔政渔港监督管理局）、省（自治区、直辖市）渔政管理指挥系统中心站，在省级直属渔业行政执法机构和沿海地（市）、县渔业行政执法机构中建立系统工作站，同时为渔政执法船配备船位监测设备，形成完整的全国渔政管理指挥网络系统。

（4）渔业专家系统被推广应用

我国渔业专家系统的开发始于20世纪90年代初期，最早的渔业专家系统是由国家农业信息工程技术中心开发出的“鱼类病害专家诊断系统”。

在国家863计划智能计算机主题（“863－306”主题）项目的支持下，先后开发了用于农业专家系统的平台5个，它们是：由北京国家农业工程技术信息中心和国防科技大学合作开发的Paid4.0，由中国科学院合肥智能机械研究所农业信息技术重点实验室开发的Visual XF6.2，吉林大学计算机科学系开发的农业专家系统开发平台，中国科学院合肥智能机械研究所开发的农业专家系统开发工具，哈尔滨工业大学计算机系开发的农业专家系统开发平台。

在上述平台的基础上，一些单位先后研制开发出了不同类型的渔业专家系统，如天津水产研究所开发出的“中国对虾养殖专家系统”，北京市水产科学研究所开发出的“水产专家信息系统”，北京农业信息技术研究中心开发出的“淡水虾养殖专家决策系统”“青虾专家系统”“水产养殖专家决策支持系统”，中国农业大学开发出的“稻田养蟹专家系统”“智能化水产养殖信息系统”“鱼病诊断与防治专家系统”“淡水鱼饲料投喂专家系统”等。

以上成果已经在渔业的科研、生产和管理上发挥出不同程度的作用，但从客观上讲，这些专家系统的准确性、实用性和所采用技术的先进性与国外相比仍有相当的差距。

（5）3S技术以一种高速发展的态势渗透到渔业的科研和生产之中

近年来，我国有关科研单位利用NOAA卫星信息，经过图像处理技术处理得到海洋温度场、海洋锋面和冷暖水团的动态变化图，进行了卫星信息与渔场之间相关性的研究，为实现海况、渔况预报业务系统的建立进行了有益的探索；利用美国Landsat的TM信息，对十多个湖泊的形态、水生维管束植物的分布、叶绿素和初级生产力的估算进行了研究，为大型湖泊生态环境的宏观管理提供了依据。

上海渔业机械厂等单位研制的“带航迹显示的渔用GPS”和“渔船航海工作电脑系统”已经广泛应用于我国的渔船导航系统，国内有关单位实施的“我国专属经济区和大陆架生物资源地理信息系统”“渤海生物资源地理信息系统”“南海海洋渔业GIS管理系统”等项目对我国近海渔业资源的养护和管理都可起到了重要作用。

“九五”期间，针对我国近海渔业资源可持续利用、外海新渔场开发，以及我国海洋专属经济区、中日和中韩共管区管理等需要高新技术支持的迫切需求，国家“863”计划海洋领域海洋监测技术主题设专题研究项目“海洋渔业遥感信息服务系统技术和示范试验”，以东海为示范研究区，以带鱼、马面鲀、鲐鱼为示范鱼种，开发了可业务化运行的海洋渔业遥感、地理信息系统技术应用服务系统。

“九五”后期又以西北太平洋为研究区域，以鱿鱼为研究对象，进行了大洋渔业信息服务系统技术研究开发。具体包括：西北太平洋遥感信息接收和处理，西北太平洋鱿鱼渔船动态跟踪和管理，西北太平洋鱿鱼中心渔场速报，西北太平洋渔业综合数据库建设和数据库管理系统等。其中，西北太平洋渔业综合数据库中有些数据项的区域范围覆盖了整个太平洋，甚至全球大洋。数据包括：用于提取渔场环境特征的6种遥感图像，以及SST、叶绿素数据，数据量为350 G；国内全部鱿鱼生产80%的历史渔捞统计数据，以及部分台湾地区、日本和朝鲜的鱿鱼统计数据；温度、盐度、含氧量、磷酸盐、硅酸盐、亚硝酸盐、硝酸盐、pH、浮游生物、压力、气温、气压、风速、风向、波高、波浪周期和波谱等全球海洋调查观测数据，数据量为10 G左右；商船船测数据（流速、流向、气压、水表温、风向、风力、云的形状、云的运动方向等）约1亿个记录；西北太平洋SST等值线图1 500多幅，时间分别率为3天；海底地形、海底底质、专属经济区、日本139总吨线等背景数据；国内所有的鱿鱼、金枪鱼生物学生产调查数据；国内所有的远洋渔船船舶档案；国内外重要渔业法规。在数据库的基础上，处理分析出了深加工信息产品，比如大洋渔业海渔况系列信息产品。

（6）促进了设施渔业的发展

设施渔业就是采用现代化的养殖设施（机械化、工厂化、信息化、自动化），以建立人工小气候为手段，在人工控制的最佳环境、最佳饵料条件下，进行高密度、集约化养殖。设施渔业又称为“工厂化渔业”或“环境控制渔业”，广义含义还包括工厂化养殖、网箱养殖、休闲渔业和人工鱼礁等。设施渔业的关键在于现代化的养殖设施，以及高度自动化的管理，而这些都离不开信息技术的支撑。

四、信息技术与现代化渔业

1. GIS在海洋渔业中的应用现状及前景分析

GIS是集计算机科学、空间科学、信息科学、测绘遥感科学、环境科学和管理科学等学科为一体的新兴边缘科学。GIS从20世纪60年代开始，至今只有短短的50年时间，但它已成为多学科集成并应用于各领域的基础平台，成为地理空间信息分析的基本手段和工具。目前GIS不仅发展成为一门较为成熟的技术科学，而且还在各行各业发挥着越来越重要的作用。为了进一步促进GIS技术在我国海洋渔业领域中的应用与发展，本书将根据国内外几十年来海洋渔业GIS技术的发展现状，以及海洋渔业学科发展趋势，对其发展历程、应用现状和前景进行较为系统的论述，为我国海洋渔业学科的发展提供参考。

（1）渔业 GIS 的发展历程

GIS 被定义为是计算机程序、数据及设计人员的集合，用于收集、存储、分析与显示地理参考信息。20 世纪 60 年代初，第一个专业 GIS 在加拿大问世，标志着通过计算机手段来解决空间问题的开始。经过近半个世纪的发展，GIS 已成为处理地理问题多领域的主体。GIS 首先在陆地资源开发与评估、城市规划与环境监测等领域中得到应用，20 世纪 80 年代开始应用于内陆水域渔业管理和养殖场的选择，20 世纪 80 年代末期，GIS 逐步运用到海洋渔业中。尽管在渔业方面的应用于 20 世纪 90 年代扩展到外海，覆盖三大洋，但是与陆地相比，它们的应用仍然受到很大的限制。根据以往的一些参考文献，GIS 与渔业 GIS 各发展阶段的特征和发展动力见表 5－2。

表 5－2　GIS 与渔业 GIS 发展历程

阶　段	GIS		渔业 GIS	
	特　征	发展动力	特　征	发展动力
20 世纪 60 年代	开拓期：专家的兴趣及政府引导起作用，仅限于政府及大学的范畴，国家交往甚少	学术探讨、新技术应用、大量空间数据处理的生产需求	—	—
20 世纪 70 年代	巩固发展期：数据分析能力弱，系统应用与开发多限于某个机构，政府影响逐渐增强	资源与环境保护、计算机技术迅速发展、专业人才增加	—	—
20 世纪 80 年代	快速发展期：设计学科增多、应用领域迅速扩大、应用系统商业化	计算机技术迅速发展、行业需求增加	开拓期：初期，发展速度缓慢；主要用于内陆水域渔业管理和养殖位置的选择	卫星遥感技术的发展；FAO 对 GIS 工作的支持；陆地 GIS 技术的应用
20 世纪 90 年代	提高期：用户时代，GIS 已成为许多机构必备的办公室系统，理论与应用进一步深化	社会对 GIS 的认识普遍提高，需求大幅度增加	快速发展期：GIS 在渔业上得到了广泛应用，为加速发展期间（沿岸到外海）	计算机技术的发展，以及日益完善的海洋生物资源与环境调查数据
21 世纪前 10 年	拓展期：社会时代，社会信息技术发展及知识经济形成	各种空间信息关系到每个人日常生活所需要的基本信息	巩固拓展期：巩固和扩展到更多领域（外海到远洋渔业）	数据的可利用性和储存，并获得了普遍的认同

阻碍渔业 GIS 快速发展的主要原因有三个：首先，在资金方面，收集水生生物的生物学、物理化学、地形等方面的数据需要很大的成本，这些高成本阻碍了渔业 GIS，特别是海洋方面的发展。其次是水域系统的动态性，水域系统比陆地系统更为复杂和动态多变，需要不同类型的信息。水域环境通常是不稳定的，通常要用三维，甚至四维（3D+

时间)来表示。最后,许多商业性软件开发者通常以陆地信息为基础,并结合先进统计软件功能,特别考虑了其商业性价值。因此,这些软件无法有效地处理渔业和海洋环境方面的数据。

尽管海洋渔业GIS技术发展面临着很多困难,但由于计算机技术和获取海洋数据手段的快速发展,以及海洋渔业学科发展的自身需求,近十多年来,海洋渔业GIS技术得到了长足的发展。GIS在渔业中的应用越来越受到科研人员和国际组织的重视。1999年第一届渔业GIS国际专题讨论会在美国西雅图举行,之后每3年举办一次。研讨会内容包括GIS技术在遥感与声学调查、栖息地与环境、海洋资源分析与管理、海水养殖、地理统计与模型、人工渔礁与海洋保护区等海洋渔业领域中的应用,以及GIS系统开发。此外,一些研究机构(或大学)和公司专门开发了海洋渔业GIS系统和软件,比较著名的有:① 日本Saitama环境模拟实验室研发的Marine Explorer;② 美国俄亥俄州立大学、杜克大学、NOAA、丹麦等研究机构(ESRI)研发的Arc Marine和ArcGIS Marine Data Model;③ Mappamondo GIS公司研发的Fishery Analyst for ArcGIS 9.1。

(2) GIS在海洋渔业中的应用状况

综合目前国内外GIS技术在海洋渔业中的应用情况,通常可概括为以下几个主要方面:渔海况数据采集与分析、渔业资源与海洋环境关系、水产养殖选择、渔业资源评估与分析、标志放流、海洋生态系统和渔情预报等。

1) 渔海况数据采集与分析

数据主要通过各种方法获取,包括利用声学调查和遥感(卫星或航天飞机等)仪器设备获得数据。近来,卫星图像及其他遥感的数字信息越来越多地被GIS引入中,用于海洋生物分布及其与海洋环境关系的动态研究。例如,声学调查的数字信息纳入GIS中,用于现场三维生物量的估计、海底地形测绘等,对鱼类生态学的进一步研究也取得了进展。有学者利用卫星测高数据在渔情分析中的应用探索,通过对卫星测高数据的分析,结合日本和美国在海面高度与渔场关系方面的研究,根据海洋学和渔业资源学的理论进行分析和探讨,为卫星测高数据在渔情分析中的应用提供了理论依据。

浮游植物是渔海况中极为重要的因子之一,也是生态系统食物链中许多高营养级生物的基础,因此,识别浮游植物生物量的分布是了解动态环境和有效管理的第一步。加拿大研究人员在《自然》杂志上报道,由于气候不断变暖,全球海洋上层的浮游植物数量在过去一个世纪里大幅减少,这个趋势如果得不到遏制,将对海洋食物链和全球生态系统造成严重影响,许多鱼类目前正遭受食物链两头的挤压,一方面人类过度捕捞,另一方面它们的"主食"——浮游植物又在减少,领导此项研究的专家Boyce认为,由于浮游植物减少可能对海洋食物链和全球生态系统造成严重影响,这一令人担忧的下降趋势必须得到足够重视。

渔海况测量技术的提高意味着数据获取的能力上升。有专家指出,如果在目前的数据收集方法上没有根本转变，GIS 在海洋渔业中的潜力将变得很困难。尽管这些数据被 GIS 利用，但仍然存在很大的局限性，如数据标准化、资金短缺等。这些需要科研人员，甚至国际组织加强国际之间的合作，共同努力才能更好地将 GIS 应用于海洋渔业中。

2）渔业资源与海洋环境关系

海洋环境与海洋渔业资源息息相关，认识海洋环境、资源分布和资源量是渔业管理中的重要课题。渔业资源空间分布及其环境关系是海洋渔业 GIS 应用的最基础和最普遍的研究领域，通常应用到的是 GIS 制图与建模。GIS 的应用使得自然资源管理更空间化，传统的模型没有将不同的区域及其区别设计进来，GIS 作为一种空间分析工具，用来解释一个地区到另一地区的区别，GIS 聚焦在不同区域间的相互关系，而不是对这些区域取平均值或平滑值。GIS 建模是 GIS 在以空间数据建立模型过程中的应用，GIS 能综合不同数据源，包括地图、DEM、GPS 数据、图像和表格，建立各种模型，如二值模型、指数模型、回归模型和过程模型等，在渔业中常用的是指数模型和回归模型。建立指数模型并不难，但要求 GIS 用户对数字打分和权重加以考究，它常用于栖息地适宜性分析和脆弱性分析。回归模型可在 GIS 中用地图叠加运算把分析所需的全部自变量结合起来，常用于渔业资源的空间分布和资源量大小的估算。

此外，关键鱼类栖息地的适当设计在任何渔业资源管理中是非常重要的空间测量。其特点是存在生物与非生物参数的集合，它适应支持与维持鱼类种群的所有生活史阶段。由于关键鱼类栖息地的时空变化显著，对开发和管理增加了难度，GIS 作为一种高效的时空分析工具，越来越受到管理者的关注与重视，在这方面的研究也与日俱增。

总而言之，GIS 在渔业资源与海洋环境关系方面得到了广泛应用，目的是为了了解资源分布与环境之间的关系，鉴定鱼类栖息地，进一步掌握资源的动态分布，最终对海洋鱼类栖息地进行评估与管理。

3）海水养殖及养殖场的选择

养殖场的选择是任何一个水产养殖的关键因素，影响养殖的成功和可持续性。在任何水产养殖经营场所中，正确选择场地是非常重要的，因为它能够通过确定资本支出，以及影响运行成本、生产率和死亡率的因素，极大地影响经济可行性。GIS 主要应用于近岸和外海海水养殖，可为两大类：① 网箱养鱼。大多数例子涉及对相对大的区域的预选址研究，结果是对具体区域或 GIS 确定的地点进行潜在进一步详细实地调查的定位标识。② 近岸贝类养殖。贝类养殖中应用 GIS 的情况远远多于网箱养鱼，涉及污染、水产养殖活动中的疾病，使用水底传音遥感评价生境、资源、承载能力和季节死亡率。

海水养殖发展和管理的许多问题有着地理或空间背景，早期调查人员充分认识到海水养殖的空间因素和限制。GIS、遥感和制图在海水养殖发展和管理的所有地理和空间方面能发挥作用。利用卫星、空中、地面和水下传感器的遥感，用于获取大量近海和外海数据，特别是关于温度、流速、浪高、叶绿素浓度，以及土地和水的使用数据。从本质上说，GIS 用以评估水产养殖发展的适宜性，以及组织水产养殖管理的框架。阻碍 GIS 在海水养殖中应用的主要是数据问题，一是获得空间数据，另一个是属性数据的可获得性。在空间数据方面，仍然有许多数据差距，分为三类：① 地理覆盖率和时间差距；② 分辨率；③ 数据性质差距。海水养殖 GIS 的研究花费的大多时间用于确定、收集、整理和编撰属性数据，明确对养殖生物的环境要求，对养殖结构的最佳和工作限制。

4）渔业资源分析与管理

GIS 在渔业资源分析与管理上的应用主要包括海洋保护区（marine protected area，MPA）、渔礁、生态系统的评估与预测等。海洋科学家通常评估栖息地以掌握资源的分布和相关丰度，然而，由于自然栖息地的空间和相关时空变化，往往难以使用传统的同化数据分析方法。GIS 为帮助解决空间数据内部分析问题提供了一个有效工具，GIS 能有效地收集、存储、显示、分析和建模时空数据。此外，结合不同的数据类型，如社会和政治界限，底质类型、鱼类分布等，资源管理人员可以利用 GIS 制订管理决策。GIS 也常被用于 MPA 的决策支持工具。为管理影响 MPA 的复杂问题，管理人员往往转向寻求理解和分析其 MPA 的资源和环境的技术。MPA 管理人员和科学工作者正越来越多地利用 GIS 和遥感进行制图和分析其管辖区的资源。世界上许多商业性鱼类正面临着资源衰退，经济下降的情况。目前意识到许多种群已经受到威胁，渔业文化关注的焦点是关闭大量的海洋作业区域，通过海洋保护区，或类似的非作业区（No-Take Zones，NTZs），或海洋存储区（marine reserves）对空间问题进行解决，GIS 正在成为全球自然资源管理活动中不可缺少的组成部分。

GIS 是一门对渔业科学与管理很具有潜力的技术。渔业资源分析与评估归根结底是为了有效制定管理决策，GIS 在政策决定和资源分配方面有很大的潜力。政策决定的目的是影响决策者的决策行为，资源分配涉及直接影响资源利用的决定。用于决定政策的 GIS 作为处理模化工具也有潜力，用该工具中可模拟预计的决策行为的空间影响。模拟模型，尤其是包含社会-经济问题的模拟模型，仍处于萌芽阶段。但预期 GIS 将在该领域发挥越来越重要的作用。资源分配决定也是采用 GIS 分析的主要内容。

5）标志放流

GIS 在海洋渔业标志放流的研究中也得到了应用。主要集中在海洋生物的动态变化与环境信息之间的多尺度时空研究问题，目的是掌握海洋生物各生活史阶段的特性，或其洄游路径。GIS 被用来进行多尺度的 3D 时空分析。但目前很少有利用 GIS 来研究鱼类动态洄游的报道和文章出现。然而，用电子标记方法记录鱼类洄游路径及其生存环境，并结合 GPS、GIS 和遥感技术进行时空分析，已成为备受关注的研究手段。近年来，在北美水域应用 GIS 和遥感技术在海龟研究领域取得了革命性进展，并将其分为三大类：① 利用 GIS 和遥感跟踪远距离运动，并迅速建立海龟种群动态；② 跟踪短距离海龟运动，分析主要栖息地和评估造成海龟死亡的原因；③ 分析海龟栖息地，实施健全的养护措施。多尺度时空分析是海洋渔业 GIS 所面临的重要挑战之一，有待于进一步深入研究。

6）海洋生态系统

在渔业科学与管理中，生态系统与群落的新的地理学的出现意味着结合不同的数据来源变得越来越重要。将分析集中在地方区域为多目标多标准决策制定提供方法，简言之，这意味对 GIS 的需求。然而，这种需求只有在以下情况下才能实现，即环境的地理数据与知识被收集，并与标准数据实现整合。少数学者以 ArcGIS 为平台，集成了海洋地理空间生态工具（marine geospatial ecology tool，MGET）。他们认为，在过去的几十年里，GPS、RS 和计算机在海洋生态建模的空间确定领域得到了快速发展，但是这一领域已经变得越来越复杂，为了跟进发展，生态学家必须精通多个特定的软件包，如利用 ArcGIS 来显示和操作地理空间数据，RS 用来统计分析，MATLAB 对矩阵进行处理等。独立运行这些程序负担太重且难以操作，MGET 作为生态地理处理的一种集成框架，在 ArcGIS 平台上集成了 Python、RS、MATLAB 及 C++，易于操作和管理。

7）渔情预报

近年来，随着卫星遥感信息的获取，以及可视化分析与制图技术的提高，对海洋渔业海况的掌握取得了一定的进展，特别是单一鱼类或某一类型渔业的时空分布及其变化和预测的技术手段和方法越来越成熟，并成功运用于渔情预报系统中。渔情预报的主要方法有统计分析预报（如线性回归分析、相关分析、判别分析与聚类分析）、空间统计分析及空间建模（如空间关联表达、空间信息分析模型）、人工智能（如专家系统、人工神经网络）、模糊性及不确定性分析（如贝叶斯统计理论），以及数值计算与模拟（如蒙特卡洛法）等。GIS 依赖所建立的自主数据库，可实现时空数据的一体化管理、空间叠加与缓冲区分析、等值线分析、空间数据的探索分析、模型分析结果的直观显示、地图的矢量化输出等功能，结合各统计学方法和渔海况数据，实现智能型的渔情预报。

2. 海洋渔业遥感与海洋渔业

海洋渔业遥感是遥感技术在海洋渔业中的应用。在海洋渔业中，可以采用低空飞机直接对海洋渔场进行观察、预报，因为，有些鱼群的存在会导致出现一定的水色、影像特征，某些类型的浮游植物在鱼群的扰动下会发光，在某些漂浮物下可能会有鱼群等，因此，通过人眼的观察或采用摄像仪器可以从低空飞机上直接获得鱼群的分布信息。另外，海洋环境中的许多因素同鱼类行动关系密切，如水温、海流、光、盐度、溶解氧、饵料生物、地形、底质和气象因素等。而海面反射、散射或自发辐射的各个波段的电磁波携带着海表面温度、海平面高度、海表面粗糙度，以及海水所含各种物质浓度等的信息。传感器能够测量各个不同波段的海面反射、散射或自发辐射的电磁波能量，通过对携带信息的电磁波能量进行分析，人们可以直接或间接反演某些海洋物理量，如海水温度、叶绿素浓度、海面高度等。通过对这些海洋要素进行分析，以及对这些海洋要素与鱼类行为、渔业资源的关系的理解，从而可以利用这些反演的海洋环境要素来评估海洋渔业资源、预测海洋渔场的变动以达到对海洋资源进行合理的开发利用、管理与保护的目的。

卫星遥感技术能够实现对海表生物(叶绿素、荧光、初级生产力)和非生物信息(流、涡、水温、风、波浪、海面高度、透明度等)进行连续的大范围、快速、同步采集,通过这些信息可以对海洋生态资源量和生态环境进行评估,采用高分辨率的卫星数据可以对各海区的作业船只进行监测,以了解实际的捕捞努力量。这些将有利于渔业资源的合理开发与管理。遥感技术能快速、大面积、动态地获取海洋环境数据,已成为研究海洋的重要技术手段,其在渔情分析、渔业管理、渔业资源评估和渔业作业安全等方面的应用也得到了快速的发展。由于传感器探测能力的提高,遥感数据在海洋渔业中的应用从最初的单要素,最主要是以水温数据为特征的应用,到多种海洋遥感环境要素的综合应用。由于 GIS 技术具有强大的空间数据可视化和空间分析能力,GPS 具有空间定位能力,从而使得遥感数据和海洋渔业调查数据在 GIS 平台上得到综合,3S 的集成将为海洋渔业研究提供强大的技术平台,促进了渔业数字信息化的发展。同时,GIS 技术同专家系统、人工智能技术结合将促使海洋渔业的分析研究朝智能化方向发展。

20 世纪 60 年代美国泰罗斯(TIROS)系列实验气象卫星的成功发射,为卫星遥感数据在渔业上的应用提供了可能,尽管卫星的观测并不能直接发现鱼群。70 年代前期,少数学者开始应用卫星遥感技术进行渔业研究,70 年代后期到 80 年代,卫星遥感技术在海洋渔业领域中的应用得到了较快的发展,早期的卫星遥感海洋渔业应用研究以卫星遥感反演 SST 信息及应用为主要特征。

从世界范围来看,卫星遥感在海洋渔业中的应用主要以美、日等发达渔业国家为主。1971 年美国第一次根据遥感卫星数据及其他海洋和气象信息,制作出了包括海洋温度锋面在内的渔情信息产品,并通过无线传真发送到美国在太平洋生产的金枪鱼渔船,标志着美国应用卫星遥感技术开展渔场信息分析应用的开始。1980 年后 NOAA 通过其所属的分支机构,包括国家海洋渔业局(National Marine Fisheries Service,NMFS)、国家天气服务中心(NWS)、国家环境卫星和数据信息服务中心(NESDIS)等其他部门,开始进行 SST 锋面分析,并向美国渔民提供每周的助渔信息图。NASA 及其他组织也采用 NOAA 系列、Nimbus-7、Seasat、DMSP、GOES 等卫星及现场观测数据为美国西海岸渔船制作了渔场环境图。这些应用研究表明渔民采用由卫星遥感数据制作出的渔场环境与渔情分析图后,缩小了找鱼范围,节省了寻鱼时间和燃料费用。

20 世纪 80 年代中期,美国西南及东南渔业研究中心(WSFSC、ESFSC)将遥感技术应用于加利福尼亚沿岸金枪鱼和墨西哥湾的鲳鱼和稚幼鱼资源分布和渔场调查研究,并取得了成功,并且利用 Nimbus-7 的 CZCS 水色扫描仪所获得的信息,定期计算了墨西哥湾的叶绿素和初级生产力的空间分布,并结合 NOAA 的 AVHRR 信息计算的海表温度及其梯度资料,发现了鲳鱼和稚幼鱼资源渔场分布与上述信息的相关关系,获得了定量回归模型,此后又将这一成果结合专家系统广泛应用于美国墨西哥湾的渔业生产中。

目前美国提供卫星遥感渔业信息服务的部门除了上述的国家部门外，还有许多企业也提供了商业化的信息服务，如 Roffer's 公司、SST 在线、海湾气象服务公司、海洋影像公司、Smart Angler－C2C 系统公司、轨道影像公司、科学渔业系统公司等商业企业。

日本海洋渔业遥感研究与应用起步早，1977 年日本科学技术厅和水产厅开展了海洋渔业遥感实验，逐步建成包括卫星、专用调查船、捕鱼船、渔业情报服务中心和通信网络在内的渔业系统。日本农林水产省自 20 世纪 80 年代以来一直以气象卫星遥感信息为主，为其海洋捕捞部门做定期渔场渔情预报。日本的渔情速报、预报主要是通过渔业信息服务中心（JAFIC）进行的，其为了制作短期和长期的速报、预报图，将尽可能多的数据集聚在一起，包括卫星遥感、捕捞等数据，提供给渔业部门。其和与渔业有关的各个部门相互合作很紧密，所起的效果也相当好。

世界上除了日本和美国能够提供信息量丰富的渔情信息服务以外，还有其他一些沿海国家也开展了渔情预报与渔场环境分析的研究与应用。例如，澳大利亚联邦科学与工业研究组织应用遥感卫星分析了澳大利亚西南海域的金枪鱼与洋流之间的关系，应用卫星获取的 SST 信息来确定鱼群的可能位置；加拿大的渔业海洋部门与私人公司合作，应用卫星遥感技术来评估中上层鱼类丰度的分布；智利的一些大学应用热红外影像来确定金枪鱼的可能位置以节约燃料费用；20 世纪 90 年代初开始，俄罗斯应用自己的业务气象卫星，并结合现场观测资料为俄罗斯渔船提供渔情信息产品服务。另外，法国应用获取的 NOAA/AVHRR 和欧洲地球静止气象卫星（METEOSAT）温度信息来制作等温线图，并通过无线传真发送给渔民，葡萄牙于 20 世纪 80 年代后期也开始应用卫星遥感进行渔场环境分析等。近几年来，印度也应用自己的海洋卫星为海洋渔业提供渔况预报、上升流与潮流监测、初级生产力监测和船舶救助等服务。

国内把遥感技术应用于海洋渔业的研究始于 20 世纪 80 年代初。中国水产科学研究院东海水产研究所通过气象卫星红外云图提取海表水温数据，并结合同期的现场环境监测和渔场生产信息，通过综合分析，手工制作成黄、东海区渔海况速报图，定期向渔业生产单位和渔业管理部门提供信息服务。中国水产科学研究院东海水产研究所与上海市气象科学研究所合作开展了气象卫星海渔况情报业务系统的应用研究。在此期间，国家海洋局第二海洋研究所、上海海洋大学等单位与生产企业合作，也进行卫星遥感海况渔况速报的试发试验工作，但均未转入业务化。近年来，在国家的大力支持下，海洋、渔业等领域先后开展了多项海洋渔业遥感信息服务集成系统的应用研究，把卫星海洋遥感、GIS 和人工智能专家系统等高新技术相结合进行渔情信息分析与预报，基本实现了业务化运行。

3. 渔船监测系统与渔业

（1）渔船监测系统概述

渔船监测系统（vessel monitoring system，VMS）是一项于 1991 年由美国提出，世界多国有所参与的渔业监视计划，使用渔船上安装的设备能够提供渔船位置和活动的信息。通常来说，VMS 的组件包括收集信息的船舶终端（如 CLS America、vTrack VMS、北斗终端等），用于将数据进行传输的通信系统（如 GPRS、Inmarsat、北斗等），以及处理这些信息并进行管理的渔业监控中心。VMS 系统可以应用于捕捞控制、科学研究、航行安全和海上执法等多个领域。

《联合国海洋法公约》等协定除对公海捕鱼的限制做了一些规定以外，也对渔船船旗国、沿海国、港口国及区域性或分区域性渔业组织在渔业资源养护与管理中的责任做了规定，其中包括要求船旗国发展与采用卫星通信的渔船监控系统。VMS 可以将渔船船位、船速、船向等资料自动传送到岸上的监控中心，渔船也能通过该系统将渔获信息报告给监控中心，这样就可以使监控中心即时掌握和监督渔船的作业动态。因此，该系统对于渔船的监督及渔业资源的养护与管理具有积极的作用。目前，全球所有主要渔业国家和渔业组织，均使用 VMS 作为渔业管理和监控的手段。例如，欧盟已经将 VMS 系统安装在所有较大的渔船中。我国最早对于 VMS 的研究始于 21 世纪初，在 2005 年农业部开始了全国渔业安全通信网的建设，2006 年我国将北斗卫星导航系统运用在南沙的 VMS 中，至 2012 年中国 60 马力以上的渔船已经基本配备了 VMS 设备。

（2）VMS 数据分析的研究进展

VMS 系统回报的信息包括船舶识别码、时间、船位经纬度、速度与航向、渔获信息、环境资料等；但主要来说，还是提供船舶运行的位置信息。因此，对于 VMS 系统数据的分析主要集中于两个方面：其一是渔船的航行状态，其二是渔船的航行轨迹。

1）渔船航行状态的分析

VMS 系统回报的信息包括渔船的定位信息和运行状态信息，数据的定位精度多为 10 m，但不同通信系统的 VMS 数据间的回报频率有很大差异。远洋船位监控系统 Inmarsat－C 和 ARGOS 的数据回报频率较低，约每隔 4h 发送一次；AIS 数据回报频率与航速呈正比，航行时回报频率在 12 s 以内；我国北斗卫星船位监控系统数据回报频率为 3 min。通过渔船的定位，就可以对渔船的状态进行分析，这种分析得到的结果是绝大多数研究进一步研究的基础。

对于渔船的航行状态，最简单的判别方法就是根据其航速来进行判别。例如，人们使用 1994 年美国东北地区全年和季节性禁渔区周围的底层鱼类捕捞数据评估拖网渔船捕捞努力量和捕捞产量的空间分布时，就将拖网渔船在海上航行速度为 3～5 节的时候视为处于捕捞状态，并凭此计算捕捞努力量；也有学者使用在印度洋运作的法国热带金枪鱼捕捞数据，基于经验数据和 VMS 采集的正常频率，通过一个改进的贝叶斯-隐马尔可夫模型，从轨迹得到船只速度和方向，然后使用严格量化模型预测渔船的活动，达到了 90%的准确性。

2）渔船活动轨迹的分析

VMS 回报的数据是一个由点数据组成的数据集。如何将这些点数据转化为渔船的整体运行轨迹的线数据或其他数据种类，对于渔业管理和科学研究来说具有现实意义。目前对于渔船活动轨迹的还原，主要依靠的方法是对 VMS 数据进行插值处理，该方法可以得到精度较高的轨迹。有学者归纳了目前描述渔船运动和活动的自回归模型，并开发了一种使用自回归过程建模，使用期望最大化算法来估计模型参数的具有两种行为状态（航行和捕捞）的隐马尔科夫模型来推断基于 GPS 记录的船只轨迹。

（3）VMS 数据的应用进展

目前的 VMS 数据应用主要集中在 3 个方面。首先，利用 VMS 判定渔船的航行状态，可以用于估算捕捞努力量。其次，根据对 VMS 和渔捞日志数据的综合分析，还能对渔民在海上的行为规律进行统计和分析，并更精确地确定渔场的范围。最后，VMS 数据还能应用于渔业捕捞对象和相关区域内的其他生物，如鲸类和海鸟等，从而进行生态学和生物学研究。

1）捕捞努力量估算

捕捞努力量是渔业资源评估时应用的主要数据之一，尤其是经过了标准化的单位捕捞努力量渔获量（CPUE）通常被认为和渔业资源的丰度有直接的关系。通过 VMS 数据对渔船状态分析得出的结果，结合渔捞日志的数据和现场观察员数据就能得到精度较高的与现场渔业监测报告基本一致的捕捞努力量数据。一般来说，目前使用 VMS 评估捕捞努力量时使用的是点密度分析法。也就是分析单位区域网格内，渔船处于捕捞状态的点的数量，来计算某段时间内某渔区格网内所有拖网渔船的捕捞努力量。

2）渔场和海上行为分析

确定渔场的范围对于渔业管理、环境保护、海洋资源开发等有相当重要的意义。利用 VMS 系统可以确定渔业作业的集中区域和作业范围，可以从这些区域中确认作业渔场。这些信息可以纳入旨在实现可持续渔业的生态系统管理计划，为量化和管理生态系统干扰提供重要的参考。一般来说，分析渔场的依据是渔船的状态判别，如果一个区域内处于捕捞状态的点数量较多，可以认为这里是鱼类相对集中的位置，也就是渔场。除了渔场范围，渔民在海上的行为也是 VMS 数据分析的一个重点。例如，有学者研究分析了渔民行为特点和鱼群空间分布的关系。

3）生态学和生物学研究

除了应用在渔业研究中，VMS 还在更广泛的海洋研究中被用作数据来源。通常来说，这些研究关注的是渔业对海洋环境的影响，以及对渔业目标对象和非渔业目标对象的影响。对于海洋环境的影响，学者主要关注的是底层拖网的数据，因为底层拖网会导致海底环境的变化。例如，有学者根据 VMS 数据评估英格兰和威尔士近海捕捞压力对海洋地貌的时空分布的影响。对于非渔业捕捞对象的生物的很多研究也可以应用渔业 VMS 数据。

（4）后续研究与工作

VMS 可以将渔船船位、船速、船向等资料自动地传送到岸上的监控中心，渔船也能通过该系统将渔获信息报告给监控中心，这样就能使监控中心即时掌握和监督渔船的作业动态，能够在监控渔船船位、船向、船速、渔获状况、非法作业等方面起到积极的作用，并可以用于发现可能的错误渔捞日志。

对于我国而言，VMS 数据的主要来源是北斗卫星系统。相比于其他国家广泛使用的 AIS、Inmarsat－C 等系统，北斗卫星系统具有定位快、精度高、回报频率高的特点。这使得在使用以北斗卫星系统为数据源的 VMS 数据进行分析时，不需要通过使用复杂的算法来改善精度不佳的数据，只需要使用较简单的方法就能获取渔船的轨迹和分析渔船的状态，有助于减少运算资源的消耗，提高数据产品的准确度。

VMS 数据的挖掘和应用还只是个新兴学科，对于捕捞数据的研究，目前也较为局限，绝大多数研究都集中在数据处理较为简单的拖网捕捞上，对于延绳钓、围网等其他捕捞方式的研究较少，因此，设计更为合适和精确的 VMS 数据挖掘方法与模型仍是今后研究的重点。

4. 大数据与现代化渔业

随着传感器、互联网、云计算等技术的迅猛发展，人类社会产生的数据量呈"井喷式"增长，"大数据"时代已经到来。我国在渔业领域有大量的数据产生，将这些数据搜集、清洗、整合、分析变为有用的信息，可以为政府决策、企业管理、科学研究提供翔实、可靠的依据。2015 年 9 月 5 日国务院印发了《促进大数据发展行动纲要》，因此，渔业大数据的发展面临着机遇。

（1）渔业大数据的概念

1）渔业信息化。渔业是指人类利用水中生物的物质转化功能，通过捕捞、养殖和加工，以取得水产品的产业。讨论渔业大数据的概念，不得不提到渔业信息化。渔业信息化是指利用信息技术为渔业的生产、供给、销售，以及相关管理和服务提供数据支撑，具体包含水产养殖环境信息化、渔业资源调查信息化、渔业管理信息化、水产品加工流通信息化等。可以说渔业信息化既是粗放型渔业向集约型渔业转变的前提，又是现代渔业对比传统渔业所具备的一个重要特征。

2）大数据。数据（data）一词在拉丁语中的意思是"已知"的意思，在英文中的解释是"论据、事实"。"科普中国"百科科学词条编写与应用工作项目对"数据"给出了这样的解释：数据是事实或观察的结果，是对客观事物的逻辑归纳，是用于表示客观事物的未经加工的原始素材。数据是信息的表现形式和载体，文字、数字、视频、音频等都是数据。数据本身没有意义，只有对实体行为产生影响时才成为信息。

大数据的"大"实际上是指其所占存储器的容量大。随着信息技术的发展、存储设备的普及，每天各个行业产生的数据量难以估算，且数据产生的速度越来越快、越来越多，而存储设备价格越来越低，容量越来越大。

作为一个快速发展的新技术领域，大数据的定义并不明确。研究机构 Gartner 对"大数据"给出了这样的定义：大数据是需要新处理模式才能具有更强的决策力、洞察发现力和流程优化能力的海量、高增长率和多样化的信息资产，即大数据是难以使用现有普通的软件技术来存储、读取的海量数据集。维基百科对“大数据”的定义是，难以在可承受的时间范围内用常规软件工具进行捕捉、管理和处理的数据集合。其具备几个特征：① 容量（volume）：至少 PB 级；② 种类（variety）：数据类型多样性；③ 速度（velocity）：指获得数据的速度；④ 可变性（variability）：容易妨碍处理和有效地管理数据的过程；⑤ 真实性（veracity）：数据的质量真实可靠；⑥ 复杂性（complexity）：数据量巨大，来源多渠道。

3）渔业大数据。渔业信息化和大数据技术的发展造就了渔业大数据。渔业大数据是利用大数据的理念和相关技术架构，结合数学模型把渔业信息化产生的大量数据加以处理和分析，并将有用的结果以直观的形式呈现给需求者，来解决渔业领域出现的问题。

渔业信息化产生的大量数据包含水产养殖、捕捞、加工、供销、科研、管理等各个环节，以及影响这些环节的各类因素（气象、水质、市场、政策等）所产生的所有数据的集合。

渔业数据处理和分析的过程是对数据进行获取、分类、加工、管理、挖掘、分析的过程，最终，有价值的信息会被提取展示给需求者。总之，“渔业大数据”——数据是根本，分析是核心，利用信息技术提高渔业综合生产力是目的。

因此，渔业大数据是渔业规划、计划、生产、销售、管理、科研等所有环节（包括影响这些环节的所有因素，如地理、气象、水文、环保、政策、市场等）所产生的所有数据的集合，以及对这些数据的获取、分类、存储、管理、挖掘，并提供快捷、有价值服务的各项技术及其应用的总称。目前已经成熟并得到广泛应用的大数据管理和应用技术、应用架构、数据挖掘技术、业务经营模式均可借鉴到渔业大数据的平台上，为渔业规划、生产、销售、管理、科研及相关的服务提供有效的信息支持，显著提高渔业的综合生产力。

（2）渔业大数据的分类和发展现状

1）分类。按照渔业大数据的特征来划分，主要包含以下几类：① 按照领域划分，以渔业领域为主体，涵盖了养殖业、捕捞业、加工业，可以扩展到苗种、饲料、渔业机械、环境、运输等方面；② 按照地域划分，不仅包括全球的数据，还包括国内数据，省（市、县）数据，从而进行更精准的研究；③ 按照企业来看，包含经济主体的基本信息、投资者信息、生产信息、坐标信息、人事信息等；④ 按照学科专业领域划分，可分为气象数据、水环境数据、生物基因数据、市场经济数据等。

2）发展现状。大数据在我国互联网、金融、能源、制造、交通领域已经得到了广泛应用，随着传感器、物联网等信息技术和渔业信息化的发展，渔业领域也具备了发展大数据的可能，但仍然存在很多问题：① 近年来，我国食品质量安全包括水产品质量安全受到前所未有的关注，渔业生产涉及养殖、捕捞、运输、加工等多个步骤和环节，包含生态环境、生物分子、社会经济、食品安全等多个方面，影响面也越来越大，单一专业领域的信息难以应对这种复杂的局面,需要从渔业生产的整个产业链的高度来掌握各类渔业信息。但是数据相对分散,没有得到集成利用和有效整合,形成了信息孤岛,不利于各相关主体做出科学决策。② 渔业信息资源质量低。渔业属于第一产业,在生产一线的信息站点非常少,科研院所、职能机构远离基层,而一线基层人才缺乏,仪器设备质量和技术水平都普遍较低,数据的搜集非常困难,相关网站多为重复、过时的信息。③ 渔业信息服务机制有待于完善。经常出现养殖户盲目跟风养殖某种水产,造成供大于求的现象。缺乏水产市场的供求预测,总是做事后分析,没有针对市场的预警机制。大数据技术的目的就是通过大量的现有数据进行分析和预测,渔业市场的监测亟须通过大数据技术来完善。

(3) 渔业大数据技术架构

该研究主要介绍以 Hadoop 技术为核心的渔业大数据技术架构。由图 5-4 可知,渔业大数据可划分为 3 层: 数据采集层、数据存储计算层和数据应用层。大数据的技术架构有别于传统的信息技术架构,它由适应海量数据管理的分布式文件系统和 NoSQL 非关系型数据库,处理大规模数据集并行运算的 MapReduce 编程模型,进行分布式数据存储、数据处理、系统管理的 Hadoop 框架等各类相关技术组成。

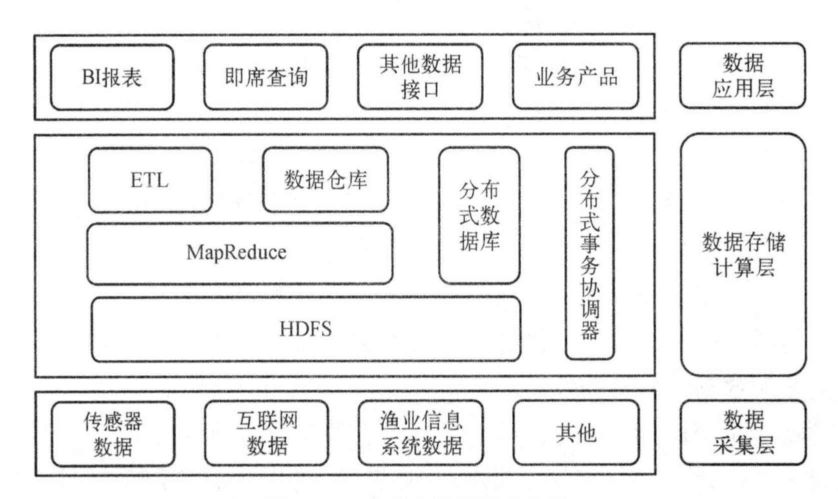

图 5-4 渔业大数据技术架构

1) 大数据的采集。数据是根本,渔业数据的采集是整个大数据技术架构后续存储、共享、分析各个步骤的前提。数据的获取主要涉及数据的采集和数据的传输。渔业大数据的采集方式主要有传感器数据、RFID 射频数据、互联网数据、业务信息系统等。

传感器通过光敏元件、气敏元件、湿敏元件、热敏元件、色敏元件等各类感知功能的元件将环境变量转变为数字信号。这些环境变量可以是温度、压力、盐度、视频、音频等。这些数据信息通过有线网络或者无线网络传输到采集节点。

有线传感器网络通过网线(屏蔽双绞线)传输,这种传输方式适合易于部署的环境,对电源、环境都有一定的要求。其传输距离比较短,一般各个网络节点间不超过 90 m,

否则将有信号衰减。远距离的有线传输需要通过光纤完成。有线网络的传输速率较高，信号稳定，能满足实时视频、图片、音频等数据的高速传输要求，常应用在养殖池塘的视频监控、水产品加工的视频监控、水下生物的图像采集等方面。无线传感器网络（WSN）是由大量静止或移动的传感器以自组织和多跳的方式构成的无线网络，以协作的感知、采集、处理和传输网络覆盖地理区域内被感知对象的信息，并最终把这些信息发送给网络的所有者。近些年无线传感器网络得到了广泛的研究，其在养殖水质监控、生态环境监控等领域也有所应用。但是目前海水理化参数监测探头的价格仍然较高，因此，其没有得到良好的普及。

RFID 射频识别技术是一种无线通信技术，可通过无线电信号识别特定目标，并读写相关数据，而无须识别系统与特定目标之间建立机械或光学接触。随着物联网技术的发展，基于 RFID 射频识别技术，水产品从养殖、加工、配送到销售可实现全程的跟踪与追溯。

互联网数据也是渔业大数据采集的重要方向。很多气象部门、环境监测部门通过互联网发布各类数据，并提供数据接口；也可以通过网页爬虫的方式搜集到大量数据。

近年渔业主管部门、企业、科研单位也都建立了自己的各类业务信息系统，保存着各类渔业数据。例如，中国水产网（www. zgsc123. com），该网站汇集了大量的、实时的全国范围的水产品报价、供求信息、行业咨询，并提供金融服务、数据仓库服务和社交服务；国家水产种质资源平台，此平台整合了多家国家级水产原良种场及龙头企业，包含 129 个数据库，标准化表达了 3.5 万条水产资源记录。

2）数据的存储计算。HDFS（Hadoop distributed file system，Hadoop 分布式文件系统）和 MapReduce 是 Hadoop 体系的核心，前者负责处理海量数据的计算和数据处理，后者负责进行海量数据的存储。

HDFS 的基本原理是将大文件切分成相同大小的数据块（一般为 64MB），存储在多个数据节点上，并具备校对、负载均衡等功能。HDFS 具有以下特性：① 良好的扩展性。在集群当前的存储不能满足需求时，可以将一些廉价的机器增加到 Hadoop 集群中（横向扩展），来达到存储扩展的目的。同时可以借助于 HDFS 提供的工具，将已有数据进行重新分配存储，均匀地分布到新增的机器节点中。② 高容错性：集群中一个或多个节点出现故障，HDFS 内部会把数据形成多个拷贝（通过数据冗余实现），从而保证数据不丢失。

MapReduce 是一种用于大规模数据并行计算的编程模型，Map（映射）和 Reduce（简化）为其核心思想。编程人员可以不用分布式程序设计语言，就可使自己的程序运行在分布式系统的环境下。它具备以下功能：① 划分数据块及计算任务调度。可自动将一个 JOB 分为多个数据块，每个数据块对应一个任务，自动调取相应的计算节点，处理对应的数据块。计算任务调度功能可监控管理各个计算节点的运行状况，分配任务。② 数据和程序代码的相互定位。MapReduce 主要处理大量的离线数据，因此，计算节点将最大限度地处理其本地存储的数据，这就是程序代码定位数据。而本地无法完成数据处理和计算时，会将数据发送给其他邻近的计算节点来完成，这就是数据定位程序代码。③ 系统优化。基于最大限度地降低通信开销的目的，Reduce 节点会合并处理一些数据，多个 Map 节点会通过策略划分将具有相关性的数据发送至 1 个 Reduce 节点进行处理。除此以外，对于较慢的任务，系统会进行多拷贝计算，以最快完成计算的节点作为计算结果，从而提高运算的速度。

ETL（extract-transform-load）是用户对从数据源中调取的数据进行清洗，并按照规定的模型加载到数据仓库中。ETL 过程占数据仓库建设 50%以上的时间。将数据按照规范的格式转换加载到数据仓库中，实现了渔业大数据的规范化、持久化，并建立了数据分析的长效机制。

3）数据的展示和分析。可以在用户端使用 BI（商务智能）工具、Adhoc query（即席查询），以及其他数据接口和产品来直接调取数据库中的数据，进行分析和展示。

BI 工具可以迅速、准确地提供调取数据库中的数据产生报表，为企业及时做出经营决策。虽然称为“商务智能”，但 BI 技术已经不局限于商业领域中。凡是涉及产生数据报表做分析和展示的都可以借助于 BI 工具来实现。常见的主流 BI 工具以国外产品为主，包括 SAPBO、Oracle BIEE、MSTR、Qlikview、Tableau 等，国内流行的 BI 工具以 FineBI、永洪 BI 等为主。即席查询技术出现在数据仓库领域，与已编程好的信息系统的查询模块不同，用户可以在经过授权后直接面对数据库，按照自己的要求查询相关数据。现在，很多数据展示工具都提供了即席查询的功能，用户可以通过语义层选择表，建立表间的关联，最终生成 SQL 语句。它与通常的 SQL 查询并没有什么不同，只是效率较低，因为数据库的设计难以考虑用户即席查询的需求。各类相关的业务信息系统也可以通过接口访问数据库，进行增删改查的操作。

大数据、云计算、物联网等信息技术在通信业、金融业、交通运输业、互联网行业等第三产业中有了广泛的应用，这些技术已经改变了人们的生活方式，对于农林牧渔业这类第一产业，其工作对象是自然界的物质，因此，在感知和数据搜集方面，现在的技术还有待于完善，很多理化参数需要人工来搜集，但这并不影响渔业大数据平台的建设。数据、技术思维将是新的生产资料、生产工具和生产者，结合数据分析工具，渔业将进入智能决策的时代。

5. 物联网 + 渔业

（1）渔业物联网对促进现代渔业发展的重要作用

《国务院关于推进物联网有序健康发展的指导意见》（国发〔2013〕7 号）指出，实现物联网在经济社会各领域的广泛应用，掌握物联网关键核心技术，基本形成安全可控、具有国际竞争力的物联网产业体系。《国务院关于积极推进“互联网 + ”行动的指导意见》（国发〔2015〕40 号）指出，推广成熟、可复制的农业物联网应用模式，在基础较好的领域和地区，普及基于环境感知、实时监测、自动控制的网络化农业环境监测系统，建设水产健康养殖示范基地,现代渔业物联网正在成为促进我国渔业转型升级的重要支撑。

1) 渔业物联网是保障渔业生产安全的重要手段

将物联网技术应用到渔业养殖领域,能够实现渔业养殖监管领域“智能感知,智慧管理”,切实提高安全监管水平。渔业物联网与大数据将传感技术、无线通信技术、智能信息处理与决策技术融入水产养殖的各环节中,实现对养殖环境与养殖设施的智能化监控、养殖过程自动化控制和养殖生产的智能化决策,保障渔业生产安全、可靠。

2) 渔业物联网是提高经济效益和渔民增收的重要保障

现代渔业物联网采用物联网实时测控系统实现实时测控水质,根据水质监测结果提前对水质进行改良,降低养殖风险。大数据智能决策技术的应用实现精细投喂和科学用药,从而降低养殖水体的污染,使渔业生产从经验依赖型转向科学决策型。自动控制技术与装备的应用显著降低了渔业生产的劳动强度,循环水自动处理提高了养殖废水的利用效率,大幅度提高了水产品的产量、质量和效益,提高了广大水产养殖户的收入。

3) 渔业物联网是促进行业转型升级的重要支撑

现代渔业物联网为我国的渔业发展提供了先进、实用的解决方案和技术手段,实现了水产养殖信息采集便携化、数字化,以及养殖作业自动化、精准化,对于保障渔业生产高产、高效、优质、安全、生态,改变渔业养殖业的生产状态,推动渔业结构调整,促进渔业产业转型升级具有重要意义。

(2) 渔业物联网的发展趋势

1) 新型材料技术、微电子技术、微机械加工技术等的快速发展有望大幅降低渔业感知技术成本,促进大面积普及。随着新型材料技术、微电子技术、微机械加工技术、光学技术等的发展,水产信息感知技术逐渐从最初的实验室理化分析逐渐过渡到借助于新型敏感材料,使得水产生产各环节信息实时在线获取成为可能。

2) 不断成熟的无线传感网络技术、移动通信技术有力地保障了水产信息可靠传输。基于 TCP/IP 协议的互联网、基于移动通信协议的移动通信网被广泛应用到现代水产养殖业的数据采集、远距离数据传输和控制中,成为渔业物联网数据传输的廉价、稳定、高速、有效的主要通道。移动通信与互联网加速深度融合,应用范围越来越广泛,在促进传统水产经济结构调整、改变水产养殖模式等方面发挥着越来越重要的作用。

3) 渔业大数据、云计算、移动互联等技术有力地提升了渔业信息服务水平。随着渔业大数据应用的普及,海量数据的存储、搜索和数据分析计算是渔业信息处理技术急需解决的关键技术。渔业大数据应用的研究将有力地促进模式识别、智能推理、复杂计算、机器视觉等信息处理技术在精细化喂养、养殖设施智能控制、疾病预测预警、管理决策、质量安全追溯等领域中的应用,提升信息化服务水平。

(3) 物联网 + 渔业的案例介绍——远洋渔船及作业系统物联网智慧服务系统

1) 系统构成及其特征

以远洋渔船及作业物联网智慧服务系统为研究对象,以面向服务的架构(service-oriented architecture,SOA)为指导,建立面向服务的新型系统架构。远洋渔船及其作业物联网智慧服务系统的服务构件来源于两个途径：一是对原有系统功能进行封装,这能有效保护投资,通过 SOAP/WSD/UDDI 系列标准将原有远洋渔船信息管理系统进行封装后发布出来通过网络使用,原信息系统中各业务构件和粗粒度的功能构件,以及各类可共享的计算机资源都能以服务的方式呈现;二是面对新需求开发的全新服务构件,通过扩展的 WebService 包装成的服务构件,不仅可以屏蔽异构的操作系统、网络和编程语言,还可以屏蔽传统中间件之间的异构性,并支持开放、动态的互操作模式。这里,服务构件是独立的、无状态的,而且是可组合的、可重用的,供求双方是松散耦合的。

远洋渔船及作业物联网智慧服务系统将包括远程视频监控子系统、北斗星船舶定位子系统、船舶重点设备物联网感知子系统、船舶作业管理子系统、渔获仓储与质量安全溯源子系统、远洋渔船工作文件云传输子系统、船载学习及文化子系统和船岸一体化子系统 8 个部分(图 5－5)。该系统具有 3 个方面的主要特征：① 该系统将转变为以 SOA 为指导,建立面向服务的新型系统架构,为企业提供能够二次开发的平台与软件,随着企业需求的动态更新提供更加灵活的定制服务,这主要体现在云计算服务架构理

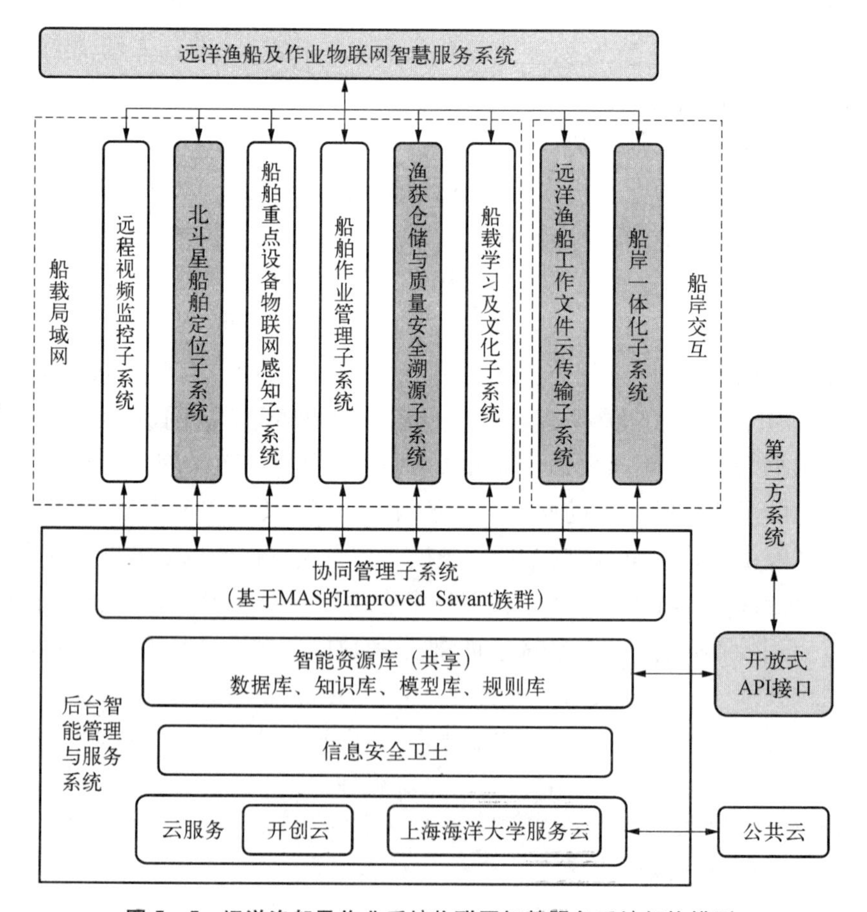

图 5－5　远洋渔船及作业系统物联网智慧服务系统架构模型

念上。② 该系统中大量传感器的使用，在实现设备互联的同时，数据也将海量汇聚，通过对这些数据进行处理、分析、滤波、挖掘，可以更加精细、有效、动态地管理生产和生活，达到“智慧”的状态；同时，具有动态感知、分层滤波、数据挖掘、共享整合、协同管理的系统，在无人干预的情况下，可实现自适应与自学习的自我控制和智能管理。协助企业更加迅速、准确地对物理世界进行瞬间反映、及时调控，以提高效率，降低成本。③ 用户将获得更为人性化的体验，系统拥有良好的人机界面和多样化的接入方式，实现无所不在的服务。

2）各子系统功能

远程视频监控子系统：基于网络流媒体技术，实现局域网或广域网的视频实时监控，并可硬盘录制，以进行视频回放和检索。系统可以实时、全方位、直观地对船舶航行状态及渔船的作业过程进行监控和调度，为现场指挥决策提供有力依据；出现涉外纠纷事件时，实时提供现场场景，为解决海上纠纷提供取证资料。

北斗星船舶定位子系统：利用北斗定位系统对航行的船舶进行实时定位，结合 GPS 辅助定位，采用 GIS 实时显示，实现船队和船只的全天候实时可视化管理，并通过回放航行轨迹，进行历史复查和问题追查。

船舶重点设备物联网感知子系统：基于无线传感技术、有线/无线（ZigBee）结合的组网技术，感知船舶冷库温度和机舱烟雾，能实时显示温度数据，并能显示历史数据曲线，温度和烟雾超出限定值时会发出报警。

船舶作业管理子系统：实现船上各类报表、日志和物料申购的电子化管理，在船岸一体化的基础上，使这些报表、日志和物料申购单信息同步到岸上。

渔获仓储与质量安全溯源子系统：通过 RFID、二维码、网络等技术应用，实现渔获产品仓储的信息化管理，渔获产品源头信息的溯源，并能通过多终端查询保证渔获的质量安全。

船载学习与文化子系统：通过该系统，船上人员可以观看电影、聆听音乐、阅读电子书，同时学习技术文件、安全知识，给船上人员提供了一个娱乐、学习的平台。

远洋渔船工作文件云传输子系统：通过互联网云技术建立洋渔船工作文件云传输子系统，利于船岸两地无缝交换远洋渔船捕捞许可、数字传真、法律文书、资质证明、证照资料等数字文件的传递，实现用户的文件存储和用户间的文件共享。文件云备份，自动同步共享文件快速发布给用户，严格完善的权限控制，确保了便捷安全。

船岸一体化子系统：基于北斗/GPS、3G/GPRS 融合的通信技术，实现船岸数据、文件的定期同步，实现了船岸信息的一体化管理。

3）应用情况

远洋渔船及作业系统物联网智慧服务系统在上海开创远洋渔业有限公司的“开富号”大型拖网渔船上进行了示范应用。从 2013 年 3 月 17 日船舶离开上海港至 2014 年 8 月底，“开富号”渔船的业务化运行时间为 5 个多月，所开发的系统运行良好，实现了项目预先设定的任务和功能。该系统不仅大大提高了远洋船舶管理的信息化智能水平,提高了船舶作业智慧服务能力和水产品附加值,也为企业智慧管理提供了船岸交互、远程服务、决策支持等新手段,降低了通信成本。远洋渔船及作业系统物联网智慧服务系统关键技术的研究和创新应用,推动了远洋渔业生产的信息化水平,进而会推动远洋渔业的产业化进程,具有潜在的经济效益与应用前景。

第六节　渔业经济学概述

一、渔业经济学的概念与产业特性

渔业经济学以渔业生产活动为研究对象,是研究渔业生产关系及其发展规律的应用经济学。渔业产业活动可以分为生态系统、渔业技术系统、渔业经济系统和渔业社会系统。渔业生态系统和技术系统反映渔业生产的自然属性。渔业经济系统和社会系统反映渔业生产的经济社会属性。渔业经济学研究一般经济规律在渔业生产部门中的特殊表现形式。

渔业经济活动的特点主要表现为以下几点。第一,水产养殖业使用的自然资源是水域资源,产业具有农业生产的性质,但是由于养殖对象生活在水中,养殖方式与种植业和畜牧业又有一定的差异。第二,渔业经济活动的产业跨度大。第三,海洋捕捞生产兼有农业和工业的性质,小规模捕捞渔业的劳动者大多是沿海沿岸的农渔民,而大规模外海和远洋渔业的生产者一般是产业工人,远洋渔业的投资是非常巨大的。第四,海洋渔业生产者的劳动地点是流动的,装备和劳动者随渔业资源的流动而不断转移。第五,渔业生产的产品具有鲜活和易腐性,因此,要求生产、运输、加工、储藏和销售各个环节要专业化协作。

二、渔业经济学学科的性质、体系构成和研究特点

渔业经济学学科归属和体系的结构尚存在争议。部分人仍然认为其是水产科学的重要组成部分,但作为农林经济管理的重要组成部分,渔业经济学应该是应用经济学的范畴。关于其学科体系构成大约有 6 种分类。在较近的两种分类中,一种观点是将渔业经济学划分为宏观(世界渔业经济和我国的宏观渔业经济)、中观(中观经济的基础理论、研究方法和研究经验)和微观(产业组织经济和渔/农户经济)3 个层次。另一种观点认为,渔业经济学应该包括 4 个层次:研究渔业经济基本理论与方法的渔业经济学,研究宏观渔业经济问题(如水产品贸易、渔业金融、渔村发展)的经济学,研究微观渔业经济问题的水产养殖经济学,以及渔业交叉学科(如渔业技术经济学、渔业资源与环境经济学、渔业制度经济学、渔业生态经济学等)。从广义上看,渔业经济学应该是一个带有交叉学科性质的学科群,涉及水产科学、经济学、制度经济学、资源与环境经济学、

数理经济学、计量经济学、管理学、社会学、政治学等众多学科的理论和方法。

发展中的渔业经济学研究呈现出以下特点：一是各分支学科之间的交叉渗透不断加强，分化或细化加快。渔业生产的基本特点是，经济再生产与渔业自然资源再生产相互交织和紧密结合，以"渔业经济活动过程中的渔业、渔村、渔民问题及其运行规律"为研究对象的渔业经济学，因此，涉及水产科学、经济学、资源经济学、管理学等多个学科的交叉，它们之间的相互联系不断深化。二是渔业经济学研究日益呈现多层面性和多角度性。微观与宏观分析、规范与实证分析、定性与定量分析技术等的结合越来越紧密，研究方法也日新月异。三是渔业经济研究范围不断扩展，新的理论和实践要求渔业经济学不断创新，更加全面、系统地研究渔业发展。这些都对渔业经济学学科的设置、传授和研究构成了挑战。

总体上看，渔业经济学已经形成了基本的学科体系和完整的研究团队。但是，正如一些研究所指出的，渔业经济专职研究人员偏少，研究力量仍较为薄弱且参差不齐。相对于快速发展的渔业经济，渔业经济学理论和方法的运用、系统性和连续性的研究有待于加强。

三、国外渔业经济学科发展简况

渔业经济学作为一门科学，是随着资本主义商品经济在渔业中的发展形成的。1776年英国古典经济学家亚当·斯密在其巨著《国民财富的性质和原因的研究》中，详尽地分析了海洋、江河和湖泊的地理条件，渔业投资问题，渔业成本等对水产品价格的影响。亚当·斯密列举了1724年英国某渔业公司开始经营捕鲸业的生产，用8次航海捕捞活动中只有一次获利来说明发展渔业的风险，认为发展渔业要有承担风险的精神，同时也要考虑经济效益。19世纪中叶，马克思主义经济学对渔业经济活动也有论述。马克思等高度评价了水产品对人脑的作用、把捕鱼业归类于采掘工业、把渔业劳动看作能创造剩余价值的劳动等都是对渔业经济学发展的贡献。20世纪初期，人类展开了对渔业经济学的系统研究，早期的渔业经济学专著是1933年日本学者蜷川虎三撰写的《水产经济学》。1961年日本学者冈村清造编著《水产经济学》，该书到1972年先后再版7次。另外，比较有影响的渔业经济学著作还有日本学者近藤康男1979年编写的《水产经济论》。清光照夫等1982年合著了《水产经济学》，该书在详细渔业生产、水产品流通、消费等过程的基础上，运用经济学理论对生产资料的均衡、市场机制、收入分配、渔业经济结构等进行了经济学分析。

美国、加拿大、俄罗斯等渔业经济较为发达的国家，常常将渔业经济作为采掘业或工业的一个部门经济进行研究。例如，苏联渔业经济学家琴索耶夫的《苏联渔业经济学》中把渔业经济作为工业经济的一部分进行研究，并就渔业在国民经济中地位和作用、水产资源的经济评价、渔业科技进步、渔业经济管理等理论和方法进行了探讨。北欧的挪威等国着重从渔业资源经济问题方面对渔业经济进行了深入的研究，并在此基础上对捕捞的经济效果进行了评价，提出了对该国的渔船生产实行限制的重大技术经济措施，等等。

四、我国渔业经济学发展历程

在我国，由于养殖渔业更为发达，渔业被视为大农业的重要组成部分，渔业经济管理也因此被视为农业经济管理学科的组成部分。我国的渔业经济学是在总结国内外渔业发展的经验教训的基础上发展起来的一门应用经济学学科，经历了4个发展阶段，不同时期的基本任务和主要内容不尽相同，仍有待于发展和完善。

（1）初建阶段

从20世纪50年代起，我国部分高等水产院校就参照苏联的农业经济学和工业经济学体系，结合我国渔业的具体情况开始讲授渔业经济学，主要研究计划经济体制下的渔业发展状况，侧重于研究海洋渔业，侧重于对计划体制下的政策进行解释。渔业管理侧重于渔业的国民经济计划，或水产企业的生产作业计划学，科学规范的渔业经济学概念和系统的学科体系尚未形成。

（2）起步阶段

改革开放初期，水产品市场率先开放，渔业经济体制改革亟须理论支撑，渔业经济学研究由此空前活跃。1978年全国渔业经济科学规划会议明确提出要编写《社会主义渔业经济学》，一年之后中国水产科学研究院和沿海主要海区及内陆重点淡水水域的水产研究所相继设立了渔业经济研究机构，全国各地先后成立了渔业经济研究会。20世纪80年代中期，上海海洋大学首先成立经贸学院并设置了渔业经济管理专业，其他水产院校和一些农业院校也都先后开设了相关专业。渔业经济学、渔业企业管理学相关教材也相继出版，如胡笑波的《渔业经济学》教材、毕定邦的《渔业经济学》和夏世福的《渔业生态经济学》等。相关课程结构尽管仍受《苏联渔业经济学》的影响，但已开始以渔业生产力规律为思路，构建具有内在逻辑和部门产业特色的渔业经济学体系。这一时期，从生产力、生产关系及其相互关系的角度，将渔业经济学的学科体系界定为渔业生产关系经济学、渔业生产力经济学和渔业经济管理学3个层次。

（3）转型阶段

20世纪90年代，随着社会主义市场经济理论的提出和制度的建立，开始大量引入西方渔业经济学专著和教材。其中，挪威学者Hannesson的《渔业生物经济分析》和日本学者清光照夫、岩崎寿男合著的《水产经济学》，系统、科学地介绍了国外渔业发展的研究成果，对中国渔业经济学研究产生了重大影响。渔业经济研究开始吸收和运用现代经济学的理论和研究方法，在整合苏联渔业经济学和西方经济理论的过程中创新发展。《渔业经济学》《当代中国的水产业》等多种渔业经济教材和专著相继出版。

（4）发展阶段

在2004年青岛举办的渔业学科建设研讨会上，渔业经济作为水产专业7 + 2学科设置的二级学科,建立了以马克思主义经济理论和社会主义市场经济为指导的渔业经济学科框架。在以上海海洋大学、中国海洋大学、大连海洋大学、浙江海洋大学、广东海洋大学等为主体的水产大学和一些综合性农业高校及个别综合性大学的水产系(学院)中,渔业经济学已是水产类专业的重要基础课程,在综合国内外理论和实践的基础上不断发展。

五、改革开放以来中国渔业经济学的研究进展

改革开放促进了渔业发展诸多领域的研究不断深入,成效显著。下文将从渔业增长的经济分析、渔业产业发展与结构调整、水产品贸易与补贴、行业协会与合作组织、渔业保险、渔业现代化、渔业资源可持续利用 7 个方面对研究进展进行综述。

1. 渔业增长的经济分析

我国渔业经济增长的研究进展主要表现在 3 个方面。

一是通过建立生产函数或模型,定量分析判断影响渔业经济增长的因素。例如,国内一些学者用增长速度方程测算天津渔业技术进步的贡献率;通过 CES 模型计算海南省渔业增长要素贡献率和粗放度;构建捕捞业和养殖业生产函数模型;用 C－D 生产函数分析山东渔业产量的主要影响因素;运用广义最小二乘法、分位数回归法和似不相关估计法研究我国沿海地区的渔业经济增长方式等。结果显示,2005 年之前渔业发展的主要贡献是劳动和自然资源,经营相对粗放。但最近 10 年已经出现劳动力过剩和自然资源影响递减的趋势。

二是分析渔业制度对经济增长的作用。例如,国内一些学者分析了新中国成立 50 年来渔业总要素生产率的变化中制度因素所起的作用,分析了我国渔业发展各阶段经济增长率的变化特点,证明了我国渔业制度变革对渔业经济增长率的明显贡献。

三是探讨渔业增长方式的变化。我国渔业已由传统简单的养殖方法向复杂化、多样化、模式化方向发展。一些先进的科学技术手段、养殖方式和生态养鱼理论的介入,为发展渔业提供了更广阔的空间和选择余地。研究表明,先进的生产工具和技术进步对渔业经济发展具有长期的推动作用。

2. 渔业产业发展与结构调整

(1) 捕捞渔业的管理与控制

由于近海渔业资源衰退加剧,我国加强了捕捞强度控制,提出了捕捞产量零增长的政策目标,并实行了包括捕捞许可证制度、捕捞渔船渔具准入控制、禁渔休渔制度等制度在内的多种管控措施。相关的制度研究也成为渔业经济学讨论的热点问题。

一是准入制度研究。国内一些学者研究认为,渔业资源的自由准入制度是捕捞能力过剩的根源。现有的税收和资源租金措施难以贯彻执行,捕捞许可证制度和渔船回购制度不能从根本上解决捕捞能力过剩问题。也有研究认为,现阶段我国渔业捕捞中存在的问题与渔业捕捞行政许可制度不完善有直接的关系,我国渔业捕捞行政许可的

主体、内容、程序和许可证的效力都存在一定的问题。对此,有学者认为,应该从准入制度内容、方式和基础条件 3 个方面,从顶层设计建立捕捞准入制度体系,并提出了具体思路。

二是配额制度(TAC)和个人可转让配额制度(ITQ)研究。有限入渔权和“海洋自由”原则的长期对立促进了配额制度和个人可转让配额制度理论的起源与发展。21 世纪初一批学者就在探讨中国引入 TAC、ITQ 的必要性。TAC 需要解决总量确定、配额分配与交易、海上渔获量的监管和统计等诸多问题,我国目前还不具备相关统计和监管条件。ITQ 的本质是在国家管辖权范围内对海洋的共有资源进一步实施“圈海运动”和“私有化运动”。有学者认为,中国应该实行个别渔村配额、个别休闲渔业俱乐部配额和个别商业可转让配额三位一体的管理模式;为了降低交易成本,首先应当在大渔区实施 ITQ,并通过转产转业来降低捕捞渔民的数量。

(2) 养殖渔业的健康发展

我国水产养殖业的发展很快,海水养殖业也充满了活力,因此,有大量的研究关注特定水产品的市场前景。从增长方式看,养殖渔业已由追求面积和产量转向注重品种结构和产品质量,工厂化、规模化、集约化程度正在逐步提高,这是促进我国渔业可持续发展、水产养殖现代化和渔民增收的要求和必然选择。产业化是实现这种转变的重要方式。常见的养殖产业化模式被归纳为专业合作经济组织带动型、渔业企业带动型和专业养殖大户带动型三种,也可以从内在关联上归纳为产权结合的产供销一体化的综合性企业模式和契约性联合体两种。

养殖水产品的质量安全得到了日益增长的关注。有学者认为,养殖业存在 4 个突出问题:水产养殖病害、水产品药残、对资源环境的影响和养殖渔民权益保障不力,提出了树立科学发展观,发展资源节约型、环境友好型的水产养殖业的建议。更具体的建议强调应合理调整养殖水域的布局和品种结构,靠科技、人才和制度改造传统渔业。例如,完善水产养殖业的相关标准和法律体系、加强基地质量监管体系、无公害水产品生产保障、市场体系和推广体系建设等。

(3) 水产品加工业、远洋渔业和休闲渔业

水产品加工业、远洋渔业和休闲渔业的发展是渔业产业结构调整的重要内容。我国水产品加工业占水产品总产量的比例不足 1/3,深加工滞后,尤其是对低值鱼虾的综合利用程度低。研究普遍认为这是由水产品加工企业规模小,生产设备老化,保鲜、加工技术落后等因素造成的,有必要通过引入先进技术提升水产品加工业。

近海渔业资源枯竭,不得不发展远洋渔业。由于投入高、风险高、国际关系和政策复杂,远洋渔业发展遇到了很大的阻力,产量远不及近海渔业。我国远洋渔业研究主要从规划、国际渔业关系、管理和观念等方面探讨,研究认为,作为后来者,中国要与俄罗斯、日本等捕捞渔业强国竞争,资金、人才和技术是关键,提出要加强远洋渔业装备、人

才、技术和海外基地建设。

休闲渔业在我国拥有良好的发展前景，观赏渔业是都市型水产业的新增长点。通常可将休闲渔业分为生产经营型、休闲垂钓型、观光疗养型和展示教育型4类，提出了休闲渔业应增加经营种类、选择合适品种、政府鼓励及协调和规范服务等建议。一些研究还提出要发展负责任休闲渔业。

3. 水产品贸易与补贴

中国是世界水产品出口大国，由出口顺差带来的贸易摩擦和技术壁垒是水产品贸易面临的巨大挑战，有以下4个关注点：一是如何在贸易中利用WTO规则。一些研究强调应充分发挥政府在其中的导向作用。二是技术性贸易壁垒和反倾销的影响和应对。中国水产品出口国基本上都对进口水产品制定了严格的技术性标准，我国的水产品不可避免地要受到这些国家的技术性贸易壁垒的限制和不利影响。三是水产品贸易顺差的影响和应对。市场多元化、外贸增长方式转变、企业做大做强、产业政策调整等被认为可以降低巨额贸易顺差带来的短期冲击。四是补贴制度与WTO制度的相容性。一些研究对比国内外渔业补贴后认为，中国与贸易有关的水产品政府补贴符合WTO的要求，没有扭曲水产品国际贸易。有学者认为韩国的援助制度虽然对企业的援助效果不明显，但对人的援助力度突出，或可为中国所借鉴。

4. 渔业保险

中国的渔业保险分为商业性渔业保险和渔船船东互保两种。始于1982年的商业性渔业保险的发展自市场经济改革后就停滞不前，甚至萎缩退出，而始于1994年的渔船船东互保则逐步壮大。自农业政策性保险实施后，渔业政策性保险的必要性和如何推行成为讨论的热点问题。2008年在各地开展政策性渔业保险试点工作的基础上，农业部启动了渔业互助保险中央财政保费补贴试点工作。2012年农业部印发了《全国渔业互助保险“十二五”规划》，提出继续完善和巩固全国一盘棋的渔业互保格局，区分国家协会和地方协会的职能定位，强化中国渔业互保协会行业指导地位的意见。研究认为，政策性渔业保险是发展的主要趋势，渔业保险需要“政府和市场”双驱动，但是，中国当前渔业保险的法律基础、管理体制、政策性扶持、市场均衡水平和发展模式的顶层设计尚有待于完善和深入探索。

5. 行业协会与合作组织

渔业协会成立于1954年，对维护中国海洋渔业权益、执行政府间渔业协定、推动渔业行业发展起到了主要作用。其中渔业协会的作用和组织体系建设获得了较多关注。有的是从政府、市场和行业协会之间的关系阐释，有的是从交易成本的视角进行分析和验证，有的通过对国外行业协会定位、作用的分析进行对比论述。有学者通过对比海峡两岸的渔业协会制度，提出大陆的渔业协会应有选择地借鉴台湾的渔业协会的经验，建立健全渔业协会法律体系、组织机构，扩展渔业协会的职能。在合作组织研究上，有学者探讨了国家技术推广机构与合作组织合作的途径。

6. 渔业现代化和技术创新

渔业现代化对于保障粮食安全、拓展就业门路和推进渔业可持续发展都有重要意义。它是一个动态的和区域性的发展概念，在不同国家和地区的不同时间点，其含义是不同的，但是都强调科学的管理方法、先进的生产方式和技术手段。现在的现代渔业概念不仅强调发达的渔业，也强调富裕的渔村和良好的渔业生态环境，强调可持续的现代化。在评价指标方面，以前更多强调的是经济发展能力的现代化，如资源配置、物质装备、生产技术、产品流通和经营管理等方面。现在的研究则纳入了更多的社会和生态因素，经济指标更为丰富。例如，有学者将渔业发展组织化水平和休闲渔业的发展纳入对渔业生产能力现代化的衡量中，将渔民的生活状况（收入消费水平、社保和综合素质）和渔村的生态环境纳入评价体系中。

科技进步促使人类社会进入了工业化和信息化时代，传统产业的现代化发展必须与工业化和信息化并举。作为渔业现代化的重要组成部分和支撑条件，渔业信息化被认为将主导一定时期内渔业现代化的发展方向。

今后渔业的发展主要依靠技术和人才。产学研合作是渔业技术创新的主要方式，一些研究认为，我国渔业的这种联盟存在重复建设、运行机制不完善、组织管理体系不健全，以及政府管理不规范等问题，需要加强宏观调控和管理水平。为了评价各种技术成果的转化效率，很多研究也试图构建综合评价指标体系。此外，GIS 技术在 21 世纪开始在渔业领域得到应用，并获得了关注。例如，有学者对其在渔业制图、鱼类栖息地评价、渔业资源分布、水产养殖选点和基础数据库方面的应用进行了概述。

7. 渔业资源可持续利用

渔业资源可持续利用是渔业资源和环境压力下的必然选择。酷渔滥捕、环境污染和气候变化是影响渔业资源可持续利用的主要因素。研究认为，渔业可持续发展需要小到渔具渔法控制、大到各国合作的共同努力。在国家间、地区间和机构间建立有效对话与沟通机制有助于保障渔业资源可持续发展。一些学者提出了缓解资源和经济发展压力的“海洋牧场”的概念。国内学者则从博弈论的视角提出了合作博弈、产权安排、配额流转、税收与管制、制度与监督 5 点应对策略。在渔业资源可持续利用评价理论和方法上，有学者运用系统论、灰色相对关联进行分析，构建了以 BP 模型为基础，包括经济、社会和资源环境 3 个方面的渔业资源可持续利用预警系统，提出了渔业资源可持续利用综合评价方法和步骤。有学者运用非线性理论建立了海洋渔业资源二次非线性捕捞的动力模式，研究了渔业资源生物量增长、增长率与捕捞强度的关系。也有学者提出了南海渔业资源可持续利用的评价指标体系，包括渔业资源环境子系统、社会子系统和经济子系统 3 个层次，共 23 个指标。

另外还有关于海洋循环经济的研究，理论层面关注海洋循环经济的基本含义、循环经济原则，传统经济、循环经济与渔业可持续发展的关系。有学者从粮食安全保障角度出发，阐述了发展渔业循环经济是“紧缺资源替代”战略的一个重要组成部分，并提出了我国水产业实施“循环经济”的“社会大循环”“企业间循环”和“企业内循环”3个可供选择的基本模式。现在提到的海洋环境经济则是期望通过减量化、再利用和资源化探索“低资源能源投入、高经济产出、低污染物排放”的海洋经济增长模式。已经在天津等地开展了“海洋主要产业循环经济发展模式与滨海电厂示范区研究”。除此之外,还有低碳渔业与碳汇渔业的经济学问题。“发展碳汇渔业”是2010年全国渔业专家论坛主题,低碳渔业主要讨论渔业生产节能减排,渔业生态养殖节水、节能、节人力、低排放、可循环、可追溯。“碳贸易”也是研究方向。在我国土地、水资源紧缺情况下,远洋渔业、公海渔业捕捞的产品是国内无碳经济产品,应该提倡。

六、中国渔业经济学研究方向展望

从学科建设方面来看,我国的渔业经济学建立的时间短,人才缺乏,学科体系尚不健全。相对于其较强的水产技术层面的研究,需要加强社会科学研究。需要更多地引入经济学、制度经济学和资源经济学等的理论分析框架和计量技术,关注交叉学科的发展,同时加强相关人才队伍的培养和建设。

从研究方向看,中国渔业经济研究应该重点关注以下方向:一是渔业发展战略和规划研究,如现代渔业发展战略、生态文明背景下的渔业发展战略、海洋渔业发展战略等。二是渔业稳定增长与技术创新。中国渔业增长将面临渔业资源衰退、水环境和水产品安全、劳动力成本走高、国际贸易格局变化等诸多问题,产量增长的瓶颈将主要依靠技术创新突破,因此,产量增长极限与技术创新替代还应是今后研究的重点。三是水产品贸易与补贴政策。世界经济普遍不景气,渔业贸易壁垒和贸易摩擦随着国际形势的发展可能会加剧,应加强水产品的国际竞争力,以及如何利用国际贸易规则扶持水产品产业的发展战略研究。四是资源节约、环境友好、产品安全的健康养殖业发展研究,继续探索可持续的养殖业发展模式。五是捕捞渔业的控制和近海渔民生计。其中,弱势渔民的权益保护、渔业和传统渔区的发展应纳入考虑范畴。六是政策性渔业保险模式的研究。七是中国渔业的公共管理和现代化、信息化建设。八是渔业可持续发展模式研究。此外,还应关注渔业社区管理,作为解决目前我国渔业管理中存在的诸多问题的一种补充,对渔业社区管理研究较少。

思考题

1. 捕捞学的概念及其学科体系。
2. 捕捞学发展的历史阶段特征与现状。
3. 均衡捕捞提出的背景及其理念。
4. 科学技术对捕捞学的促进作用有哪些方面?
5. 渔业资源学的概念及其学科体系。
6. 科学技术对渔业资源学科的促进作用有哪些?

7. 用案例来说明渔业资源学科的发展趋势。
8. 水产养殖学的概念及其学科体系。
9. 科学技术对水产养殖学科的促进作用有哪些?
10. 用案例来说明水产养殖学科的发展趋势。
11. 水产品加工利用学科的概念及其学科体系。
12. 科学技术对水产品加工利用学科的促进作用。
13. 水产品加工利用学科的发展趋势,以及目前所关注的问题。
14. 渔业信息技术的概念及其内容。
15. 国内外渔业信息技术的研究现状。
16. 大数据、物联网对渔业发展的促进作用主要表现在哪些方面?
17. 渔业经济学的概念及其研究内容。
18. 渔业经济学的发展现状与趋势。

第六章　渔业蓝色增长与可持续发展

第一节　可持续发展理论概述

自20世纪70年代起，人类通过对长期以来传统经济增长战略所引起的人口、资源、环境问题的反思提出了一种崭新的发展模式，即可持续发展，并成为全球的社会经济发展战略。发展战略的转变意味着经济增长方式和资源配置机制的转换。

一、从经济增长到经济发展，再到可持续发展

1. 从经济增长到经济发展

自工业革命以来，人们沉迷于对经济增长的追求。经济增长是指一定时期内人均国民生产总值实际水平的提高，有时也指个人收入或实际消费水平的增加。尤其是第二次世界大战以后，经济增长战略主宰了半个世纪的社会经济发展。其特征是，伴随着科技进步，人们不断地增加资源开发利用的广度与深度，通过资源的大量消耗支撑着国民生产总值(Gross National Product，GNP)或人均GNP的快速增长。20世纪50年代至60年代，世界经济增长进入了黄金时代。例如，1963~1968年，世界工业生产总产量的平均增长率是每年7%，人均增长率为5%。人们确实从经济增长战略中得到了许多好处：GNP的快速增长提高了整个世界的经济水平，每个国家的经济和综合国力得到加强；人均GNP的增长使许多国家消除了贫穷，人们的收入和消费水平大大提高，消费方式也向更舒适、更高层次发展。

经济增长战略在使经济水平不断提高、人均收入不断增加的同时，也引起了一系列社会问题。如贫富不均状况严重，由此引起了相当一部分人群受到良好教育和医疗保障的机会减少，表现为失业、健康状况恶化、犯罪率上升等种种社会矛盾，出现社会不稳定的状况。因此，到了20世纪70年代，人们提出了经济发展的概念，并试图用经济发展战略代替经济增长战略。经济发展是指“使一系列社会目标实现的发展”。由此观点出发，一种经济如果随时间的推移不断地使人均收入得到提高，却未能使社会和经济结构发生变化，就不能称为发展。因为一系列社会目标会随时间的推移而不断变化，所以从某种程度上说，经济发展是一个社会进步的过程，这样一个经济发展过程通常包括三种彼此相联系的提高或改善。

1）个人或社会福利的改善。包括人均收入的提高(尤其是在发展中国家)和环境质量的改善，因为人均收入和环境质量共同决定着个人或社会福利(效用)的高低。

2）教育、健康、总的生活质量等方面的改善。表现为人们的技能、智力、能力等方面的进步。

3）国家的自重与自爱意识增强。一个国家的社会经济发展还应当展示出独立意识的提高。

由此可见，经济发展的内涵与外延要比经济增长广泛得多，它不仅包含了经济增长的内容，而且还涉及其他社会福利的改善或社会进步。从经济增长到经济发展，人们开始摆脱单纯的对经济增长的追求，而把发展的目标逐步转移到对社会和经济结构的改善和变化上来。

2. 从经济发展到可持续发展

尽管经济发展与经济增长相比，前者意识到了经济目标与社会目标的统一，但它与传统的经济增长观念存在相同的缺陷，即忽视了资源与环境对经济发展的作用。正是这种忽视，导致和加速了经济增长过程中资源的耗竭和环境的恶化，主要表现如下。

1）自然资源正在遇到前所未有的破坏，资源日趋枯竭。全球土壤在迅速退化，过去50年间，12亿多公顷土地生产力已明显下降，每年大约有600万hm^2的生产土地变为不毛之地，1 100多万公顷的森林遭到破坏，仅1980~1990年的十年间，森林面积下降了11.6%。森林破坏引起了水土流失、土地沙化和气候反常。而水资源的普遍短缺已成为限制整个世界人类生存与发展的“瓶颈”因素。对非再生资源无节制地开采，使得许多矿产资源面临枯竭。第二次世界大战后，世界资源消耗量每14年就增加1倍，使得当今人类最重要的能源——石油和天然气，将会在50年内完全被耗尽。不仅如此，资源的过度利用和环境的恶化，导致自然群体和生物物种资源（全球最重要的资源库）在以惊人的速度减少或灭绝。1989年著名生物学家爱德华·威尔逊估计，每年有5万个物种灭绝，全世界有10%的高等植物的物种生存受到威胁，3/4的鸟类在逐渐减少且有灭绝的危险。预计到21世纪末，将有50万~100万种生物从地球上消失。物种消失和生物多样性的丧失将人类置于一个非常危险的境地：人类赖以生存的生物链正在缩小、变短。

2）环境污染现象日趋严重。经济生产和人类消费过程中各类废弃物的大量排放使得世界环境从第一代的区域性大气污染、水污染、固体废弃物及噪声污染扩展为第二代的全球性环境问题：全球气候变暖，臭氧层破坏，酸雨及生物多样性减少。石化燃料的过多消耗使CO_2的排放量急剧增长，引起温室效应，导致海平面升高。工业废气过量排放导致的平流层臭氧层枯竭，将导致人和牲畜的肿瘤发病率急剧提高，甚至危及海洋的食物链。另外，世界大多数地区硫氧化物和氮氧化物的排放量呈上升趋势，酸雨在全球范围扩展，导致森林死亡，破坏着湖泊水系和土壤，也损害着国家的艺术和建筑遗产。

所有这些都使人们越来越清楚地认识到，资源的破坏与枯竭难以确保未来经济的不断增长，而环境的恶化又阻碍着经济的增长和社会福利的提高，现有的经济发展方式正在侵蚀着人类生存和经济发展所最终依赖的资源环境基础。人们开始担心目前的经济发展能否持续下去。为此,人类不得不开始反思和总结传统经济发展理论的缺陷和不足,努力寻求一种建立在环境和自然资源基础上的长期发展、持续到未来的模式。因而,从 20 世纪 70 年代开始,就产生了可持续发展这一崭新的发展理论。

可持续发展理论的产生与发展经历了一个认识不断深化的过程。这一理论从思想的产生、理论体系的形成到作为一种发展战略被人们普遍接受,大致经历了 4 个非常重要的里程碑。

1) 第一个里程碑是 1972 年在斯德哥尔摩召开的人类环境大会上,提出了人类面临的由资源利用不当而造成的广泛的生态破坏和多方面的环境污染,强调经济与环境必须协调发展。这是人类首次在世界范围内正视经济发展和资源环境之间的相互关系。尽管这次会议并未提出明确的可持续发展思想,但却使人们认识到资源环境对经济发展具有十分重要的作用。可持续发展思想就是在环境和发展关系的讨论之中产生出来的。所以,这次会议被认为是可持续发展思想产生的第一个里程碑。

2) 第二个里程碑是 1980 年国际自然与自然资源保护同盟(IUCN)和世界野生生物基金会(WWF)发表的《世界自然资源保护大纲》,该大纲呼吁“必须确定自然的、社会的、生态的、经济的,以及利用自然资源过程中的基本关系,确保全球可持续发展”,从而最早在国际文件中提出了可持续发展这一命题。

3) 1987 年世界环境与发展委员会(WCED)主席布伦特兰夫人发表《我们共同的未来》报告被看作是可持续发展的第 3 个里程碑。这一研究报告在客观分析了我们全人类社会经济发展成功经验与失败教训的基础上,对可持续发展做出了明确定义,并制定了到 2000 年乃至 21 世纪全球可持续发展战略及对策。在这一报告中,可持续发展被定义为“既满足当代人的需要,又不对后代人满足其需要的能力构成危害的发展”。因此,可持续发展首先要求满足全体人民,尤其是世界上贫困人民的基本需要,确保能满足他们要求较好生活的愿望;其次,可持续发展要求技术状况和社会组织对环境满足当前和将来需要的能力施加限制,至少,经济的发展不应当危害支持地球生命的自然系统——大气、水、土壤和生物。这一可持续发展思想得到了广泛的接受和认可,引发了全球对可持续发展问题的热烈讨论,并极大地促进了可持续发展理论体系的形成和成熟。

4) 第 4 个里程碑是 1992 年在巴西里约热内卢召开的联合国环境与发展会议。此次会议通过了《里约宣言》《21 世纪议程》和《生物多样性公约》等纲领性文件,并形成了对可持续发展的共识,认识到环境与经济发展密不可分。大会通过的《21 世纪议程》则是一个广泛的行动计划,为全球实施可持续发展提供了行动蓝图,并要求每个国家都要在政策制定、战略选择上加以实施。联合国环境与发展会议的召开,作为一个重要的里程碑,标志着可持续发展从思想和理论走向实践,已成为人类共同追求的实际目标。1994 年 3 月中国也发表了相应的《中国 21 世纪议程》,表明中国正式选择了可持续发展战略。

从经济增长到可持续发展是人类认识上的两大飞跃。如果说从经济增长到经济发展，使人们的认识从单一的经济领域扩展到社会领域，认识到经济目标与社会目标的统一，那么，可持续发展的提出则使人们认识到资源环境在社会经济发展中的作用和地位，认识到资源环境系统与经济系统之间的动态平衡，经济、社会与环境目标的统一，也是对传统经济学的一次突破和发展。

二、可持续发展的概念

人们认识到可持续发展问题之后，对于可持续发展的基本概念进行了长期而广泛的讨论。由于可持续发展涉及社会经济发展的各个方面，从不同角度对此有不同的理解。

1. 几种具有代表性的观点

1）着重从自然属性定义可持续发展，即所谓的生态持续性。它旨在说明自然资源与其开发利用程度间的生态平衡，以满足社会经济发展所带来的对生态资源不断增长的需求。例如，1991 年 11 月国际生态学联合会和国际生物科学联合会共同举行的可持续发展问题专题研讨会上就将可持续发展定义为“保护和加强环境系统的生产和更新能力”。另外，还有学者从生物圈概念出发，认为可持续发展是寻求一种最佳的生态系统以支持生态的完整性和人类愿望的实现，使人类的生存环境得以持续。

2）着重从社会属性定义可持续发展。例如，1991 年由世界自然保护同盟、联合国环境规划署和世界野生生物基金会共同发表的《保护地球——可持续生存战略》，将可持续发展定义为：“在生存与不超出维持生态系统承载能力的情况下，改善人类的生活品质”，着重指出可持续发展的最终落脚点是人类社会，即改善人类的生活质量，创造美好的生活环境。这一可持续发展思想，特别强调社会公平是可持续发展战略得以实现的机制和目标。因此，“发展”的内涵包括提高人类健康水平、改善人类生活质量和获得必需资源的途径，并创建一个保障人们平等、自由、人权的环境。

3）着重从经济属性定义可持续发展。认为可持续发展鼓励经济增长，而不是以生态环境保护为名制约经济增长，因为经济发展是国家实力和社会财富的基础。但经济的可持续发展要求不仅注重经济增长的数量，更要注重经济增长的质量，实现经济发展与生态环境要素的协调统一，而不是以牺牲生态环境为代价。例如，有学者把可持续发展定义为“在保护自然资源的质量和其所提供服务的前提下，使经济发展的净利益增大到最大限度”。还有学者提出，可持续发展是“今天的资源使用不应减少未来的实际收入”。

4）着重从科技属性定义可持续发展。实施可持续发展，除了政策和管理因素以外，科技进步起着重大作用。没有科学技术的支撑，就无从谈人类的可持续发展。因此，有的学者从技术选择的角度扩展了可持续发展的定义，认为可持续发展就是转向更清洁、更有效的技术，尽可能接近“零排放”或“密闭式”工艺方法，尽可能减少能源和其他自然资源的消耗。还有学者提出可持续发展就是建立极少产生废料和污染物的工艺或技术系统。他们认为污染并不是工业活动不可避免的结果,而是技术差、效率低的表现。他们主张发达国家与发展中国家之间进行技术合作,以缩小技术差距,提高发展中国家的经济生产力。同时,应在全球范围内开发更有效地使用矿物能源的技术,提供安全而又经济的可再生能源技术来限制使全球气候变暖的二氧化碳的排放,并通过恰当的技术选择,停止某些化学品的生产与使用,以保护臭氧层,逐步解决全球环境问题。

2. 国际社会普遍接受的观点

尽管以上可持续发展的概念具有代表性,但都是着重从一个方面所做的定义,还不能得到国际社会的普遍承认。1987 年,挪威首相布伦特兰夫人主持的世界环境与发展委员会,在对世界经济、社会、资源和环境进行系统调查和研究的基础上,发表了长篇专题报告《我们共同的未来》。该报告将可持续发展定义为,可持续发展是指既满足当代人的需要,又不损害后代人满足其需要的能力的发展。1989 年 5 月举行的第 15 届联合国环境规划署理事会期间,通过了《关于可持续的发展的声明》,该声明指出:可持续的发展是指满足当前需要,而又不削弱子孙后代满足其需要的能力的发展,而且绝不包括侵犯国家主权的含义。联合国环境规划署认为,要达到可持续发展,涉及国内合作和国际的均等,包括按照发展中国家的国家发展计划的轻重缓急和发展目的,向发展中国家提供援助。此外,可持续发展意味着要有一种支持性的国际经济环境,从而导致各国,特别是发展中国家的持续经济增长与发展,并对环境的良性管理也产生重要影响。可持续发展还意味着维护、合理使用,并且提高自然资源基础,这种基础支撑着生态稳定性和经济的增长。

因而,"满足当前需要,而又不削弱子孙后代满足其需要的能力的发展",这一布氏定义成为国际社会普遍接受的可持续发展的概念。其核心思想是,健康的经济发展应建立在生态可持续能力、社会公正和人民积极参与自身发展决策的基础上。它所追求的目标是,既要使人类的各种需要得到满足,个人得到充分发展,又要保护资源和生态环境,不对后代人的生存和发展构成威胁,它特别关注各种活动的生态合理性,强调应该对资源、环境有利的经济活动给予鼓励,反之则应予以抛弃。

3. 可持续发展的基本原则

作为人类新的发展模式的可持续发展,若要其真正得到有效实施,即在生态环境、经济增长、社会发展方面形成一个持续、高效的协调运行机制,必须遵循公平性、可持续性和共同性三项原则。

1) 公平性原则。公平原则是指机会选择的平等性,可持续发展所需求的公平性原则包括三层意思:一是本代人的公平,即同代人之间的横向公平性。可持续发展要满足全体人民的基本需求和给全体人民机会,以满足他们要求较好生活的愿望。当今世界的现实是,一部分人富足,而另一部分人,特别是占世界人口 1/5 的人口处于贫困状态。这种贫富悬殊、两极分化的世界,不可能实现可持续发展。因此,要给世界以公平的分配和公平的发展权，要把消除贫困作为可持续发展进程特别优先的问题来考虑。二是代际间的公平，即世代人之间的纵向公平性。要认识到人类赖以生存的自然资源是有限的，当代人不能因为自己的发展与需求而损害人类世世代代满足需求的条件——自然资源与环境。要给世世代代以公平利用自然资源的权利。三是公平分配有限资源。目前有限自然资源的分配十分不均，如占全球人口26%的发达国家消耗的能源、钢铁和纸张等约占全球的80%以上，而发展中国家的经济发展却面临着严重的资源约束。

由此可见，可持续发展不仅要实现当代人之间的公平，而且也要实现当代人与未来各代人之间的公平，向所有的人提供实现美好生活愿望的机会。从伦理上讲，未来各代人应与当代人有同样的权利，来提出他们对资源与环境的需求，可持续发展要求当代人在考虑自己的需求与消费的同时，也要对未来各代人的需求与消费负起历史的道义与责任，因为同后代人相比，当代人在资源开发和利用方面处于一种类似于“垄断”的无竞争的主宰地位。各代人之间的公平要求任何一代都不能处于支配地位，即各代人都应有同样多的选择发展的机会。

2）可持续性原则。可持续性原则核心是人类的经济和社会发展不能超越资源与环境的承载能力。资源与环境是人类生存与发展的基础和条件，离开了资源与环境，人类的生存与发展就无从谈起。资源的永续利用和生态系统可持续性的保持是人类可持续发展的首要条件。可持续发展要求人们根据可持续性的条件调整自己的生活方式，在生态可能的范围内确定自己的消耗标准。这一原则从另一侧面反映了可持续发展的公平性原则。

3）共同性原则。鉴于世界各国历史、文化和发展水平的差异，可持续发展的具体目标、政策和实施步骤不可能是唯一的。但是，可持续发展作为全球发展的总目标，所体现的公平性和可持续性原则应该是共同遵从的。并且，要实现这一总目标，必须采取全球共同的联合行动。从广义上讲，可持续发展战略就是要促进人类之间及人类与自然之间的和谐。如果每个人在考虑和安排自己的行动时，都能考虑到这一行动对其他人（包括后代人）及生态环境的影响，并能真诚地按“共同性”原则行动，那么人类及人类与自然之间就能保持一种互惠共生的关系，也只有这样，可持续发展方能实现。

4. 可持续发展的基本特征

与传统的发展思想和环境保护主义主张相比，可持续发展思想具有明显的特征，理解这些特征对于把握可持续发展的内容具有十分重要的意义。总的来讲，可持续发展具有以下三个基本特征。

1）可持续发展鼓励经济增长，因为经济增长是国家实力和社会财富的体现。同时，可持续发展不仅重视增长数量，更追求改善质量、提高效益、节约能源、减少废物，改变传统的生产和消费模式，实施清洁生产和文明消费。

2）可持续发展要以保护自然为基础，与资源和环境的承载能力相协调。因此，在发展的同时必须保护自然资源与环境，包括控制污染、改善环境质量、保护生命保障系统，保护生物多样性，保持地球生态的完整性，保证以可持续的方式使用可再生资源，使发展保持在地球承载能力之内。

3）人类可持续发展要以改善和提高生活质量为目的，与社会进步相适应。当代社会经济发展不可回避的一个事实是，世界大多数人口仍然处于半贫困或贫困状态。可持续发展必须与解决大多数人口的贫困联系在一起。对于发展中国家来说，贫困与不发达是造成资源与环境破坏的基本原因之一。只有消除贫困，才能产生保护和改善环境的能力。世界各国的发展阶段不同，发展的具体目标也不相同，但发展的内涵均应包括改善人类生活质量、提高人类健康水平，并创造一个保障人们平等、自由、教育、人权和免受暴力的社会环境。

以上三大特征表明，可持续发展包括生态可持续、经济可持续和社会可持续，它们之间互相关联、不可分割。孤立追求经济可持续必然导致经济崩溃；孤立追求生态可持续并不能最终防止全球环境的衰退。生态可持续是基础，经济可持续是条件，社会可持续是目的，人类共同追求的应该是自然-经济-社会复合系统的持续、稳定、健康发展。

第二节　渔业资源可持续利用基本理论

一、影响渔业资源数量变动的基本因素

影响渔业资源数量变动的因素有很多，但从基本的方面来看，大体可归纳为鱼类本身的生物学特性，以及生活环境因素的制约和人为的捕捞因素等。鱼类本身的因素包括繁殖、生长和死亡等，环境因素则包括水温、盐度、饵料生物、种间关系和敌害生物等。影响数量变动的因素不仅很多，而且也比较复杂，数量变动往往是各种因子综合作用的结果，也就是内外因子相互制约的结果。

鱼类的繁殖受到种群亲体的繁殖力、产出卵子的受精率，以及鱼卵仔鱼的成活率的制约，而且鱼卵仔鱼的成活率与环境因素是否相适宜也有很大关系。生长受到种群的密度、年龄组成和外界环境的饵料与水文条件的影响。死亡包括自然死亡和捕捞死亡，自然死亡又包括敌害、疾病及由外界环境的急剧变化而引起的死亡。种群及种间的相互关系也影响种群的数量变动，在饵料条件较差的情况下，有些鱼类摄食本身的卵子和仔鱼，不同的种类摄食相同的饵料，产生了种间的食物竞争，影响了种群的食物保证，从而影响到种群的数量变动。

捕捞是影响鱼类种群数量变动的主要因素之一，适当的捕捞可以使种群数量减少的部分由种群补充部分来补偿，过度的捕捞将由于得不到适当的补偿而使平衡遭到破坏，使种群大幅度下降，这就是人们通常所说的资源遭到破坏和不可持续利用，这一情况经常发生在生长缓慢、性成熟晚、寿命长的鱼类种群中。

不同的渔业资源，影响其数量变动的因素可能不同。但对于一个种类来说，影响其

数量变动的也是多因素和错综复杂的。总的来说,种群数量变动是种群补充程度和减少程度的对比关系变化的结果。引起两者对比关系变化的原因,基本上可以归纳为两大类:一是自然的因素,另一类是人为的因素。两大类因素中又包括许多因素。一般来说,影响补充的因素比起影响减少的因素要复杂得多,而且难以掌握。然而,了解和掌握引起种群数量变化的因素是掌握资源变化和可持续利用状况的基础,缺乏这一基础,就很难掌握渔业资源利用的状况。

二、渔业资源数量变动的基本模型

英国著名渔业资源学专家 Russell 于 1931 年在总结苏联学者巴拉诺夫等对渔业理论研究的基础上,对渔业资源数量变动的研究做了系统的理论性概括。Russell 指出:“捕捞加强可以使渔获量增加,但到最高限度以后,鱼捕得越厉害,渔获量也减少得越多”。他根据资源群体数量增加和减少的 4 个因素,提出资源数量变动的基本模型。

被捕捞的资源群体由于自然死亡和捕捞,其数量减少,它依靠幼鱼长到能被捕捞的规格的补充,以及资源群体中现有鱼的生长来补偿。在没有渔业(未开发)的情况下,通过补充和生长而获得资源增长量,补偿由自然死亡所造成的减少而达到平衡。随着渔业的捕捞开发,又增加了资源的一项损失,即捕捞所增加的死亡使资源中的捕捞群体数量减少,使年龄移向较低的年龄组,最后,当捕捞增加到渔业条件所能允许的最大规模时,就建立了一个新的平衡。在此情况下,渔获量由于自然死亡、生长和补充中的一项或各项重要因素变化而得到平衡。

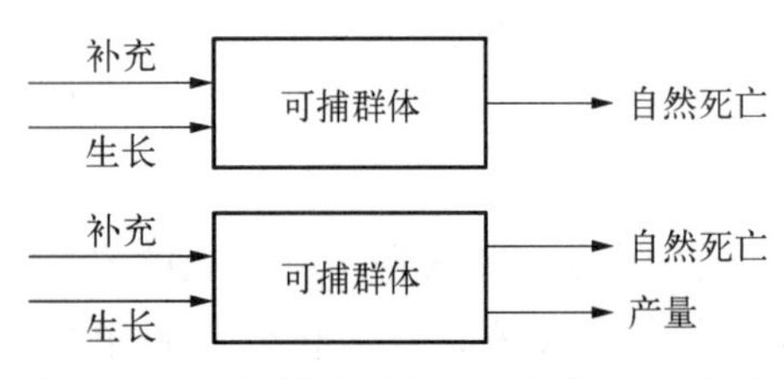

图 6-1 可利用渔业资源群体数量变动图

上图为无渔业时;下图为有渔业时

影响渔业资源群体数量变化的 4 个因素(自然死亡、生长、捕捞和补充)及其数量变动如图 6-1 所示。Russell 提出资源数量变动基本模型的表达式为

$$B_2 = B_1 + R + G - M - Y \qquad (6-1)$$

式中,B_1、B_2 分别表示某一期间始、末可利用资源群体的资源生物量;R、G、M 和 Y 分别表示补充量、生长量、自然死亡量和产量(即渔获量)。

由上式可知,当 $Y<(R+G-M)$ 时,则资源量增加,即 $B_2>B_1$;当 $Y>(R+G-M)$ 时,则资源量减少,即 $B_2<B_1$;当 $Y=(R+G-M)$ 时,则资源量保持平衡,即 $B_2=B_1$。

三、补充群体和剩余群体的数量变动对渔业资源可持续利用的影响

渔业资源群体通常由两部分组成,即补充部分和剩余部分,前者称为补充群体,后者称为剩余群体。一般来说,鱼类有着固有的生活习性,其生长到一定规格后,它们将

要与原来的成鱼一起，进行索饵、越冬，并进入产卵场。当然，对于一年生长的渔业资源群体来说，没有原来的成鱼群体，而是由当年的补充群体进行生命活动，这种资源群体就没有剩余群体。

从渔业资源开发角度来讲，凡幼鱼成长到一定规格后，首次进入渔场与渔具相遇，有可能被大量捕捞的那些个体就称为补充群体，经首次捕捞而余下的个体就称为剩余群体。补充群体进入渔业的形式是复杂的，但基本上可归纳为 3 个类型：① 一次性补充；② 分批补充；③ 连续补充。

补充群体数量变动的原因复杂，比较难以掌握，它是渔业盛衰和渔业丰歉的决定性因素，是影响渔业资源可持续利用的重要因素。引起补充量变化的原因，虽然许多学者所持观点不同，但综合起来主要有水温、食物和海流等因素，对于不同的资源群体，其影响是不同的。当然，资源补充群体的数量变动首先取决于产卵亲鱼的数量，以及其总繁殖力和受精卵的数量，而水文环境（包括水温、海流等）、气象条件和饵料基础是制约卵子、仔鱼发育、生长和成活率的极其重要的因素。而产卵亲鱼的数量在很大程度上又受人为捕捞因素的制约。此外，凶猛鱼类及其他敌害动物的掠食对于补充群体的影响也是不可忽视的因素。当然，食物的保证程度也影响到其补充群体的数量，鱼类生长的快慢直接影响性成熟的平均年龄和平均长度，这也直接影响补充群体的实力。

剩余群体数量变动大多数是由捕捞所引起的，也就是说，捕捞是引起资源群体剩余部分数量变动的主要因素，其影响程度的大小取决于捕捞的强度（包括捕捞工具的数量、性能和捕捞技术，以及捕捞作业时间的长短等）。剩余部分的数量变动还取决于作为补充群体为渔业所利用的那一个世代的数量，该世代的数量越雄厚，其被渔业所利用的时间就越长。也就是说，渔业上一个世代一生中所得到的渔获量与该世代成为补充群体时的数量呈正比。

图 6－2 表示一个世代的资源群体数量减少过程的示意图。一般资源群体世代初始资源数量较大。经过自然死亡和生长进入到补充年龄（t_r），此时的种群数量为补充量（R）。游到渔场的补充群体还在因自然死亡而减少的同时长大，长到开始成为捕捞对象的大小，这时的大小是由该渔业所用网具的网目大小而决定的，若网目尺寸较大，起捕规格较高，那么补充群体在经历生长和自然死亡后，其数量再减少，当长到首次捕捞年龄（t_c）时，其数量以符号 R' 表示。此后，虽然生长使个体逐渐增大，但其数量将因自然死亡和捕捞死亡两方面的原因而减少，直到生命（t_λ）终结。

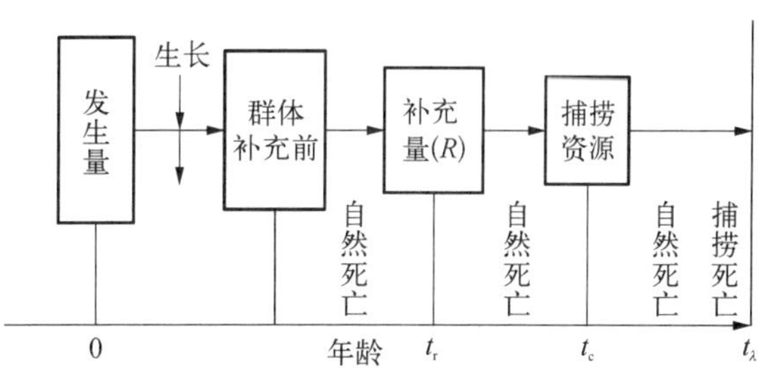

图 6－2　一个世代群体数量减少过程示意图

正如上述所分析的，渔业资源可持续利用是一个复杂的系统，包括人为因素和自然环境因素，人为因素是可以控制和管理的,但是自然环境因素是一个非可控制因素,具有很大的不确定性,从而给渔业资源可持续利用评价带来了困难。

四、渔业资源开发利用的一般过程

人类对渔业资源开发利用的发展过程,一般都经历了开发不足、加速增长、开发过度和资源管理4个阶段(图6-3)。① 开发不足阶段。渔业资源没有得到利用,或者渔获量远低于渔业资源潜在的再生产能力,此时渔获量处在一个较低的水平,而单位捕捞努力量的渔获量(CPUE)则相对较高,边际报酬(或边际生产率)处于一个递增阶段。② 加速增长阶段。由于有利可图,渔业发展迅速,捕捞能力和渔获量迅速增长,CPUE先增加后下降,渔业发展处于旺盛时期。③ 开发过度阶段。若继续加大对渔业资源的利用,则会进入过度开发阶段,此时捕捞能力将维持在一个高水平,并且超过了渔业资源的自然增长率,渔获量急剧下降,并维持在一个低水平上。如果任其发展,渔业资源将崩溃灭绝。④ 资源管理阶段。当人们认识到这一问题的严重性时,加强了渔业资源的科学管理,捕捞能力将降低到一定的水平,使资源得到恢复,渔获量上升,并持续维持在一个较高的水平上。但是,在实践中,渔业发展的第4阶段(管理的成功阶段)只有少数渔业资源才能达到,多数传统经济种类的资源状况都处于第3阶段,如我国近海绝大多数传统的渔业资源种类。

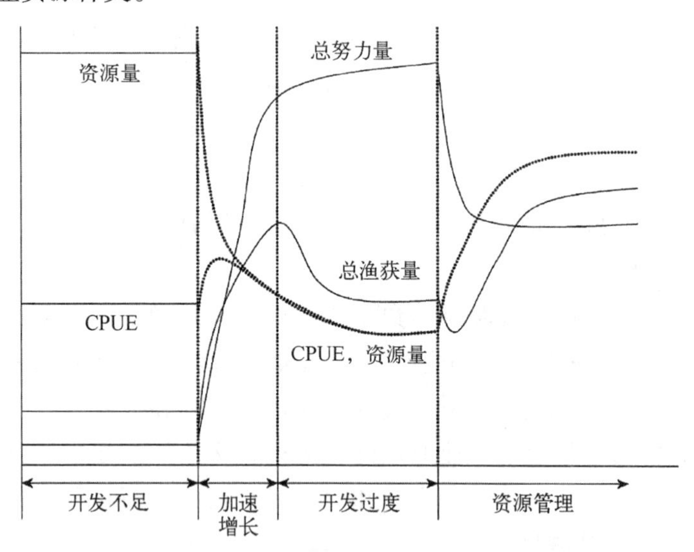

图6-3 一个典型渔业发展的各阶段特征示意图

从经济-生物学角度分析,由于渔业资源是一种"共享资源",因此,渔业发展过程必然在经济效益的驱动下向无盈亏点(图6-4中的Q点)接近,捕捞努力量一直增加到生物经济平衡点f_Q(图6-4中Q点所对应的捕捞努力量)。由于对渔业投资具有惯性,多数渔业的设备和劳动力都是超容量的。同时由于对渔业的投资往往具有不可逆转性,以及渔业劳动力与其他行业部门隔离,捕捞努力量可能会超过f_Q的水平,并且很难再降到一个较低的水平。

由图 6－4 可知，当每增加一个单位捕捞努力量的边际成本等于边际收入时，总资源租金最大，产量达到“最大经济产量”(maximum economic yield，MEY)。然而，以后每增加一个单位的捕捞努力量，就会发生经济学上的过度捕捞情况，即边际成本大于边际收入，总资源租金出现下降趋势。但由于平均收入仍然大于平均成本，此时的渔业仍有利可图，总渔获量可能继续增加。当一个单位捕捞努力量所产生的边际收入为零时，总渔获量达到最大持续产量(maximum sustainable yield，MSY)。以后随着捕捞努力量的增加，总渔获量开始下降，边际收入出现负值，总收入开始递减，此时就会发生生物学上的过度捕捞情况。但平均收入仍然大于平均成本，生产者仍能获得一定的资源租金。因此，捕捞努力量继续增加，直到平均收入与平均成本相等，无盈亏点时才停止，此时该渔业不会产生资源租金，渔业资源已经出现了严重的生物学捕捞过度现象，资源衰退。但更为糟糕的是，一些经济价值较高的传统鱼类产量下降、需求量上升，会反过来使鱼价上升，从而使 Q 点向右上方移动，使得渔业生产者又可获得高额利润，这样将进一步增加捕捞努力量，加剧了渔业资源的衰退，直至资源枯竭。

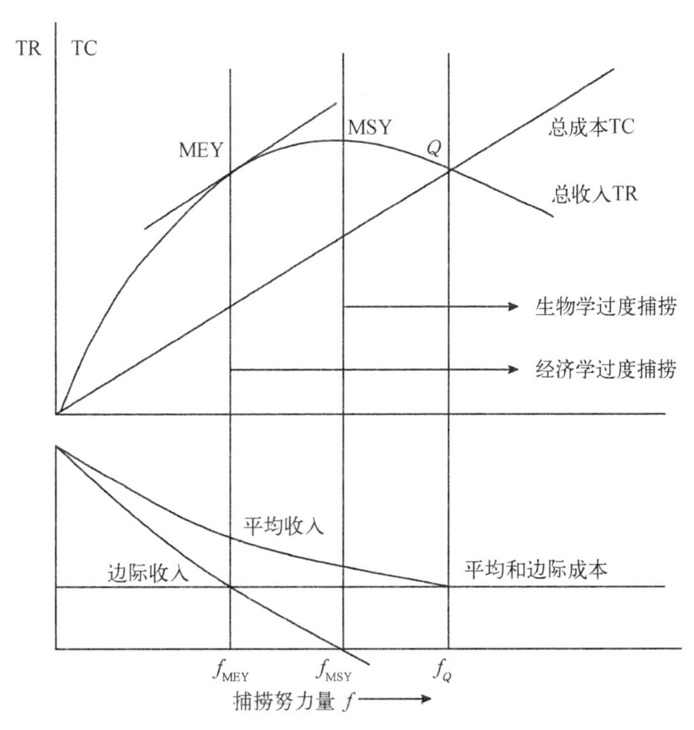

图 6－4　渔业资源衰退的经济分析示意图

五、渔业资源衰退的原因分析

渔业资源的可持续利用是渔业经济可持续发展的基础。渔业资源衰退的原因是多方面的。渔业资源是一种可更新的、有限的、流动的和多变的自然资源，受制于环境退化、自然条件、政治等因素的影响。深刻分析渔业资源衰退的原因对确保资源的可持续利用,以及更好地开展可持续利用评价有着重要的意义。总体来说,渔业资源衰退的主要原因有以下几个方面。

1）渔业资源的有限性与人们需求量增加的矛盾日益突出。尽管渔业资源是一种可再生资源,但它的再生能力也是有限的。在19世纪以前或更早,由于人口相对较少,科技水平和生产能力有限,人们对渔业资源的需求量低,没有超过渔业资源的可再生能力,此时渔业资源可以得到持续利用。因此,人们一度认为渔业资源是取之不尽、用之不竭的天然资源,这种观念一直持续到20世纪70年代。随着社会发展,人口的增加,人们对蛋白质的需求量也进一步增加,人为的捕捞能力已大大超过了资源的可再生能力,同时对自然资源的干预程度也大大增强,渔业资源出现衰退现象。FAO估计,全世界人均消费的海洋和内陆水产品将会从1993年的10.2 kg/人,减少到2050年的5.1~7.6 kg/人,将会严重威胁以鱼类作为主要蛋白质来源的近10亿人的生活,而且绝大多数是发展中国家。据预测,到21世纪中叶,我国人口将达到16亿,持续地满足水产品的需求是一项非常艰巨的任务。

2）水产品及其种类之间在经济价值方面存在着极大的差异。渔业发展过程中表现出人们对高价值种类的偏好。只有当受偏好的种类达到极限时,价格急剧增加(许多高价值的种类有着高价格弹性系数),消费者才会转移到偏好程度低的低价值种类上,这种发展模式已经导致世界许多传统的经济价值高的渔业资源衰退和资源稀缺。

3）公开和自由入渔。很多渔业中都存在这种现象。海洋渔业资源具有很大的流动性,难以固定分配给特定的单位和个人专属使用,必然处于共同使用状态。在传统海洋法中,“公海捕鱼自由”是公认的原则之一。长期以来,渔业资源的使用并不完全受所有权的约束,人们可以自由进入和退出渔业生产。在这种条件下,渔业对任何人都是公开的,只要他们愿意投资渔具和其他设备。渔民受短期利益驱动,市场会促使人们开发新技术,如利用渔业机械化、最大渔船单位与马力等,来捕获更多的鱼。渔业资源和渔场是公开的。导致鱼越捕越少,资源收获者在渔业水产活动中获取利益,而将经济上的不利影响转嫁给他人。这种转嫁超出了市场的作用范围,经济成本不由获利人承担。因此,他们会过度开发利用资源,直接影响到渔业资源的可持续利用状态。其原因是,生产者承担的那部分成本与社会成本不一致。使用者仅根据自己所承担的平均成本来决定使用水平,却不对自己的使用行为所带来的更高的边际社会成本承担责任,而是把它留给社会全体使用者来分担。这种现象也称为市场非对称性。

4）渔业资源产权的虚置和产权难以确定。《中华人民共和国宪法》总纲第九条规定“矿藏、水流、森林、山岭、草原、荒地、滩涂等自然资源,都属于国家所有,即全民所有”。渔业资源作为自然资源,其所有权属于国家。但在我国经济管理体制中,谁代表国家统一行使渔业资源职权,却没有进一步明确。产权虚置使所有权的责权利无人监督落实,忽视了渔业资源的所有者所具备的权益,所有权事实上被使用权所替代,甚至资源的开发利用者侵吞所有者的权益。在我国,国家所有权还受到条块的多元分割,渔业主管部门与各级地方政府之间存在利益矛盾,生产部门往往只强调渔业资源的技术开发,注重其使用价值,而忽视了资源的养护和保护。渔业资源的产权难以监督和控制,更难以固定给个人。

5)渔业资源的无偿使用。所有权的存在应在经济上有所体现,如果所有权在经济上没有体现就是一种虚幻的所有权,实际上是对所有权的否定。对渔业资源的无偿开发和利用,导致渔业资源重开发利用,而轻保护和管理,使得人们很少珍惜资源,以粗放型的经营方式来换取短期的经济利益,掠夺式地使用渔业资源,很少有人去保护渔业资源,造成渔业资源的过度开发和严重浪费。FAO 统计,每年有约占世界海洋捕捞产量32%(即 2 700 万 t)的副渔获物被抛弃。对渔业资源的无偿使用也导致了其综合利用效果差、经济效益不佳,渔业资源的开发利用得不到合理的配置;对渔业资源的无偿使用,使得难以用经济手段加强对资源的管理和保护,资源耗竭速度和紧缺程度不能用价格信号准确地反映出来,往往会出现以低值、低龄和小型化为主的鱼类来维持高产量的现象,而高值、大型鱼类产量的比例很少,造成了资源基础不断削弱的"资源空心化"现象。

6)技术进步的非对称性。技术进步的非对称性是指资源开发利用技术和环境保护技术不相称,一方面技术进步(如动力技术在渔船上的应用等)在客观上促进了渔业资源的开发利用,但另一方面,技术进步往往忽视了环境资源的保护和可持续。捕捞作业中所产生的大量副渔获物就是一个很好的例证。但是渔业的技术进步大多数来自渔业部门的外部,因此,要控制好渔业的技术进步是不容易的。

渔业生产对资源具有负面影响。该影响可以减少,但不能避免,这些负面影响具体包括资源量减少、繁殖能力的降低和恢复能力的下降;生物生态系统多变性增强;渔获加工对沿岸和海上污染;重要栖息地退化(如底拖网和大型公海流刺网等的影响);大规模高密度的养殖业也对环境产生了很大的危害。一些兼捕物尽管其经济价值不高,但是它们在食物链和作为其他重要鱼类的食物方面的影响是重大的,对生态系统的恢复与增强,以及生产力能力的提高都有着重要的意义。在沿岸水域,由于其他行业或农业的发展,渔业资源的重要栖息地正在受到侵害,这些都影响到渔业资源的潜力。

7)过剩的渔业补贴。补贴作为一种财政和经济手段,在渔业生产的发展和管理中发挥着重要的推动作用,同时对渔区稳定和渔民就业也起到了积极的作用。但是渔业补贴也起着相反的作用,巨大的财政补贴使得那些本已无利可图的渔业仍然可以继续开发和生产,导致捕捞能力剧增,使资源出现衰退,甚至枯竭。渔业部门习惯采用补贴等经济手段来促进渔业的现代化捕捞技术和远洋捕捞。对公共津贴性投资项目(如码头、养殖设施、渔船),通常使用周期长,同时又很少有机会转移到别的用途上。当资源出现下降时,在短期内调整捕捞努力量变得很困难。另外,渔业部门对公众参与渔业投资的控制有限,它们不能直接对码头投资、财政政策、贸易和投资政策等方面负责。一些学者指出,渔业补贴是过剩捕捞能力产生和存在的主要原因之一,同时也导致了渔业资源的衰退。

8）缺乏及时对渔业资源利用状况进行正确评估和监测的手段和方法。目前,国内外科技工作者或渔业管理机构往往按种群或海区建立复杂的生物数学模型,用来评估渔业资源状况。但是,他们没有充分认识到这些方法的缺陷性,低估了不确定性的影响,没有将种类之间,以及种类与外界条件之间的相互关系考虑进去,包括捕食与被捕食之间的关系,高等捕食者的作用(如哺乳动物和鲨鱼等)和陆地污染源的影响。同时也没有正确分析与评估社会、制度、经济等方面对资源利用的影响。因此,利用这些纯生物资源模型进行评估得出的结果往往具有很大的不确定性,也无法全面反映渔业资源利用所涉及的各个方面。这样给渔业管理和政策的制定带来了困难,无法正确评价渔业资源利用的现状及其潜力,也无法为渔业资源的可持续利用提供科学的决策依据。为了确保渔业资源的可持续利用,必须及时了解渔业资源的利用现状与趋势,为此需要尽快开展这方面的研究。

六、渔业资源可持续利用的概念及标准

1. 渔业资源可持续利用的概念及其内涵

可持续发展实质上是自然资源的合理配置与持续利用。从狭义上理解,渔业资源可持续利用就是人类的捕捞强度不超过渔业资源的可承受能力或自我更新能力;从广义上讲,渔业资源可持续利用是指在不损害后代人满足其需求的渔业资源基础的前提下,来满足当代人对水产品需要的资源利用的方式。

渔业资源可持续利用是实现渔业可持续发展战略的一个重要方向。从社会道义和公正的角度看,任何国家、地区和个人对渔业资源的合理利用,不仅要考虑自身的需要,也要考虑其他国家、地区和个人,乃至未来几代人的需要。当今人们从自身需要出发对渔业资源进行有效的开发和利用,只能是渔业资源合理利用的一个方面,而不是其全部内容。渔业资源可持续利用内涵应该包括以下几个方面。

1）渔业资源可持续利用必须以满足经济发展对渔业资源的需求为前提。人类生产的终极目标是经济发展,并在此基础上提高全人类的福利水平。经济发展在一定程度上总不可避免地将以渔业资源的消耗为代价,并随着经济增长速度的加快,渔业资源的消耗速度也将越来越大。但是,如果以牺牲经济发展的代价来维持渔业资源的环境基础,无疑是违背人类本身愿望和伦理基础的。因此,人类只有通过渔业资源利用方式的变革,实现渔业资源的可持续利用,来协调经济发展与渔业资源环境保护两者之间的矛盾,从而保证经济发展对渔业资源的需求。

2）渔业资源可持续利用的“利用”,是指渔业资源的开发、使用、管理、保护全过程,而不单单指渔业资源的简单使用。合理的开发、使用就是寻求和选择渔业资源的最佳利用目标和途径,以发挥渔业资源的优势和最大结构功能;而“治理”,是要采取综合性

措施，以改造那些不利于渔业资源可持续利用的条件，使之由不利条件变为有利条件，如改善渔场环境、营造人工牧场；“保护”，是要保护渔业资源及其环境中原先有利于生产和生活的状态。人类对渔业资源的利用不仅是简单意义上的索取，在某种意义上更意味着对渔业资源生产的再投入。

3）渔业资源生态质量的保持和提高是渔业资源可持续利用的重要体现。以往的渔业资源开发利用活动，虽然带来了巨大的财富，同时也酿成了对渔业资源生态质量的严重破坏和渔业资源的衰退，并将危及人类对水产品的需求。渔业资源的可持续利用意味着维护、合理提高渔业资源基础，意味着在渔业资源开发利用计划和政策中加入对生态和环境质量的关注和考虑。

4）在一定的社会、经济、技术条件下，渔业资源的可持续利用意味着对一定渔业资源数量的要求。在人类目前认识范围可预测的前景内，渔业资源的可持续利用涉及公平问题。因为目前的渔业资源利用方式导致渔业资源数量减少，并进而使后代人的需求受到影响，这种方式是不可持续的。渔业资源的可持续利用必须在可预期的经济、社会和技术水平上保证一定的渔业资源数量，以满足后代人生产和生活的需要。

5）渔业资源的可持续利用不仅是一个简单的经济问题，同时也是一个社会、文化、技术的综合概念。上述各因素的共同作用形成了特定历史条件下人们对渔业资源的利用方式，为了实现渔业资源的可持续利用，必须对经济、社会、文化、技术等因素进行综合分析与评价，保持其中有利于渔业资源可持续利用的部分，对不利的部分则通过变革使其有利于渔业资源的可持续利用。

2. 影响渔业资源可持续利用的因素

（1）资源丰度与环境容量

资源丰度与环境容量是影响某个区域渔业资源利用方式的首要因素。渔业资源和环境在经济分析中可以看作是生产活动所必需的资本，或者说是大自然向人类提供了产品和服务。从某种意义上来说，渔业资源和环境是人类生产和生活所必需的一种生态资本。对生态资本的非持续利用会造成对渔业资源和环境的严重破坏，使不可逆性越来越明显，而最低安全标准则设立了一条由渔业资源和环境条件决定的分界线，用来表示渔业资源开发所允许的程度。因此，一个区域渔业资源丰度与环境容量的大小就直接影响到该区域渔业资源开发利用中最低安全标准的设立，并进一步决定了渔业资源可持续利用实现程度的难易。通常意义上讲，一个渔业资源和环境条件较优的地区要比较差的地区更容易实现渔业资源的可持续利用。

（2）人口和经济

人口和经济对渔业资源可持续利用的影响主要表现在人口多少和经济发展程度对渔业资源和环境的压力上。一方面，渔业人口越多，对渔业资源和环境的需求越大，客观上造成了对实现渔业资源可持续利用不利的外部环境，更容易突破渔业资源和环境的最低安全标准，造成对渔业资源的掠夺性使用；另一方面，人口素质问题也同渔业资源利用密切相关，人口素质越高，越容易在意识上和行动上接受并实行渔业资源的可持续利用。经济发展程度与渔业资源的利用之间也具有很强的相关性。从一般意义上说，经济越发展，对渔业资源和环境的需求越大，对渔业资源和环境可能带来的损失也越大，但是，经济的发展又为渔业资源的可持续利用提供了先进的技术手段和财力支持，客观上又有利于渔业资源可持续利用的实现。

（3）技术进步和结构变迁

科学技术在改变人类命运的过程中具有伟大而神奇的力量，如在海洋捕捞业中，动力渔船、新材料、导航仪器等的应用大大提高了捕捞能力和强度。今天人类面临着渔业资源衰退、环境退化与经济持续发展之间矛盾的问题，要确保和寻求渔业的可持续发展，我们将希望再次寄托于科学技术的发展上。在渔业资源的开发利用过程中，应用对渔业资源环境无害甚至有益的技术来取代对渔业资源环境具有潜在和现实危害的技术，即对环境友好的捕捞渔具和方法，将极大地降低渔业资源利用过程中的环境和生态风险。事实上，在生产实践活动中确实存在着这样的机会和可能，科学技术的发展和应用在促进经济发展的同时，也起到了减轻污染、改善环境质量的作用，如渔具选择性和海洋牧场的研究。在一个国家和地区的经济结构中，工业、农业、服务业及其内部各产业对渔业资源的依赖程度是不一样的。同时，各产业部门利用渔业资源产生的后果对渔业资源和环境的影响也是不同的。因此，经济结构的有效和合理变迁可以将一个国家和地区的产业结构引向渔业资源节约和生态环境防范的方向，发展节约渔业资源和减少生态环境破坏的产业，实现经济结构的根本改变。

（4）文化和制度

任何一种渔业资源开发活动都是在一定的文化背景和制度条件下进行的，文化和制度的外在约束对人们的渔业资源开发利用形式会产生重要的影响。在一个国家的传统文化中，是否包含着基本的、朴素的渔业资源和环境保护的思想因子，对激发人们的内在力量，从而采取可持续性渔业资源利用形式构成影响。而制度主要表现为外在的正式约束。由于人们在渔业资源利用过程中所表现出来的各种非持续利用行为无法通过其他形式得到有效的解决，因此有意识地构建一个有利于渔业资源可持续利用的制度体系，如渔业资源有偿使用制度、产权制度、价格制度等就构成了渔业资源可持续利用的重要保证。

3. 渔业资源可持续利用应达到的目标

（1）经济利益与生态利益的统一

渔业资源开发的经济利益就是在渔业资源的开发利用这一经济形式中满足主体经济需要的一定数量的社会经济成果。人们从事物质资料生产活动，以解决衣、食、住、行等消费资料，是经济系统生产的经济产品。人们的一切渔业资源开发利用的最终目的就是获得和享受这些经济产品，实现其经济利益。然而，人们对渔业资源的开发利用过程不仅仅是一个经济过程，同时也是一个生态过程，对渔业资源的进一步开发利用都意味着原有生态环境的改变。与以往的渔业资源开发形式相比，渔业资源可持续利用形式更强调在渔业资源开发利用过程中经济利益和生态利益的有机统一，不但能实现最优的经济效益产生，同时还使渔业资源的生态质量保持或有所提高。这里的生态利益主要是指在渔业资源的开发利用过程中，以一定的人为主体的生态系统中满足人们生态需要的渔业生态成果的质的提高和量的增加。

在现实生活中，生态利益和经济利益是相互联系、相互制约、相互作用而形成的有机统一体，这就是生态经济利益。渔业资源可持续利用追求的就是两者的高度统一。

(2) 眼前利益和长远利益的统一

在渔业资源的开发利用中，由于人类自身存在短视行为，追求短期效益的倾向在一定的时空范围内相当明显，而长期效益由于时段的更替，所关联的因素多种多样，产生的原因十分复杂，经常被忽略，直到情况发展到十分危险的程度时，才发现损失是巨大的，甚至是不可弥补的。

在渔业资源开发利用过程中，短期效益的“利”是十分明显的，对渔业资源的耗竭性使用确实能在短期内给开发者带来利益。相对于短期效益的“利”而言，短期效益的“弊”的出现总是滞后的。在正常情况下，这往往需要经过较长一段时间才能显现出来，而此时，造成的损失往往已经不可逆转。

渔业资源可持续利用追求的是眼前利益和长远利益的有机统一，是涉及代际公平的根本问题。追求两者的统一，要求我们增强对眼前利益“利”和“弊”的科学分析，并能有效地增强对长期利益进行前瞻性的正确预见。

(3) 局部利益和全局利益的统一

在渔业资源的开发利用过程中，必须正确地处理局部利益和全局利益的统一问题，这是影响代内公平问题的关键所在。某种形式的渔业资源开发行为可能对地方的局部利益有利，但是因为存在生产外部性问题，其渔业资源开发利用的外在成本会转嫁到周围地区，影响全局利益的实现。另外，在某些时候，在某种情况下，也会存在为了追求实现全局整体利益，会暂时妨碍，甚至减少局部利益的情况。渔业资源的可持续利用形式追求的是在渔业资源开发利用过程中局部利益和全局利益的统一。需要通盘考虑，统筹安排，充分发挥两者之间的一致性，使局部利益和全局利益能够实现有机结合和协调发展。

第三节　渔业可持续发展的国际行动——蓝色增长

一、蓝色增长概念与含义

蓝色增长与蓝色经济、绿色经济有着密切的关系。“绿色经济”的概念由英国经济学家皮尔斯(Pierce)在其1989年出版的《绿色经济蓝皮书》首次提出。绿色经济是以市场为导向、以传统产业经济为基础，以经济、环境和谐为目的而发展起来的一种新的经济形式，是产业经济为适应人类环保与健康需要而产生并表现出来的一种发展状态。

2008 年，联合国环境规划署发起了在全球开展“绿色经济”的倡议，试图通过绿色投资等推动世界产业革命、发展经济、增加就业和减贫从而复苏和升级世界经济。2010 年，冈特鲍利(Gunter Pauli)首先提出了“蓝色经济”。冈特鲍利认为，绿色经济需要企业投入更多资金、消费者也需要花费更多，因此成效不如预期，而蓝色经济以有限资源创造更优质社会，实现可持续利用和零排放的目标。所以，他用“蓝色经济”一词来反映“绿色经济”概念的发展和完善。

蓝色增长理念源自 2012 年“里约+20”会议，强调对海洋的保护和可持续管理，其所依据的前提是要确保水生生态系统更加健康高产，并成为可持续经济不可缺少的保证。2013 年 12 月，联合国粮食及农业组织提出“蓝色增长倡议”，支持粮食安全、减贫、水生自然资源的可持续管理。随后，以“蓝色增长”为核心的发展计划与项目得到各个国家、国际组织等支持并且全面开展。

二、蓝色增长的研究现状

1. 国外相关研究

蓝色增长是来自海洋的明智、可持续和包容的经济和就业增长，通过发展具有可持续就业和增长潜力的海洋行业，推动协调管理，实现包容性增长，夯实可持续发展的三个支柱(社会、经济和环境)，促进减少贫困、饥饿和营养不良。蓝色增长坚持的原则是海洋生态系统提供的生态系统服务是人类福祉的根本，海洋生态系统服务对全球人类的经济价值贡献率超过 60%。蓝色增长涉及诸多行业(水产养殖、航运、渔业等)以及诸多方面(生态系统服务、海洋空间规划等)。除了对渔业资源的研究之外，国外研究人员还投身于水产养殖、生态系统服务、海洋可再生能源等的研究。

渔业资源蓝色增长的理念是可持续渔业发展促进增长、平稳增长，渔业资源对可持续渔业而言极为重要，而渔业资源评估则对了解渔业资源整体状况而言至关重要。Fernández-Macho 等(2015，2016)研究表明，渔业资源实现蓝色增长的重点在于对渔业捕捞的评估，从而制定综合的管理策略，促进经济可持续增长。资源评估的过程需要大量的数据，而很多时候我们面临的恰恰是数据短缺问题。She 等(2016)认为实现渔业资源蓝色增长需要通过监测海洋气候与环境情况以及渔业资源状况，收集和共享这些信息与数据，以提高研究人员分析和评估工作的效率，从而完成对渔业资源状况、管理方案和相关结果的评估，实现渔业资源的可持续利用。

蓝色增长本质上是追求渔业资源利用的同时，确保生态、经济和社会目标的统一及可持续性。Ehlers(2016)认为迫切需要一个可持续和全面的管理措施在利用和保护渔业资源之间找到合理的平衡点。实现渔业资源蓝色增长的第一步就是了解目前渔业资源的状况和未来发展的潜力，为蓝色增长框架的设立和管理措施的制定提供科学依据。Moore 等(2016)评估了减少渔业捕捞量对北爱尔兰经济的影响，发现这将会导致部分渔民从渔业工作转到其他渔产品加工等工作，不会对总渔业经济造成重大的影响。Hilborn 等(2017)通过使用 Pella-Tomlinson 生物经济模型评估世界不同地区和不同类型鱼类实施代替渔业管理措施的蓝色增长潜力，结果表明实行改革管理，鱼类总捕捞量将增加 13%，生物量增加 36%，经济收益增加 81%，认为降低捕捞强度对可持续渔业至关重要。

实现蓝色增长需要在科学的评估结果基础上，有针对性地制定管理措施，研究人员通过分析实际案例提出了实现渔业资源蓝色增长的方法。Mulazzani 等(2016)以生态系统服务框架和贝叶斯网络方法为基础，提出了一个管理海洋和沿海渔业资源与环境问题以及评估替代管理措施影响的工具，认为该工具可作为管理者在一些地域进行规划的定性框架。Keen 等(2017)根据现有的文献，制定了蓝色经济概念框架，以所罗门群岛与渔业相关的产业作为案例，分析了其产业中蓝色经济概念框架缺失的部分，评估其在渔业管理和发展方面的作用，为如何实现蓝色经济提供了方向。Burgess 等(2016)根据蓝色增长案例分析，讨论了面对海洋系统复杂性以及数据和技术能力受限情况下如何实现蓝色增长，提出构建蓝色增长的管理措施的五个经验规则：① 明确目标、权衡利弊、争取效率；② 重视和利用数据；③ 正确使利益相关者参与管理；④ 做好评估工作并不断完善；⑤ 设计管理措施来约束行为。

2. 国内相关研究

近海渔业资源衰退及海洋生态环境恶化日趋严重已引起社会各方面广泛关注，《国务院关于促进海洋渔业持续健康发展的若干意见》(国发〔2013〕11 号)对今后一个时期近海渔业的发展方向提出明确要求，即控制近海捕捞强度，养护和恢复渔业资源与生态环境。《中华人民共和国国民经济和社会发展第十三个五年规划纲要》针对捕捞渔业明确了经济社会发展的主要目标，旨在通过实施许可、控制产出以及减少渔民和渔船数量，限制产能和上岸量。其他目标包括渔具、船舶和基础设施现代化；定期减少柴油补贴(2014~2019 年减少 40%)；消除非法、不报告和不管制捕鱼；发展远洋船队；通过增殖放流、人工鱼礁和季节性禁渔，恢复国内鱼类种群。

渔业资源蓝色增长目标是利用渔业资源促进经济和社会效益可持续增长和发展的同时，尽可能避免造成环境退化、生物多样性丧失和渔业资源不可持续利用。国内的学者对渔业资源可持续发展的表述虽有不同，但其内涵却是一致的。曲福田(2011)、杨正勇(2008)、陈新军(2004)认为渔业资源可持续发展是指在海洋环境的承载能力内，利用渔业资源促进社会经济可持续增长。渔业资源利用是一个复杂的过程，涉及生物、经济、社会方面，而渔业资源生物经济模型是实现渔业资源优化配置的重要手段(陈新军等，2014)，国内学者对生物经济模型做了大量研究。王雅丽等(2012)根据生物经济模型估算 2008 年东、黄海鲐鱼渔业资源租金状况，研究发现，2008 年东、黄海鲐鱼资源的经济价值约为 37.3 亿元，其所捕捞量的经济价值约为 18.0 亿元，以最大可持续产量(MSY)为管理目标时的资源价值为 15.8 亿元。随着鲐鱼的繁殖生长，平均每年渔获可增加的经济价值为1.38亿元,渔业净利润为9.81百万元。王雅丽等(2011)根据东、黄海鲐鱼产量数据与经济数据,结合贴现率构建基于贴现率的东、黄海鲐鱼动态生物经济模型。研究发现,贴现率为10%~30%时,短期利益占长期利益的10%~20%,价格在2 327~4 654元/吨范围时,可控制鲐鱼产量低于MSY,进而控制捕捞强度,确保东、黄海鲐鱼资源的可持续利用与开发。王从军等(2013)利用Gordon-Schaefer生物经济模型评估了东黄海鲐鱼在不同管理目标下的产量及其对应捕捞努力量和短期、中期和长期的经济效益和资源状况;张广文(2009,2010)利用多船队动态模型对我国东海鲐鱼进行了生物经济学分析,模拟了不同管理策略下的渔业管理参考点,为制定渔业资源管理开发策略提供科学的理论依据。

3. 蓝色增长的实践情况

欧盟委员会于2012年9月全面启动蓝色增长战略的工作,旨在促进欧洲明智、可持续和包容性增长及就业,同时保护生物多样性和保护海洋环境。蓝色增长战略的重点在于: ① 数据收集。通过哥白尼海洋环境监测服务(CMEMS)收集数据,再由渔业收集框架进行数据筛选、分析与使用,最后由欧洲海洋观测和数据网络(EMODNET)进行数据共享;② 海洋空间规划。通过立法来建立欧洲海洋空间规划的共同框架,以减少部门之间的冲突,在保护海洋环境的同时,确保海上活动以有效、安全和可持续进行;③ 综合海上监视。通过公共信息共享环境(CISE)整合现有的监视系统和网络,使管理者及时了解海上发生的事情,并进行信息和数据交流;④ 海盆战略(大西洋战略)。量身定制相应的措施,旨在解决海洋问题的共同挑战,促进国家间的合作,寻求共同解决办法,并使整个区域的共同资产最大化。

FAO亚太区域2014~2015年的蓝色增长倡议,旨在维护或恢复海洋的潜力,推行可持续的方法来确保经济增长。渔业资源方面的举措包括: ① 完善渔业管理,采用生态系统方法,制定渔业管理计划;② 采用空间、季节性隔离以及创新、改良渔具或捕捞方法,消除生境影响,解决兼捕渔获物问题;③ 减少对过度开发的沿海资源的捕捞行为和能力;④ 恢复、加强生境和环境,提高渔业生产率;⑤ 加强区域合作和信息共享,限制各分区域内的非法、不管制和不报告机会。

非洲联盟委员会制定了引入蓝色增长概念的《2050年非洲海洋整体战略》,旨在以安全、环保和可持续的方式发展蓝色经济。渔业资源方面的内容如下: 建立海洋保护区,以养护和恢复渔业资源,重建生态系统;建立非洲海洋数据中心,收集渔业数据与气候数据,以提高资源评估的效率,为管理策略的制定提供科学的依据。

佛得角是一个海洋环绕的小岛屿发展中国家。渔业是重要的经济部门,对就业、生计、粮食安全和总体经济发展都作出重要贡献。2015年,佛得角政府通过了《蓝色增长章程》,旨在协调所有的蓝色增长政策和投资,确保相关行动贯穿各个部委和部门。国家正式承诺实现蓝色增长,着手建设必要的支持性环境,开始有针对性地干预和投资,目的是充分发掘海洋潜力,推动经济增长,创造就业。为支持政策和制度改革进程,粮农组织为负责实施这一转型战略的财政部战略情报部门提供能力建设支持。财政部还向非洲发展银行中等收入国家技术援助基金申请了 298 万美元的赠款，用于支持 FAO 技术援助，制定投资计划和多年转型计划。

加勒比地区格林纳达加强蓝色经济转型以及推动蓝色增长，旨在经济增长的同时可持续地利用渔业资源。在渔业资源养护和管理方面采取了以下举措：① 对渔业资源进行评估，并核算渔业资源价值；② 投资恢复生态系统，并重点保护核心的生态系统。

三、蓝色增长关注的主要内容

1. 蓝色增长的重点内容

FAO 的“蓝色增长倡议”是一项多目标综合举措，涉及可持续发展的方方面面，如经济、社会和环保方面。作为一种以事实为依据的管理举措，其成功实施离不开及时、可靠的跨学科信息，只有这样才能确立基准，监测变化，为社会、经济和环境可持续性相关的决策提供支持。

“蓝色增长倡议”重点：实现渔业可持续发展，减轻鱼类栖息地的退化，保护生物多样性。这需要数据来评估和监测自然资源（如渔业资源、水生生态系统、水和土地、水生遗传资源等）状况，以及渔业的绩效和可持续性。

（1）评估和监测鱼类种群

“蓝色增长倡议”认识到，渔业资源对可持续渔业而言极为重要，而渔业资源总量评估则对了解渔业资源整体状况而言至关重要。资源总量的评估过程需要大量数据，而很多时候我们面临的恰恰是数据短缺问题。各种估测方法，包括专家判断，对预防性管理都有帮助。数据齐备与否和数据的质量往往都会对评估结果的准确性产生影响。此外，管理行动往往滞后于评估结果。为解决这一问题，较常用的方法是采用一种建立在事先确定的捕捞模型之上的适应性管理方法。必须保证及时提供高质量的渔获量、努力量和其他相关数据，并供各利益相关方共享。例如，能在评估开始前对这些数据进行汇总，形成综合数据库，就能给分析工作带来极大便利。一些知识库，如 FishBase2 和 SealifeBase3 已经为各方提供了便捷、综合的生态及生物知识。进一步提升信息技术和数据管理能力可起到促进作用。

资源量评估结果共享是实现更有效渔业管理的另一重要步骤。在科学层面，记录完善的数据可以让人们重复开展评估，有助于提高透明度，让发展中国家有能力参与资源评估，为渔业管理人员提供建议。此外，应采用简单易懂的格式向各利益相关方提供评估结果。各国的案例证明，在对渔业资源状况、管理方案和相关结果开展明确、综合的评估后，各方就能针对过度捕捞采取坚定的政策行动。

将被评估渔业种群的相关数据与已知种群进行比较分析，并将被评估渔业资源的状况在不同种群、物种和区域之间进行比较，就可以得出有用的信息，尤其是有助于确定渔业监测工作的优先重点。“渔业和资源监测系统”有助于推动此项工作，通过对已知鱼类种群量进行全面评估，从而汇总出种群评估结果，但该系统仍需要获得更多评估结果，才能最终得出全面完整的结论。

（2）保护生物多样性，恢复栖息场

“蓝色增长倡议”认识到，必须恢复已退化的栖息场，保护生物多样性，以提高渔业系统的生产率和可持续性。目前正在努力建设一个生物多样性综合信息库，其中包括水生物种种群数量和出现情况，以便更好地监测相关变化，描绘多样性和生态足迹。“海洋生物地理信息系统”在全球各地分类学家和生态学家的共同努力下，为我们提供了有关物种出现的独特的全球信息源。除该信息库以外，还在开发多个分析模型用于物种分布绘图（如 Aquamaps）和生物多样性丰富度分布和演化分析，以便在气候变化背景下进一步了解物种范围的变化及其产生的环境和社会经济影响。

为最大限度地降低捕捞活动对生物多样性的负面影响（如金枪鱼捕捞中的标志性海洋哺乳动物，或脆弱海洋生态系统中的海绵和珊瑚），必须在设计管理策略时具备相关数据。此类数据包括捕捞作业过程中对兼捕物种的个体观测，或与指示性物种的“意外相遇”。此项活动通常要求在渔船上派驻科学观测人员，或让渔民参与数据收集工作。前一种做法成本高昂，且容易存在偏见，而后一种做法则会带来保密和隐私问题。采用图像识别技术的自动化系统具有较大潜力，但近期可能难以广泛应用。

在通常情况下，要想在数据共享方面取得进展，就必须鼓励数据所有方（各国和捕捞行业）采取更为开放的政策和措施。令人鼓舞的是，目前深海捕捞业正在与科学界和管理人员开展合作，致力于推动渔业生态系统方法相关工作。在沿岸栖息地（如红树林和海滩湿地）问题上，地理信息系统（GIS）与遥感（RS）正在推动各类植被的识别和绘图工作，这对于确立基准和监测变化十分重要。

（3）打击非法、不报告、不管制捕鱼

“蓝色增长倡议”高度重视对非法、不报告、不管制捕鱼的打击。在这方面，信息技术的发展已彻底改变了数据收集工作。主要技术包括：渔船登记和许可证数据库共享，便于对捕捞授权进行评价；自动化识别系统和渔船监测系统，便于监测渔船移动轨迹；电子日志，便于及时报告渔获量；船上摄像监控，便于全面观测捕捞活动；出入港通信，便于执法工作；市场信息电子传输，便于加强可追溯性；渔获记录，便于获取渔获量信息。这些技术能促进严格、高效地开展监测、监控和监督工作，在整个销售链中通过贸易认证跟踪鱼品动向，根据来自运营方的数据获得整体统计数据。

然而，保密问题，加上缺乏相关标准和对数据安全性的信任，都在阻碍着不同系统之间开展直接数据汇总。通过全球标准化的电子监测、监控和监督来促进负责任的用户之间开展信息共享是一项至关重要的工作，有助于消除覆盖盲点，避免被非法、不报告、不管制捕鱼活动钻空子。全球协调方面的进展十分缓慢，且由于成本和技术能力方面的要求，各国和各区域为此做出的承诺水平也大相径庭。从事小规模渔业的渔船数量众多，是实施中面临的最大挑战，因此，此类技术和计划通常先在大型渔船上使用，随后才能推广到小型渔船，手机应用软件已给此项工作带来了新的机遇。

（4）监测绩效，促进可持续性

渔业绩效可体现在社会经济、环境和管理各方面。渔业资源存量调查是一个出发点，便于各方了解和宣传渔业在社会经济方面的重要性，具体体现为人民的参与度、经济投资（渔船大小和数量）和回报（渔获数量和货币价值）。FAO 建议将渔业资源存量调查作为提高对小规模渔业及相关生计的关注度的一个方法，以便对政策和管理决策产生影响。存量调查还可以成为了解渔业对生物多样性的潜在影响的一种方法（如列出兼捕物种清单）。在水产养殖业中，养殖场存量调查能为决策者提供相关知识，帮助他们有效开展规划和管理。存量调查还有助于了解渔业管理工作在实现可持续性方面的有效性。这反过来会影响消费者的购买行为，从而对改进管理工作形成一种激励，鱼品生态标签的使用日益广泛就是一个例子。

2.“蓝色增长倡议”焦点：将社会经济效益最大化

实现这一目标需要在整个价值链中对水生资源利用相关活动的绩效和可持续性进行监测，并且要与其他农业和商业活动分开监测。然而，有关该行业社会、经济贡献的相关信息十分零散，且往往与其他行业合并在一起，侧重点在于初级生产部门的商业活动（不包括手工式渔业和自给自足型渔业），未能全面覆盖整个价值链或相关活动。数据上的缺失会导致政策失误。

有必要制定准则和标准方法，便于评价水生生物资源利用在整个价值链中做出的具体贡献。最近已着手采用普查的方法获取整个价值链中的社会、经济贡献相关数据（包括非商业性活动）。然而，这种方法要求在最终确定全球标准之前，进一步开展测试和微调。FAO 的“鱼品价格指数”已被用于多项与鱼品相关的粮食安全与经济评估和预测工作，也能在此处发挥作用。

“蓝色增长倡议”焦点：评估生态系统服务水生生物资源所提供的生态系统服务包括休闲型渔业和与鱼类相关的旅游项目、对生物多样性和生境的贡献，以及生态系统恢复能力（如保护海岸线生物群的红树林）。此类服务还包括气候变化减缓作用，如海藻的碳循环作用，红树林或珊瑚礁的碳汇作用。

有必要让各方进一步了解自然资源和生态系统在各国经济中发挥的作用，以便更好地认识可再生水生资源对经济的贡献（如通过环境经济核算体系）。在气候变化方面，目前正在努力开展工作，将应用于评估农业和林业部门碳足迹的通用方法应用于水生资源中。

四、蓝色增长的国际行动

1.《2030 年可持续发展议程》概述

在 2015 年 9 月召开的联合国可持续发展峰会上，联合国各成员国领导人通过了《2030 年可持续发展议程》，其中包含一整套共 17 项“可持续发展目标”。《2030 年可持续发展议程》明确了全球可持续发展的重点，以及对 2030 年的期望，力争动员全球力量造福人类和地球，打造繁荣、和平与伙伴关系。它不仅包含“可持续发展目标”，还涉及有关发展筹资问题的《亚的斯亚贝巴行动议程》，以及有关气候变化的《巴黎协定》。“可持续发展目标”特别指出，到 2030 年要实现以下目标：消除贫困和饥饿；进一步发展农业；支持经济发展和就业；恢复和可持续管理自然资源和生物多样性；与不平等和不公正做斗争；应对气候变化。“可持续发展目标”是真正变革性的目标，其相互之间密切关联，呼吁将各项政策、计划、伙伴关系和投资进行创新性结合，以实现共同目标。

《2030 年可持续发展议程》致力于打造一个公正、基于权利、公平、包容的世界。它呼吁相关方联手合作，共同推动持续、包容性经济增长、社会发展和环境保护，造福所有人，包括妇女、儿童、青年和子孙后代。《2030 年可持续发展议程》展示了一个普遍尊重人权、平等和不歧视的世界，其最高信念是“不让任何一个人掉队”，确保“所有国家、所有人和社会所有阶层的目标都得到实现”“首先尽力帮助落在最后面的人”，其中有两项目标专门涉及消除不平等和歧视。

通过《2030 年可持续发展议程》，各国认识到必须恢复全球伙伴关系的活力，“推动全球高度参与，把各国政府、私营部门、民间社会、联合国系统和其他行为体召集在一起，调动现有的一切资源，协助落实所有目标和具体目标”。恢复活力后的全球伙伴关系将通过“国内公共资源、国内和国际私人企业和融资、国际发展合作、起推动发展作用的国际贸易、债务和债务可持续性、如何处理系统性问题，以及科学、技术、创新、能力建设、数据、监测和后续行动”，努力为《2030 年可持续发展议程》的实施提供执行手段。

FAO 强调，粮食和农业是实现《2030 年可持续发展议程》的关键。FAO 的任务和工作实际上已经开始为实现各项“可持续发展目标”作出贡献。各项“可持续发展目标”和 FAO 的《战略框架》均致力于解决造成贫困和饥饿的根源，打造一个更加公平的社会，不让任何人掉队。具体而言，“可持续发展目标 1”（消除一切形式的贫困）和“可持续发展目标 2”（消除饥饿，实现粮食安全，改善营养和促进可持续农业）反映了 FAO 的愿景和使命。其他“可持续发展目标”还涵盖性别问题（“可持续发展目标 5”）、水（“可持续发展目标 6”）、经济增长、就业和体面工作（“可持续发展目标 8”）、不平等（“可持续发展目标 10”）、生产和消费（“可持续发展目标 12”）、气候（“可持续发展目标 13”）、海洋（“可持续发展目标 14”）、生物多样性（“可持续发展目标 15”），以及和平和公正（“可持续发展目标 16”），也都与之有密切关联，而各方提出的执行手段和恢复活力后的全球伙伴关系（“可持续发展目标 17”）则为粮食和农业各部门实现《2030 年可持续发展议程》提供了基础，这些部门包括渔业、水产养殖业和捕捞后水产加工业。

《2030 年可持续发展议程》所提供的框架、进程、利益相关方参与和伙伴关系有助于：① 让当代人和子孙后代从水生资源中获益；② 帮助渔业和水产养殖业为不断增长的人口提供富含营养的食物，并促进经济繁荣、创造就业和保障人民福祉。

2.《2030 年可持续发展议程》与渔业可持续发展

海洋、沿海，以及江河、湖泊和湿地，包括渔业和水产养殖业所利用的相关资源和生态系统，目前在可持续发展中所发挥的重要作用已得到国际社会的普遍认可。这一点已在 1992 年召开的里约峰会上得到明确，充分体现在《21 世纪议程》第 17 章（及第 14 章、第 18 章）和具有历史性意义的 1995 年《负责任渔业行为守则》中。这一点也在后来的里约 + 20 峰会成果文件中得到提倡，文件中各成员国呼吁要“以通盘整合的方式对待可持续发展，引导人类与自然和谐共存，努力恢复地球生态系统的健康和完整性。”

多项“可持续发展目标”与渔业和水产养殖业，以及该部门的可持续发展有关联。其中一项（“蓝色目标”）直接侧重于海洋（“可持续发展目标 14”：养护和可持续利用海洋和海洋资源，以促进可持续发展），强调养护和可持续利用海洋及其相关资源对可持续发展的重要性，包括通过为减贫、持续经济增长、粮食安全和创造可持续生计及体面工作做出贡献而推动可持续发展。

为促使海洋及海洋资源继续为人类福祉做出贡献，“可持续发展目标 14”认识到有必要管理和养护海洋资源，同时为对人类至关重要的生态系统服务提供支持。更有效利用资源，改变生产和消费方式，改进对人类活动的管理和监管，将有助于减少对环境的负面影响，让当代人及子孙后代从水生生态系统中获益。推动可持续捕捞和水产养殖将不仅有助于资源和生态系统管理和养护，还有助于确保世界上的海洋能提供富含营养的食物。

海洋和内陆水域在对全球粮食和营养安全、生计和各国经济增长做出重要贡献的同时，还为地球提供宝贵的生态系统产品与服务。大气中被固存在自然系统中的碳中约有 50%通过循环进入海洋和内陆水域，但这些海洋和内陆水域却正面临着过度开发、污染、生物多样性丧失、入侵物种蔓延、气候变化和酸化等带来的威胁。人类活动给海洋生物支持系统带来的压力已达到不可持续的水平。

2016 年世界上接受评估的商业化海洋水产种群中有 31%被过度捕捞。红树林、盐滩和海草床均在以令人震惊的速度被破坏，从而加剧气候变化和全球变暖。水域污染和生境退化继续威胁着内陆和海洋水域中与渔业和水产养殖业相关的资源。同样面临风险的还有那些依赖于渔业和水产养殖业谋生和实现粮食及营养安全的人们。此外，渔业和水产养殖业对世界福祉与繁荣做出的重要贡献正在因为治理不力、管理不善和措施不当等因素而遭到削弱，同时非法、不报告、不管制捕捞活动则仍是实现可持续渔业的障碍。

“可持续发展目标 14”项下的多项具体目标呼吁在渔业部门采取具体行动，特别是：有效监管捕捞活动；结束过度捕捞和非法、不报告、不管制捕捞；解决渔业补贴问题；为小规模渔民提供获取资源和进入市场的机会；执行《联合国海洋法公约》条款。“可持续发展目标 14”项下的其他具体目标则涵盖海洋污染防治，以及对于可持续渔业和水产养殖业而言同样重要的海洋和沿海生态系统管理和保护。因此，“可持续发展目标14”明确指出有必要推动所有利益相关方开展合作和协调,以实现可持续的渔业管理,更好地保护资源,为可持续管理和保护海洋及沿海生态系统提供了一个框架。

目前在渔业和水产养殖业可持续管理和发展过程中采取的统筹方式,如FAO“蓝色增长倡议”所提倡的那样,其目的在于使经济增长与促进生计和社会平等之间实现相互协调。它致力于平衡自然水生资源的可持续管理和社会经济管理,期间强调在捕捞渔业和水产养殖业、生态系统服务、贸易、生计和粮食系统中高效利用资源。

渔业和水产养殖业中的利益相关方在国家、区域和国际层面为实现《2030年可持续发展议程》做出努力时,应利用以往及当前在相互合作、互相支持和达成共识方面的经验。为实施采取的措施将成为实现相关“可持续发展目标”具体目标的基础。向FAO渔业委员会及其贸易和水产养殖分委员会汇报《负责任渔业行为守则》实施情况将有助于了解各方在朝着实现《2030年可持续发展议程》目标努力的过程中所取得的进展,这些进展将通过各国渔业管理部门、区域渔业机构和国际民间社会组织和政府间组织的报告体现出来。国际渔业界将利用相关国际文书,包括《2030年可持续发展议程》,为全球渔业治理提供有力的框架。

《2030年可持续发展议程》强调建立伙伴关系和加强利益相关方参与的重要性,将其作为成功促进和有效实施各项活动来支持各项相互关联的“可持续发展目标”具体目标的关键。目前渔业和水产养殖部门正在开展的国际举措包括:① 全球气候、渔业和水产养殖伙伴关系;② 地方、国家和国际民间社会组织以及多国政府就《粮食安全和扶贫背景下保障可持续小规模渔业自愿准则》所开展的宣传和实施工作;③ 国家机构之间的合作,以及FAO、国际海事组织和国际劳工组织之间在打击非法、不报告、不管制捕捞及其他与捕捞相关的犯罪行为方面开展合作,主要通过以下措施:支持针对打击非法、不报告、不管制捕捞制定国家和区域行动计划;实施《船旗国表现自愿准则》;建立“全球渔船、冷藏运输船和补给船记录”等。

3. *渔业可持续发展的国际行动进展*

在联合国各成员的推动下开展一轮磋商后,目前已经得到通过的可持续发展目标框架中共包括169项具体目标和用于在全球层面衡量和监测进展的231项指标。

“可持续发展目标14”包括10项具体目标,其中几项明确涉及渔业相关问题,其他目标也可能对渔业产生直接影响。与渔业相关的具体目标呼吁采取行动:有效监管捕捞活动;结束过度捕捞,以及非法、不报告、不管制捕捞和破坏性捕捞行为;解决渔业补贴问题;提高渔业和水产养殖可持续管理的经济效益;为小规模个体渔民提供获取海洋资源和市场准入的机会。其他目标包括海洋污染防治、海洋和沿海生态系统管理、《联合国海洋法公约》和相关现行区域、国际法规的实施。

所有具体目标均由可持续发展目标机构专家组确立、由联合国统计委员会通过的指标加以支持。三项目标分别如下。

1)到2020年,有效管制捕捞活动,终止过度捕捞、非法、不报告、不管制捕捞,以及破坏性捕捞活动，实施科学管理计划，以便在最短时间内恢复鱼类种群，至少使其数量恢复到其生物特性所决定的最高可持续产量水平。

2）到2020年，禁止某些助长产能过剩和过度捕捞的渔业补贴，取消各种助长非法、不报告、不管制捕捞活动的补贴，不出台新的此类补贴，同时认识到，为发展中国家和不发达国家提供合理、有效的特殊和差别化待遇应成为世界贸易组织渔业补贴谈判中一项不可缺少的内容。

3）为小规模个体渔民提供获取海洋资源和进入市场的机会。

目前正在加大力度评估渔业管理方面的进展。此项行动将为相关国家、区域和全球举措提供协助，同时还为国家和全球可持续发展目标监测活动提供支持。在此背景下，FAO积极为有关改进进展报告工作和推动实现"爱知生物多样性目标"的2016年专家会议作出了贡献，会议制定了一份概念框架草案，可作为一项指南，指导《生物多样性公约》各缔约方报告自身在实现有关可持续渔业的目标上所取得的执行进展。会议确定了与实现目标相关的一系列行动和潜在指标，并讨论了如何通过改进生物多样性公约组织、FAO和区域渔业机构之间的协调来促进此项工作。

此外，在FAO/全球环境基金"沿海渔业倡议"的框架下，目前正在采取具体行动建立和实施一项渔业绩效评价体系，用于：① 有效评价沿海渔业项目所产生的影响；② 监测渔业环境、社会和经济效益方面的变化；③ 通过寻求管理战略的实施方法来实现渔业可持续发展，促进知识共享。

为促进实现可持续发展目标，FAO及其成员国和伙伴方一直致力于在近东和北非，以及亚太区域促使"蓝色增长倡议"主流化。亚太区域目前正侧重于可持续水产养殖发展，以扭转环境退化和缓解对红树林空间和淡水资源的竞争。水产养殖业负责任管理和可持续发展还能为亚洲的水产养殖户（尤其是青年）提供良好的工作机遇，同时还能为他们提高收入和加强营养安全，保护相关自然资源。此项倡议是一个绝好的范例，说明应采取何种类型的行动来确保水产养殖业能符合可持续发展目标，以具备环保性和真正的可持续性。

同样，一项全面研究也在近东及北非开展，以挖掘这一地区在蓝色增长方面的潜力。在这一区域开展的活动包括：在阿尔及利亚推广沙漠水产养殖；评估埃及和苏丹尼罗河沿岸渔民的生计状况；改善突尼斯的价值链，确保负责采集蛤蜊的女性能获得更多、更多样化的收入；宣传有关减少渔业部门中损失与浪费的《努瓦克肖特宣言》。渔业和水产养殖业还提供了一个绝好的创造就业的机会，尤其是针对青年，能让他们留在本村，实现收益良好的就业，而不是被迫外出，去城市或国外寻找工作。研究将就在干旱地区发展水产养殖业的可行性提供宝贵的意见，还将对价值链改善和损失与浪费减少之后带来的潜在社会效益、经济效益开展评估，这些都是影响可持续发展目标和蓝色增长是否能够得以实现的重要因素。

第四节 渔业蓝色增长案例——碳汇渔业

一、碳汇渔业的概念及其作用

按照碳汇和碳源的定义，以及海洋生物固碳的特点，碳汇渔业就是指通过渔业生产活动促进水生生物吸收水体中的 CO_2，并通过收获把这些碳移出水体的过程和机制，也被称为“可移出的碳汇”。碳汇渔业就是能够充分发挥碳汇功能，直接或间接吸收并储存水体中的 CO_2，降低大气中的 CO_2 浓度，进而减缓水体酸度和气候变暖的渔业生产活动的泛称。因此，凡是无须投饵的渔业生产活动都能形成生物碳汇，相应地也可称为碳汇渔业，如藻类养殖、贝类养殖、滤食性鱼类养殖、人工鱼礁、增殖放流和捕捞渔业等。

碳汇渔业具有以下作用：提高水体吸收大气 CO_2 的能力；通过水生生物（浮游生物、藻类）吸收水体中的 CO_2，通过捕获水产品把这些碳移出水体。所以，这种碳汇过程和机制可以提高水体吸收大气 CO_2 的能力，从而为 CO_2 减排作出贡献。

1）海水养殖与碳汇渔业。海水藻类、贝类等养殖生物通过光合作用和大量滤食浮游植物，从水体中吸收碳元素的过程和生产活动，以及以浮游生物和贝类、藻类为食的鱼类、头足类、甲壳类和棘皮动物等生物资源种类通过食物网机制和生长活动所使用的碳，都是碳汇渔业的具体表现形式。因此，在低碳经济时代，我国作为渔业大国，应积极发展以海水养殖业为主体的碳汇渔业，抢占蓝色低碳经济的技术高地。

2）水库生态渔业。水库生态渔业也是一种碳汇渔业。水库生态渔业的碳汇过程：地表径流带入的大量有机物—经微生物分解为氮、磷等无机物—被藻类和水生植物吸收利用—鱼类通过摄食各种动植物将氮、磷等营养盐类富集到体内—捕鱼带走。所以，在水库把鲢鳙等鱼类捕捞出库就是水体氮、磷输出的最有效方式。任何一个从事渔业生产的水库，其生产活动的结果对碳汇、对水库水质都具有显著的改善作用。在一定范围内，水库鱼产量越高，其碳汇作用对水体的净化作用也就越强。所以，发展碳汇渔业是一项一举多得的事业，它不仅为百姓提供更多的优质蛋白，同时，对减排 CO_2 和缓解水域富营养化有重要贡献，如浅海贝藻养殖、水库以投放鲢鳙鱼为主的生态渔业。

2011 年 1 月我国首个碳汇渔业实验室已在中国水产科学研究院黄海水产研究所挂牌成立，实验室主任由中国工程院院士唐启升研究员担任。

二、海洋渔业碳汇及其扩增战略

生物固碳是安全高效、经济可行的固碳途径与固碳工程。除森林、草地、沼泽等陆地生态系统以外，海洋生物的固碳也已经引起了全世界的普遍关注，海洋碳不仅通过调控和吸收直接影响全球碳循环，还以其巨大的碳汇功能吸收了人类排放 CO_2 总量的 20%~35%，大约为 2×10^9t，有效延缓了温室气体排放对全球气候的影响，海洋是最大的长期碳汇体(图 6－5)。根据联合国环境规划署《蓝碳:健康海洋对碳的固定作用——快速反应评估报告》报告,海洋生物(包括浮游生物、细菌、海藻、盐沼和红树林等)固定了全球 55%的碳。海洋植物(海草、海藻、红树林等)的固碳能力极强、效率极高,其生物量虽然只有陆生植物的 0.05%,但两者的碳储量不相上下。海洋生物固碳构成了碳捕集和移出通道,使生物碳可长期储存,最高达上千年,所以海洋生物碳也被称为蓝碳或蓝色碳汇。蓝色碳汇是沿岸带生产力的中心,为人类提供了大量利益(如作为抵抗污染和极端气候事件的缓冲带,以及粮食、生计安全和社会福祉的来源)和服务,预计每年超过 25 万亿美元。世界渔业大约 50%来自这些沿海水域。

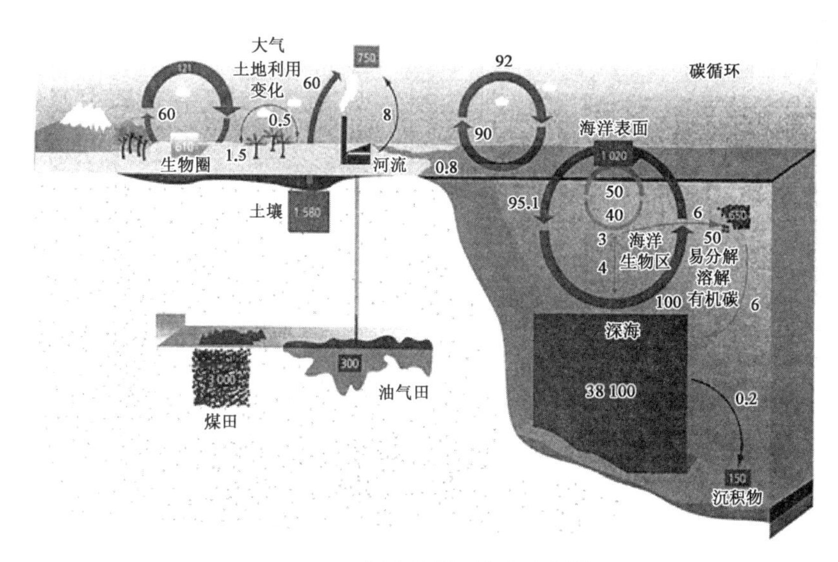

图 6－5　世界碳循环分布示意图

海洋渔业碳汇是海洋生物蓝色碳汇的重要组成部分。海洋碳汇渔业被视为最具扩增潜质的碳汇活动。通过实施养护、拓展和强化等管理措施,并与养护、恢复和提升自然海域蓝色固碳能力相结合,大力发展健康、生态、可持续的碳汇渔业新生产模式,中国的海洋渔业和水产养殖业有望实现 4.6×10^{8}t/a 的蓝色固碳量,约相当于每年 10%的碳减排量。同时,碳汇渔业也是绿色、低碳发展新理念在渔业领域的具体体现,能够更好地彰显生态系统的气候调节、净化水质和食物供给等服务功能,大力发展碳汇渔业不仅对减缓全球气候变化做出了积极贡献,同时对于食物安全、水资源和生物多样性保护、增加就业和渔民增收都具有重要的现实意义。

1. 海洋渔业碳汇研究现状

海洋渔业碳汇既包括养殖贝类通过滤食、藻类通过光合作用从海水中吸收碳元素的“固碳”过程,也包括以浮游生物、藻类和贝类为食的捕捞种类(如鱼类、头足类、甲壳类和棘皮动物等)通过摄食和生长所利用的碳。凡无须投放饵料的渔业生产活动就具有碳汇功能,属于碳汇渔业。但是海洋渔业还很少作为碳汇产业而受到关注。

（1）海水贝藻养殖具有高效“固碳”作用

藻类等海洋植物是公认的高效固碳生物：通过光合作用直接吸收海水中的 CO_2，从而增加海洋的碳汇，促进并加速了大气中的 CO_2 向海水中扩散，有利于减少大气中的 CO_2。贝类在养殖生长过程中大量滤食水中的浮游植物等，已起到减排作用，贝类在外壳形成过程中，直接吸收海水中的碳酸氢根（HCO_3^-）形成碳酸钙（$CaCO_3$），每形成 1 mol 碳酸钙即可固定 1 mol 碳。一个扇贝在一个生长周期中所使用的水体中的碳，有 30%通过收获被移出水体，40%沉至海底（大部分被封存在海底）。另外，据测算，山东桑沟湾养殖扇贝的固碳速率为 3.36 tC/(hm^2·a)，不仅明显高于自然水域蓝碳生物的固碳速率，同时，也高于我国 50 年来的人工林平均固碳率[1.9 tC/(hm^2·a)]，达到或略高于欧盟、美国、日本、新西兰等发达国家或地区单位面积森林生物量中碳储量的年变化上限[-0.25~2.60 tC/(hm^2·a)]。可见，海水贝藻养殖“固碳”作用是高效的，碳汇功能显著。据计算，1999~2008 年我国海水养殖贝藻类的总产量为 8.96×10^6~13.51×10^6 t，平均年固碳量为 3.79×10^6 t，其中 1.2×10^6 tC 从海水中移出（未计海底封存部分）。按照林业碳汇的计量方法，我国海水贝藻养殖对减少大气中 CO_2 的贡献相当于每年义务造林 5×10^5 hm^2，10 年合计相当于造林 5×10^6 hm^2。2014 年我国海水养殖贝类和藻类产量分别为 13.17×10^6 t 和 2×10^6 t，贝藻养殖的固碳量约为 5.31×10^6 t，移出的碳为 1.68×10^6 t（贝类 1.17×10^6 t、藻类 5.1×10^5 t）。不同养殖模式的生态系统服务价值有明显差异，即碳汇效率是不同的。可见，不论是整体，还是单位面积内的贝藻养殖碳汇仍有扩增的可能。

（2）其他具有碳汇功能的渔业产业

如前所述，渔业碳汇不仅包括处于食物网较低营养级的贝藻养殖等使用的碳，同时还包括某些生物资源种类通过摄食和生长活动所使用的碳。这些较高营养级的海洋动物以天然饵料为食，捕食和利用了较低营养级的浮游植物、贝类和藻类等。通过捕捞和收获，这些动物被移出水体，实质上是从水域中移出了相当量的碳。国外学者研究认为，重建鲸群和大鱼的种群应该是提高海洋碳汇功能的有效方法，其效果甚至可以等同于一些为应对气候变暖采取的措施，如造林以增加初级生产力等；建议可参考森林碳汇的算法来计算捕捞生物种群的储碳量，从而实现渔业碳汇的标准计量，以便将捕捞配额作为碳信用出售。因此，捕捞渔业等其他渔业活动的碳汇及扩增也是值得关注的部分。

2. 渔业碳汇扩增面临的主要问题

（1）渔业碳汇计量方法有待于建立

海洋碳循环是全球碳通量变化的核心，而研究海洋碳循环的基础是准确测定各项参数。联合国教育、科学及文化组织政府间海洋学委员会和国际海洋研究科学委员会专门委员会海洋碳顾问组认为，准确测定 4 个参数（pH、碱度、溶解有机碳、CO_2 分压）是确定海洋碳汇的关键，测定海洋碳源汇的物理和生物地球化学常规方法包括箱式模型法、环流模式(GCMS)、现场溶解有机碳及其^{13}C测量、大气时间序列O_2/N_2和^{13}C计算、全球海气界面碳通量集成等。有学者利用碳通量法证明陆架海是巨大的碳汇源,且植物群落的固碳作用十分重要。目前渔业碳汇的计量和监测还处于初步尝试阶段,主要沿用了能量生态学和箱式生态模型等方法,尚缺乏精准的渔业碳汇计量监测技术。

(2) 过度捕捞与发展碳汇渔业的矛盾

据估算,1980~2000年渤海捕捞业的年固碳量是2.83×10^6~1.008×10^7t,黄海捕捞业的年固碳量是3.61×10^6~26.13×10^6 t。这些碳主要是由浮游植物固定并转化为捕捞种类的生物量。因此,捕捞产量提高意味着从海洋生态系统移出的碳量增加了。但是,渔业资源的过度捕捞使渔业碳汇的功能被削弱了,其结果是黄海和渤海捕捞业的年固碳量分别减少了23%和27%。与此同时,资源量下降导致封存于水体和海底的碳减少,也不利于捕捞业发挥可持续的碳汇功能。过度捕捞使海洋生态系统的营养级下降、食物链缩短、食物网结构趋于简单、渔业捕捞种类的个体小型化,从而减少捕捞渔业对海洋碳汇的贡献。要增加海洋生物碳汇,尤其是捕捞渔业相关的碳汇,就需要严格控制过度捕捞。

3. 扩增渔业碳汇的关键技术需求

(1) 多营养层次综合养殖技术

贝藻养殖和多营养层次的综合养殖是应对多重压力胁迫下近海生态系统显著变化、维护近海渔业碳汇的有效途径。这些生态友好型养殖方式不仅能促进生态系统的高效产出,而且能最大限度地挖掘生态系统的气候调节服务。因此,应继续大力发展健康、生态、多营养层次的综合养殖等碳汇渔业技术,不断优化其模式,系统而深入地研究其碳汇功能和机制。

(2) 海草床栽培和养护技术

在全球海洋生态系统中,海草以不足0.2%的分布面积占到了全球海洋每年碳埋藏总量的10%~18%,而海草床又是渔业生物的关键生态环境,承载着产卵场、育幼场、索饵场等多重生态功能。因此,海草床在海洋固碳中的地位是非常重要的。鉴于目前世界范围内海草床快速消失的状况,研发海草床保护、移植、种植和修复技术将对渔业碳汇扩增发挥重要作用。

(3) 陆基和浅海集约化高效养殖技术

发展陆基工厂化循环水和池塘循环水养殖是我国水产养殖业升级改造的重要发展方向。通过水体循环利用、集约增效和养殖废物的集中收集和处理,可以促进养殖业节能减排、生态高效,从而进一步推动渔业碳汇扩增。2014年我国海水养殖总面积为2.31×10^6 hm^2,其中工厂化养殖面积占0.13%,而产量则占海水养殖总产量的0.94%;其中循环水养殖所占比例还不到50%,这说明循环水养殖有很大的发展空间。

(4) 深远海养殖设施和技术

拓展贝藻等不投饵种类的养殖空间、发展深水养殖是渔业碳汇扩增不可忽视的一个方面，但突破工程装备与技术是关键。以我国深水网箱为例，经过近十年的发展，2014年深水网箱的养殖产量仅占海水养殖总产量的0.62%，占网箱养殖总产量的17%。制约深水养殖发展的关键仍然是工程装备不过硬，无法支撑长时间、高海况条件的需要。另外，由于缺少高效、耐用的深水养殖配套装备，如吊装机、清洗机、收获机械等，深水养殖风险高、劳动强度大的问题尚未得到根本解决。急需发展相关的深水装备技术和新生产工艺。

4. 发展我国碳汇渔业的对策建议

（1）查明我国海洋渔业碳汇潜力及动态机制

为全面了解我国海洋渔业碳汇潜力，需要建立海洋生物碳汇与渔业碳汇计量和评估技术，建立系统的近海生态系统碳通量与渔业碳汇监测体系和观测台站。同时，应加强基础科学研究，整合生态学和生物地球化学研究手段，完善现有海洋碳通量模型，研究主要海洋生物碳通量和固碳机理，评估我国海洋渔业生物碳源汇特征及动态，对不同渔业类型碳汇进行比较，建立渔业碳源汇收支模型，减少碳汇估算的不确定性。

（2）不断探索渔业碳汇扩增的新途径

1）大力发展以海水养殖为主体的碳汇渔业。中国的海水养殖业是以贝藻养殖为主体的碳汇型渔业。这种不投饵型、低营养级的渔业不但在水产品供给、食物安全保障等方面具有重要作用，而且在改善水域生态环境、缓解全球气候变暖等方面具有积极意义，其生态、社会和经济效益非常显著。为此，国家需要从战略高度规划和支持海水养殖业的发展，扩增渔业碳汇，主要包括大力发展健康、生态、环境友好型水产养殖，着力推进海洋生态牧场建设，降低捕捞强度，扩大增殖渔业规模，从而增加海洋渔业碳汇的储量。

2）加强近海自然碳汇及其生态环境的养护和管理。红树林、珊瑚礁、盐沼和天然海藻（草）床是海洋碳汇的重要组成部分，应采取有效措施，对现存的海洋植物区系进行养护。开展海藻、海草、珊瑚的移植和种植，仍然是恢复和扩增海洋蓝色碳汇的重要手段之一。但是，目前全世界在海藻床移植和重建方面仍有很多技术问题没有得到解决。因此，建设人工海藻床，加强养护和管理，恢复海洋生态系统服务功能，扩增蓝色碳汇，是十分必要的。

（3）实施渔业碳汇扩增工程建设

1）碳汇渔业关键技术与产业示范工程。需要端正认识，强力推动以海水增养殖为主体的碳汇渔业的发展，充分发挥渔业生物的碳汇功能，为发展绿色、低碳的新兴产业提供示范。建议加强5个方面的建设：海水增养殖良种工程，生态健康增养殖工程，安全绿色饲料工程，养殖设施与装备工程，以及产品精深加工技术与装备，重点是大力发展多营养层次综合养殖和深水增养殖技术。

2）规模化海洋“森林草地”工程建设与管理。需要大力开展提升我国近海自然碳汇功能的公益性工程建设，包括浅海海藻（草）床建设、深水大型藻类种养殖，以及生物质能源新材料开发利用等，进一步加强海洋自然碳汇生物的养护和管理。

三、我国淡水渔业的碳汇估算及建议

淡水水域面积虽然仅占海洋面积的 0.8%和陆地面积的 2%，但其在全球碳循环中占有重要的地位，淡水水体不仅可以通过渔获物等移出碳，而且可以沉积碳。此外，还可以通过水流将一部分碳带入海洋中。湖泊每年碳沉积量可达海洋总沉积量的 25%～42%，且固定在湖泊中的碳极少返回到大气中（吴斌等，2016）。

1. 各省市的碳汇估算

（1）2010～2014 年全国淡水养殖碳移出量

2010～2014 年全国淡水养殖碳移出量逐年稳步增长，分别为 136.2 万 t、140.5 万 t、146.0 万 t、153.0 万 t 和 164.5 万 t，平均每年的碳移出量为 148.0 万 t。其中，鲢的碳移出贡献最大，鳙次之，两者之和超过全国淡水养殖碳移出总量的 65%。

（2）2010～2014 年全国淡水捕捞碳移出量

2010～2014 年全国淡水捕捞碳移出量分别为 29.3 万 t、28.7 万 t、29.6 万 t、29.7 万 t 和 29.6 万 t，平均每年的碳移出量为 29.4 万 t，且鱼类碳移出贡献最大，超过全国淡水捕捞碳移出总量的 75%。

（3）2014 年各地区淡水养殖碳移出量

淡水养殖碳移出量较大的 10 个省份依次为湖北、江苏、湖南、安徽、江西、广东、山东、四川、广西和河南，其碳移出量分别为 27.5 万 t、20.8 万 t、14.9 万 t、13.6 万 t、13.5 万 t、13.2 万 t、8.1 万 t、8.0 万 t、7.7 万 t 和 6.4 万 t。

鲢的碳移出量较大的 10 个省份依次为湖北、江苏、湖南、安徽、四川、江西、广西、山东、广东和河南，其碳移出量分别为 10.9 万 t、7.8 万 t、6.9 万 t、4.8 万 t、4.5 万 t、4.3 万 t、4.0 万 t、3.9 万 t、3.8 万 t 和 3.3 万 t。鳙的碳移出量较大的 10 个省份依次为湖北、广东、江西、湖南、安徽、江苏、广西、山东、四川和河南，其碳移出量分别为 5.7 万 t、5.1 万 t、4.8 万 t、4.6 万 t、3.9 万 t、3.3 万 t、2.4 万 t、2.0 万 t、2.0 万 t 和 1.8 万 t。

（4）2014 年各地区淡水捕捞碳移出量

淡水捕捞碳移出量较大的 10 个省份依次为安徽、江苏、江西、湖北、广西、广东、山东、湖南、河北和浙江，其碳移出量分别为 4.2 万 t、4.0 万 t、3.3 万 t、2.6 万 t、1.8 万 t、1.6 万 t、1.5 万 t、1.4 万 t、1.4 万 t 和 1.1 万 t。

2. 淡水渔业碳汇的发展路径

对淡水渔业碳汇功能的认知不足是制约其发展的一个重要因素。我国具有丰富的淡水生物资源，淡水生物在生长过程中会产生一定量的碳，并在生物死亡后存在于水体中。淡水养殖和捕捞是淡水渔业碳汇的重要组成部分。通过分析以上统计数据可知，近几年我国淡水渔业的碳移出量保持着稳定态势，为碳汇渔业的发展提供了良好的条件。

淡水渔业碳汇是我国的重点发展战略，做好以下几个方面的工作，有利于促进淡水渔业碳汇的进一步发展。

（1）构建交易中心，实行碳汇补偿

碳汇技术、碳汇市场和碳汇项目是碳汇产业开发的关键要素。碳汇技术是支撑碳汇产业的基础条件，碳汇市场是碳汇产业持续发展和良性循环的根本保证，而碳汇项目是进行碳汇实践的运行载体。我国碳汇渔业要实现科学发展，首先要完善碳汇渔业理论，提高渔业碳汇技术水平，增强渔业碳汇能力。同时，国家应设立碳汇渔业专项科研项目，围绕与渔业活动相关的温室气体排放和碳循环的动态机制等开展综合研究；建立相应的长期监测观察站，以进行数据收集和研究；仿照森林碳汇建立绿色基金，建立与之相适应的碳汇渔业交易中心，积极推行省份核算体系，探索实行淡水渔业碳汇补偿机制。在条件成熟时，力争设立全球渔业碳汇基金，推进碳汇渔业的市场化进程。

（2）保护碳汇能力，发挥碳汇功能

对水域生态系统食物链结构进行研究，自然渔业的碳汇能力包括水域生物的直接碳汇功能和食物链的间接增汇功能。一些水生生物利用自身的碳汇功能固定空气或水体中的 CO_2；而处于食物链更高层次营养级的生物具有间接的碳汇功能，即通过食用较低级具有碳汇功能的生物来增加碳汇。需要特别强调的是，捕捞产量和渔业碳汇之间存在权衡关系，捕捞产量的增加直接表现为渔业碳汇的增强，但过度捕捞会破坏水生态系统的生态平衡，表现为食物链趋短、食物网简化、渔业资源退化等，渔业碳汇功能会受到严重损害。因此，应当基于可持续开发理念，强化渔业环境生态修复和渔业资源生态养护能力，充分发挥自然渔业的碳汇功能。

（3）立足生态养殖，扩增渔业碳汇

目前基于碳汇理念的生态养殖业正发展成为碳汇渔业的主导产业，并将进一步发展成为绿色新兴产业。应充分利用淡水生态系统中食物链的传递规律，以及各种物理化学作用机制，实行立体化综合养殖，在净化水体养殖环境、提高养殖效率的同时，增强渔业碳汇功能。淡水养殖应当重点选择鲢、鳙等滤食性鱼类，并进行大规模生态养殖；充分利用生态位原理，合理规划水域中食物链的传递，既可以消耗水域生态系统中的富营养化物质，起到调节水质、保护饮用水源安全的功效，又可以达到扩增淡水渔业碳汇的目的。碳汇渔业有希望带动现代渔业产业形成新的经济增长点，成为低碳高效的新兴产业示范模式，推动生物经济和生态经济的发展壮大。

（4）夯实发展基础，拓展碳汇空间

政府应加大渔业碳汇理念的宣传，推广高效碳汇的新品种和新技术，突破碳汇养殖的关键技术，提供财政补贴和低息贷款等政策支持，夯实碳汇渔业的发展基础，拓展渔业的碳汇空间。渔业碳汇技术的创新主体是企业，其应与相关院校和科研机构组建碳汇渔业人才库，并建立有效的配套人才流动机制，推动产、学、研联动。通过积极调整渔业结构，减少资源和能源的消耗，努力提高水产品品质，大力增强其碳汇能力，促使渔业在节能减排和扩增碳汇容量等方面发挥更加重要的作用。

思考题

1. 可持续发展提出的背景及其概念与内涵。
2. 渔业资源可持续利用基本理论及其含义。
3. 蓝色增长倡议提出的背景,以及对渔业发展的作用表现在哪些方面?
4. 渔业资源可持续利用评价的意义,以及全球各海区的现状如何?
5. 碳汇渔业的概念,以及实施碳汇渔业的意义。

第七章　全球环境变化与现代渔业

全球环境变化(global environmental change,GEC)是由人类活动和自然过程相互交织的系统驱动所造成的一系列陆地、海洋与大气的生物物理变化,可以给人类带来巨大威胁。由于日益严重的全球环境变化问题,地球系统科学联盟(Earth System Science Partnership,ESSP)对地球系统集成研究(the integrated study of the Earth System)进行研究,旨在促进地球系统集成研究和变化研究,以及利用这些变化进行全球可持续发展能力研究,主要由以下四大全球环境变化计划组成:① 世界气候研究计划(World Climate Research Programme,WCRP);② 国际地圈生物圈计划(International Geosphere-Biosphere Program,IGBP);③ 全球环境变化的人文因素计划(International Human Dimension Programme on Global Environmental Change,IHDP);④ 国际生物多样性计划(An International Programme of Biodiversity Science,DIVERSITAS)。全球性环境问题主要有全球变暖、臭氧层空洞、酸雨、富营养化、森林破坏与生物多样性减少、荒漠化与水资源短缺、海洋污染等。

第一节　现代渔业发展面临的全球环境问题

一、富营养化

富营养化是一种氮、磷等植物营养物质含量过多所引起的水质污染现象。在自然条件下,随着河流夹带冲击物和水生生物残骸在湖底的不断沉降淤积,湖泊会从贫营养湖过渡为富营养湖,进而演变为沼泽和陆地,这是一种极为缓慢的过程。但人类的活动将大量工业废水和生活污水,以及农田径流中的植物营养物质排入湖泊、水库、河口、海湾等缓流水体中后,水生生物,特别是藻类将大量繁殖,使生物的种类及其数量发生改变,破坏了水体的生态平衡。大量死亡的水生生物沉积到湖底,被微生物分解,消耗大量的溶解氧,使水体溶解氧含量急剧降低,水质恶化,以致影响到鱼类的生存,进而大大加速水体的富营养化过程。

水体出现富营养化现象时,浮游生物大量繁殖,往往使水体呈现蓝色、红色、棕色、乳白色等,这种现象在江河湖泊中叫水华,在海中叫赤潮。在发生赤潮的水域里,一些浮游生物暴发性繁殖,使水变成红色,因此叫"赤潮"。这些藻类有恶臭、有毒,鱼类不能食用。

浮游植物的过量增殖还会造成水体缺氧，直接杀死水生动物，尤其是网箱养殖海产品，或使生活在这些水域的鱼类逃离。例如，日本后丰水道东侧的宇和岛周边水域是日本的一个大型增养殖基地，1994年一种称为多纹膝沟藻(*Gonyaulax polygramma*)的有毒赤潮发生，给海水养殖业带来了沉重的打击。经调查认为，养殖海产品因赤潮致死的原因是缺氧和无氧水团大规模形成，并伴有高浓度的硫化物和氮生成。在水体缺氧期间，湾内养殖的珍珠贝大量死亡。

二、全球气候变暖

全球气候变暖是一种“自然现象”。人们焚烧化石矿物或砍伐森林，并将其焚烧时产生的CO_2等多种温室气体，这些温室气体对来自太阳辐射的可见光具有高度的透过性，而对地球反射出来的长波辐射具有高度的吸收性，能强烈吸收地面辐射的红外线，导致全球气候变暖，也就是常说的“温室效应”。全球变暖的后果会使全球降水量重新分配、冰川和冻土消融、海平面上升等，既危害自然生态系统的平衡，更威胁人类的食物供应和居住环境。全球气候变暖一直是科学家关注的热点。

全球变暖(global warming)指的是在一段时间中，地球的大气和海洋因温室效应而造成温度上升的气候变化现象，为公地悲剧之一，而其所造成的效应称为全球变暖效应。近一百多年来，全球平均气温经历了冷→暖→冷→暖4次波动，总的来看气温为上升趋势。进入20世纪80年代后，全球气温明显上升。

许多科学家都认为，大气中的CO_2排放量增加是造成地球气候变暖的根源。国际能源署的调查结果表明，美国、中国、俄罗斯和日本的CO_2排放量几乎占全球总量的一半。调查表明，美国CO_2排放量居世界首位，年人均CO_2排放量约为20t，排放的CO_2占全球总量的23.7%。中国年人均CO_2排放量约为2.51t，约占全球总量的13.9%。

影响全球气候变暖产生的主要因素有：① 人为因素。人口剧增，大气环境污染，海洋生态环境恶化，土地遭侵蚀、盐碱化、沙化等破坏，森林资源锐减等。② 自然因素。火山活动，地球周期性公转轨迹变动等。

“过去50年观察得到的大部分暖化都是由人类活动所导致的”，这一结论在抽样调查中有75%的受访对象表示或暗示地接受了这个观点。但也有学者认为，全球温度升高仍然在自然温度变化的范围之内；全球温度升高是小冰河时期的来临；全球温度升高的原因是太阳辐射的变化及云层覆盖的调节效果；全球温度升高正反映了城市热岛效应等。

联合国政府间气候变化专门委员会预测，未来50~100年人类将完全进入一个变暖的世界。由于人类活动的影响，21世纪温室气体和硫化物气溶胶的浓度增大很快，使未来100年全球的温度迅速上升，全球平均地表温度将上升1.4~5.8℃。到2050年，中国平均气温将上升2.2℃。全球变暖的现实正不断地向世界各国敲响警钟，气候变暖已经严重影响到人类的生存和社会的可持续发展。它不仅是一个科学问题，而且还是一个涵盖政治、经济、能源等方面的综合性问题,全球变暖的事实已经上升到国家安全的高度。

全球气候变暖的后果是极其严重的。主要表现在:① 气候变得更暖和,冰川消融,海平面将升高,引起海岸滩涂湿地、红树林和珊瑚礁等生态群丧失,海岸侵蚀,海水入侵沿海地下淡水层,沿海土地盐渍化等,从而造成海岸、河口、海湾自然生态环境失衡,给海岸带生态环境带来了极大的灾难。② 水域面积增大。水分蒸发也更多了,雨季延长,水灾正变得越来越频繁。洪水泛滥的机会增大,风暴影响的程度和严重性加大。③ 气温升高可能会使南极半岛和北冰洋的冰雪融化,北极熊和海象会逐渐灭绝。④ 许多小岛将会被淹没。⑤ 原有生态系统改变,对生产领域,如农业、林业、牧业、渔业等,产生了影响。

三、臭氧层的破坏

臭氧层是指大气层的平流层中臭氧浓度相对较高的部分,其主要作用是吸收短波紫外线。大气层中的臭氧主要以紫外线打击双原子的氧气,把它分为两个原子,然后每个原子和没有分裂的氧合并成臭氧。自然界中的臭氧层大多分布在离地20 000~50 000 m的高空。臭氧层中的臭氧主要是由紫外线制造的。

臭氧层破坏是当前面临的全球性环境问题之一,自 20 世纪 70 年代以来就开始受到世界各国的关注。联合国环境规划署自 1976 年起陆续召开了各种国际会议,通过了一系列保护臭氧层的决议。1985 年发现了南极周围臭氧层明显变薄,即所谓的“南极臭氧洞”问题之后,国际上保护臭氧层的呼声更加高涨。

四、海洋酸化

海洋酸化是指海水吸收了空气中过量的 CO_2,导致酸碱度降低的现象。酸碱度一般用 pH 来表示,范围为 0~14,pH 为 0 时代表酸性最强,pH 为 14 时代表碱性最强。蒸馏水的 pH 为 7,代表中性。海水应为弱碱性,海洋表层水的 pH 约为 8.2。当空气中过量的 CO_2 进入海洋中时,海洋就会酸化。研究表明,由于人类活动的影响,到 2012 年,过量的 CO_2 排放已使海水表层 pH 降低了 0.1,这表明海水的酸度已经提高了 30%。

1956 年美国地球化学家洛根 · 罗维尔开始着手研究大工业时期制造的 CO_2 在未来 50 年中将产生怎样的气候效应。洛根 · 罗维尔和他的合作伙伴在远离 CO_2 排放点的偏远地区设立了两个监测站。一个在南极,那里远离尘嚣,没有工业活动,而且一片荒芜,几乎没有植被生长;另一个在夏威夷的莫纳罗亚山顶。50 年多来,他们的监测工作几乎从未间断过。监测发现,每年的 CO_2 浓度都高于前一年,被释放到大气中的 CO_2 不会全部被植物和海洋吸收,有相当部分残留在大气中,且被海洋吸收的 CO_2 数量非常巨大。

海洋与大气在不断进行着气体交换,排放到大气中的任何一种成分最终都会溶于海洋中。在工业时代到来之前,大气中碳的变化主要是由自然因素引起的,这种自然变化造成了全球气候的自然波动。但工业革命以后,人类开始使用大量的煤、石油和天然气等化石燃料,并砍伐了大片的森林,至21世纪初,已排出超过5 000亿t的CO_2,这使得大气中的碳含量逐年上升。

受海风的影响,大气成分最先溶入几百米深的海洋表层,在随后的数个世纪中,这些成分会逐渐扩散到海底的各个角落。研究表明,19世纪和20世纪海洋已吸收了人类排放的CO_2中的30%,且现在仍以约每小时一百万吨的速度吸收着。2012年美国和欧洲科学家发布了一项新的研究成果,证明海洋正经历3亿年来最快速的酸化,这一酸化速度甚至超过了5 500万年前那场生物灭绝时的酸化速度。人类活动使得海水在不断酸化,预计到2100年海水表层酸度将下降到7.8,到那时海水酸度将比1800年高150%。

2003年“海洋酸化”(ocean acidification)这个术语第一次出现在英国著名科学杂志《自然》上。2005年研究灾难和突发事件的专家詹姆斯·内休斯为人们勾勒出了“海洋酸化”潜在的威胁:距今5 500万年前海洋里曾经出现过一次生物灭绝事件,罪魁祸首就是溶解到海水中的CO_2,估计总量达到45 000亿t,此后海洋至少花了10万年时间才恢复正常。2009年8月13日150多位全球顶尖海洋研究人员齐聚摩纳哥,并签署了《摩纳哥宣言》。这一宣言的签署反映了全球科学家对海洋酸化严重伤害全球海洋生态系统的密切关注。该宣言指出,海水酸碱值的急剧变化比过去自然改变的速度快100倍。而海洋化学物质在近数十年的快速改变已严重影响到海洋生物、食物网、生态多样性及渔业等。该宣言呼吁决策者将CO_2排放量稳定在安全范围内,以避免危险的气候变迁及海洋酸化等问题。倘若大气层中的CO_2排放量持续增加,到2050年时,珊瑚礁将无法在多数海域生存,进而导致商业性渔业资源永久改变,并严重威胁数百万人的粮食安全。

第二节　全球环境变化与海洋渔业

一、富营养化对海洋渔业的影响

水体富营养化的危害主要表现在3个方面:富营养化造成水的透明度降低,阳光难以穿透水层,从而影响水中植物的光合作用和氧气的释放,同时浮游生物大量繁殖,消耗了水中大量的氧,使水中的溶解氧严重不足,而水面植物的光合作用则可能会造成局部溶解氧的过饱和。溶解氧过饱和或者减少都对水生动物(主要是鱼类)有害,造成鱼类大量死亡;富营养化水体底层堆积的有机物质在厌氧条件下分解产生的有害气体,以及一些浮游生物产生的生物毒素,也会伤害水生动物;富营养化的水中含有亚硝酸盐和硝酸盐,人畜长期饮用这些水会中毒致病。

据统计,2012年我国近海海域共记录发生赤潮73次,累计面积为7 971 km^2。东海发现的赤潮次数最多,为 38 次;渤海赤潮累计面积最大,为 3 869 km^2。赤潮高发期集中在 5~6 月。引发赤潮的优势种共 18 种,多次或大面积引发赤潮的优势种主要有米氏凯伦藻、中肋骨条藻、夜光藻、东海原甲藻和抑食金球藻等。其中 2012 年 5 月 18 日至 6 月 8 日,福建沿岸海域共发现 10 次以米氏凯伦藻为优势种的赤潮,累计面积为 323 km^2。米氏凯伦藻为有毒有害赤潮藻种,是导致 2012 年福建省水产养殖贝类,特别是鲍鱼大规模死亡的主要原因。赤潮发生次数较多的有浙江、辽宁、广东、河北、福建等近海海域,其中浙江中部近海、辽东湾、渤海湾、杭州湾、珠江口、厦门近岸、黄海北部近岸等是赤潮多发区。据统计,有害赤潮给我国海洋渔业带来的经济损失每年达数十亿元。日趋严重的海洋环境污染已不同程度地破坏了沿岸和近海渔场的生态环境,使河口及沿岸海域传统渔业资源衰退,渔场外移,鱼类产卵场消失。

二、全球气候变暖对海洋渔业产生的影响

1. 气候变化的生态和物理影响

随着全球气温的上升,海洋中蒸发的水蒸气量大幅度提高,加剧了海洋变暖现象,但海洋中的变暖现象在地理上是不均匀的。气候变暖造成温度和盐度变化的共同影响,降低了海洋表层的水密度,从而增加了垂直分层。这些变化可能会减少表层养分的可得性,因此,影响温暖区域的初级生产力和次级生产力。已有证据表明,季节性上升流可能受到气候变化的影响,进而影响到整个食物网。气候变暖的后果是,可能影响浮游生物和鱼类的群落构成、生产力和季节性进程。随着海洋变暖,向两极范围的海洋鱼类种群数量将增加,而朝赤道范围方向的种群数量将下降。在一般情况下,预计气候变暖将驱动大多数海洋物种的分布范围向两极转移,温水物种分布范围扩大,以及冷水物种分布范围收缩。鱼类群落变化也将发生在中上层种类中,预计它们将会向更深水域转移以抵消表面温度的升高。此外,海洋变暖还将改变捕食-被捕食的匹配关系,进而影响整个海洋生态系统(图 7-1)。

已有调查表明,全球变暖导致南极的两大冰架先后坍塌,一个面积达 1 万 km^2 的海床显露出来,科学家因此得以发现很多未知的新物种,如类似章鱼、珊瑚和小虾的生物。美国国家海洋和大气管理局报道,过去 10 年里美洲大鱿鱼在美国西海岸的搁浅死亡事件有所上升,该巨型鱿鱼一般生活在加利福尼亚海湾以南和秘鲁沿海的温暖水域。但随着海水变暖,它们向北部游动,并发生了大量个体搁浅在沙滩上死亡的事件。其北限分布范围也从 20 世纪 80 年代的 40°N 扩展到现在的 60°N 海域。

水温的升高使鱼类时空分布范围和地理种群数量发生变化,同样也会使水域基础生产者的浮游植物和浮游动物的时空分布和地理群落构成发生长期趋势性的变化,最终导致以浮游动植物为饵的上层食物网发生结构性的改变,从而对渔业产生深远的影响。

2. 气候变化对渔民及其社区的影响

预计依赖渔业的经济、沿海社区和渔民会以不同方式受到气候变化的影响,其中包

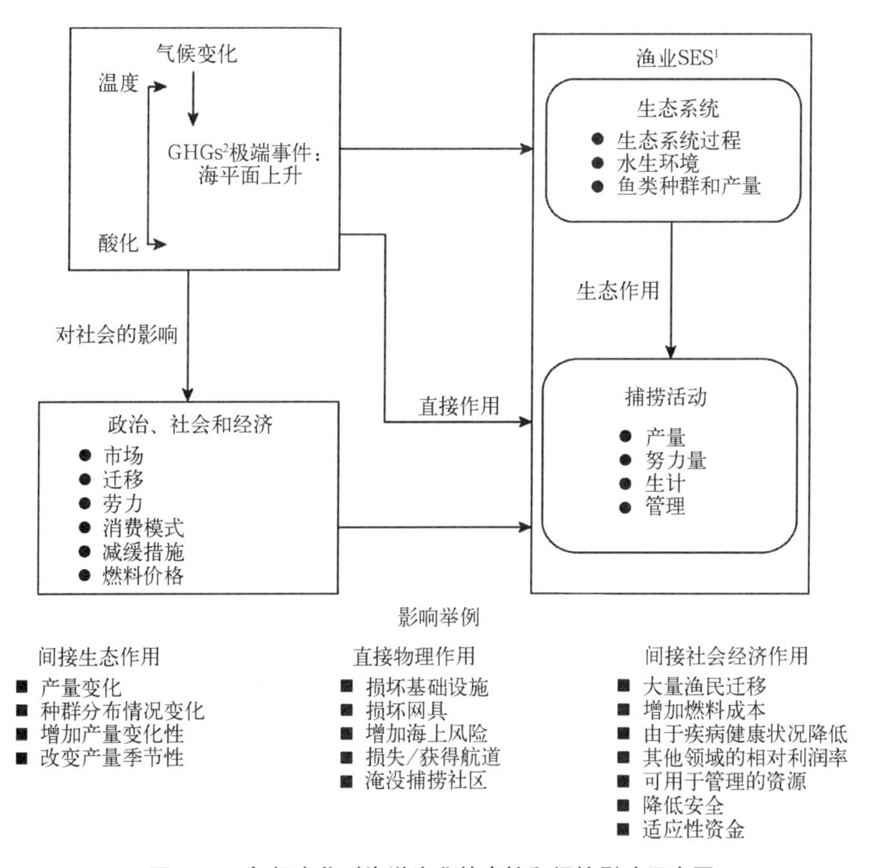

图 7－1　气候变化对海洋渔业的直接和间接影响示意图

1. 社会-生态系统；2. 温室气体

资料来源：《粮农组织渔业和水产养殖技术论文》第 530 号

括：导致人口移居和迁移，原因是海平面上升和热带风暴频率、分布或强度变化会对沿海社区和基础设施产生影响；生计不如以前稳定，以及食用鱼可获得性和数量产生变化。

渔业和捕鱼社区的脆弱性取决于其暴露于变化的程度和敏感度，还取决于个体或系统预测和适应的能力。适应能力依靠不同的社区资产，这些受到文化、目前体制和治理框架，或被排斥利用适应性资源的影响。国家和社区之间、社区内人群之间的脆弱性不同。总体上，较穷和权力不大的国家和个人更容易受到气候变化的影响，在资源已受过度捕捞影响、生态系统退化，以及面临贫困、缺少适当社会服务和必需基础设施的社区，渔业的脆弱性可能更高。

渔业是富有活力的社会-生态系统，经历着市场、开发和治理的快速变化。这些变化加上气候变化对自然和人的联合作用使得很难预测气候变化对渔业社会-生态系统的未来影响。

人类对气候变化的适应包括个人或公共机构的反应或预测行动。范围从为替代的职业完全放弃渔业，到确立安全保障和警告系统，以及改变捕捞生产。渔业治理将需要灵活处理种群分布和丰量的变化，旨在确立合理和可持续渔业、接受固有的不确定性，并基于生态系统的办法,一般被认为是改进渔业适应性能力最好的办法。

三、臭氧层破坏对海洋渔业的影响

臭氧层被大量损耗以后,其吸收紫外辐射的能力大大减弱,导致到达地球表面的紫外线 B(UVB)明显增加,给人类健康和生态环境带来多方面的危害,对人体健康、陆生植物、水生生态系统、生物化学循环、材料,以及对流层大气组成和空气质量等方面的影响,已受到普遍关注。

研究人员已经测定了南极地区 UVB 辐射及其穿透水体的量的增加,有足够证据证实天然浮游植物群落与臭氧的变化直接相关。对臭氧洞范围内和臭氧洞以外地区的浮游植物生产力进行比较,结果表明,浮游植物生产力下降与臭氧减少造成的 UVB 辐射增加直接有关,一项研究显示冰川边缘地区的生产力下降了 6%~12%。由于浮游生物以海洋食物链为基础,浮游生物种类和数量的减少还会影响鱼类和贝类生物的产量。另一项科学研究的结果表明,如果平流层臭氧减少 25%,浮游生物的初级生产力将下降 10%,这将导致水面附近的生物减少 35%。

研究发现阳光中的 UVB 辐射对鱼、虾、蟹、两栖动物和其他动物的早期发育都有危害作用。最严重的影响是繁殖力下降和幼体发育不全。即使在现有水平下,UVB 已是限制因子。UVB 的照射量少量增加就会导致消费者生物数量显著减少。

长此以往,那些对紫外辐射敏感的生物种群数量必然受到抑制,而不敏感或修复能力强的生物的种间竞争力将会得到加强,最终导致水生生态群落发生结构性变化。目前尚不知这种改变对渔业生产的影响有多大,但从长期趋势来看,完全可能超过紫外辐射对基础生产力的直接抑制作用。

四、海洋酸化对海洋渔业产生的影响

1. 对浮游植物的影响

浮游植物构成了海洋食物网的基础和初级生产力,它们的“重新洗牌”很可能导致从小鱼小虾到鲨鱼、巨鲸的众多海洋动物都面临冲击。此外,在 pH 较低的海水中,营养盐的饵料价值会有所下降,浮游植物吸收各种营养盐的能力也会发生变化,且越来越酸的海水还会腐蚀海洋生物的身体。研究表明,钙化藻类、珊瑚虫类、贝类、甲壳类和棘皮动物在酸化环境下形成碳酸钙外壳和骨架的效率明显下降。由于全球变暖,从大气中吸收 CO_2 的海洋上表层也因为温度上升而密度变小,从而减弱了表层与中深层海水的物质交换,并使海洋上部混合层变薄,不利于浮游植物的生长。

2. 对珊瑚礁的影响

近 25%的鱼类靠热带珊瑚礁提供庇护、食物及繁殖场所,其产量占全球渔获量的 12%。研究小组发现,当海水 pH 平均为 8. 1 的时候,珊瑚生长状态最好;当海水 pH 为 7. 8 时,就变为以海鸡冠为主;如果 pH 降至 7. 6 以下,两者都无法生存。天然海水的 pH

稳定在7.9~8.4，而未受污染的海水pH在8.0~8.3。海水的弱碱性有利于海洋生物利用碳酸钙形成介壳。日本研究小组指出，预计21世纪末海水pH将达7.8左右，酸度比正常状态下大幅升高，届时珊瑚有可能消失。

3. 对软体动物的影响

一些研究认为，2030年南半球的海洋将对蜗牛壳产生腐蚀作用，这些软体动物是太平洋中三文鱼的重要食物来源，如果它们的数量减少，或在一些海域消失，那么其对于捕捞三文鱼的行业将造成影响。此外，在酸化的海洋中，乌贼类的内壳将变厚、密度增加，这会使得乌贼类游动变得缓慢，进而影响其摄食和生长等。

4. 对鱼类的影响

实验表明，同样一批鱼在其他条件都相同的环境下，处于现实的海水酸度中，30 h仅有10%被捕获；但是当把它们放置在大堡礁附近酸化的实验水域时，它们便会在30 h内被附近的捕食者斩尽杀绝。《美国国家科学院院刊》报道：模拟了未来50~100年海水酸度后发现，在酸度最高的海水里，仔鱼起初会本能地避开捕食者，但它们很快就会被捕食者的气味所吸引，这是因为它们的嗅觉系统遭到了破坏。

5. 对渔业资源的影响

海洋酸化直接影响海洋生物资源的数量和质量，导致商业渔业资源永久改变，最终会影响到海洋捕捞业的产量和产值，威胁数百万人口的粮食安全。虽然海水化学性质变化会给渔业生产带来多大影响，目前还没有令人信服的预测，但是可以肯定的是，海洋酸化会造成渔业产量下降和渔业生产成本提高。

海洋酸化使得鱼类栖息地减少。在太平洋地区，珊瑚礁是鱼类和其他海洋动物的主要栖息地，这些生物为太平洋岛屿国家提供了约90%的蛋白质。据估计，珊瑚和珊瑚生态系统每年为人类创造的价值超过3 750亿美元。如果珊瑚礁大量减少，则将对环境和社会经济产生重大影响。

海洋酸化使得鱼类食物减少。海洋酸化会阻碍某些在食物链最底层、数量庞大的浮游生物形成碳酸钙的能力，使这些生物难以生长，从而导致处于食物链上层的鱼类产量降低。

FAO估计，全球有5亿多人依靠捕鱼和水产养殖摄入蛋白质和作为经济来源。其中鱼类为最贫穷的4亿人提供了每日所需大约一半的动物蛋白和微量元素。海水的酸化对海洋生物的影响必然危及这些贫困人口的生计。

五、全球气候变化与海洋生态系统

全球气候变化，如ENSO（厄尔尼诺-南方涛动）及极端天气事件，影响渔业资源的丰度与分布。影响全球海洋（包括沿岸）及淡水系统的因素包括化学因子（如盐度、含氧量、碳吸收和酸化等）和物理因子（如温度、水平面、海洋循环、风系统等）。在海洋系统中，主要影响因素包括温度、海平面、环流、波浪、盐度、含氧量、碳和酸化。在不同的生态系统中，气候变化下的鱼类和贝类会做出不同反应，全球海水变暖、缺氧区扩散、pH

下降会导致生物系统变化，如影响丰度组成、个体大小、营养联系和相互作用动力学。

全球主要的海洋生态系统可分为高纬度春季水华系统、沿岸边界系统、西边界上升流系统、赤道上升流系统、半封闭海和副热带环流。海洋是全球食品安全的主要贡献者，80%以上的海洋渔获物来自北半球高纬度春季水华系统、沿岸边界系统和西边界上升流系统。海洋物种及生态系统受到气候变化的影响，包括海洋生物移动到更高纬度，在高纬度系统中鱼类和浮游动物的移动速度加快等。气候的改变能影响鱼类种群丰度，主要是影响补充群体。在不同的海洋生态系统中，鱼类受到的影响因素和机制均有所不同，气候变化对鱼类的影响机制主要包括：① 直接影响，改变鱼类代谢或繁殖进程；② 间接影响，对鱼类生物环境的改变，包括与之相关的被捕食者、捕食者、物种相互作用和疾病等。

高纬度春季水华系统主要包括北大西洋、北太平洋、南半球。在高纬度地区，影响海洋渔业的主要气候变化包括厄尔尼诺和拉尼娜现象、南北极涛动、海冰变化、海水酸化、臭氧层空洞、气候变暖、海平面上升等。这些变化产生的主要影响包括：① 变暖使浮游生物、无脊椎动物、鱼类向极地扩张，高纬度边缘鱼类生物量增加；② 高纬度边缘随着经济发展和管辖扩张，渔获量增加；③ 海水文石饱和度下降减少生物钙化及浮游生物群落转变。气候变化驱动物种向北极移动，导致北极海洋食物网结构和生态系统的基本功能发生变化，这些物种一般具有高度的广生性，生境为食物网模块形成自然的边界，广生性物种在连接中上层和栖息模块中起重要作用。

沿岸边界系统主要是指西北太平洋、印度洋、大西洋边缘海，包括渤海、黄海、东中国海、南中国海、东南亚海域、阿拉伯湾、索马里海流、东非海岸、马达加斯加共和国、墨西哥湾、加勒比海流。该系统初级生产力占全球海洋初级生产力的 10.6%，渔业产量占全球渔业产量的 28%。沿岸边界生态系统通常受渔业过度捕捞、污染及沿海开发的影响。沿岸系统相对复杂，并与人类系统息息相关。影响近岸海洋渔业的主要气候变化包括富营养化、极端事件、海平面上升、水体含氧量等。这些变化产生的主要影响包括：① 热分层及富营养化导致季节性缺氧水域扩大；② 由于温度升高，大量珊瑚白化事件导致珊瑚礁退化及相关生物多样性丧失；③ 含氧量下降，最小含氧区域扩大；④ 海平面上升导致海岸线丧失，影响水产养殖；⑤ 鱼类、珊瑚退化导致粮食短缺。除此之外，气候变化将导致野生鱼类病原体传播。研究者认为沿岸海洋生态中非生物变化和生物反应将更加复杂，表现为：① 海洋化学变化可能比温度变化对生物体的性能改变更重要；② 驱动幼体运输的海洋循环会发生改变，会对种群动态产生重要影响；③ 气候变化对一个或几个“杠杆物种”的影响可能会导致群落层面的变化；④ 气候和人为活动的协调效应，特别是捕捞压力，将可能加剧气候变化引起的变化。

西边界上升流系统主要是指加那利寒流、本格拉寒流、加利福尼亚寒流、秘鲁寒流。该系统占 2%的海洋面积，提供 7%的海洋初级生产力。西边界上升流系统往往产生较好的渔场，影响渔业的主要气候变化，包括海洋温度、O_2 浓度、厄尔尼诺和拉尼娜现象、海洋酸化、风压变化、分层等。这些变化产生的主要影响包括：① 季节性上升水域酸化，影响贝类水产养殖；② 气候变量，如风压改变，会导致上升流变化，引起生产力改变；③ 上升流变化率增加，使渔业管理不确定性增加。脆弱性程度主要取决于当地的情况，如地理位置、营养径流量和捕捞压力。渔获量主要为以浮游生物为生的沙丁鱼、鳀鱼、竹筴鱼等中上层鱼类，以及由中上层鱼类汇集的食鱼性鱼类，如鳕鱼。

赤道上升流系统是东太平洋和大西洋。该系统的自然年度和年代际变化明显，最突出的是厄尔尼诺和拉尼娜现象。随着温度、氧溶解度、海洋通量或环流的变化，含氧量也会发生变化。这对依赖于生态系统的珊瑚、海带和有机体具有负面影响。碳酸盐的化学变化将对海洋钙化起负面影响。预测结果表明，该系统鱼类，特别是小型中上层物种，由于海水低氧含量的增多(由于太平洋副热带环流空间扩展)，其脆弱性增加。

半封闭海主要包括阿拉伯海、红海、黑海、地中海和波罗的海。该系统的主要变化包括：① 极端温度事件使底栖动植物大量死亡事件频率增加；② 热分层及富营养化使溶解氧减少，影响鱼类种群。半封闭海生态系统的风险与海水的连续分层、升温、pH 变化及 O_2 浓度减小有关，随后影响珊瑚，以及初级生产力和商业性价值大的鱼种。阿拉伯海记录珊瑚白化和相关无脊椎动物减少程度较大，同时，食草动物和食浮游生物鱼类增加；对红海珊瑚群落结构的长期监测显示了群落规模整体下降，在红海北部，珊瑚群落被发现似乎受益于气候变暖，这表明他们生活在比之前更优越的条件下；黑海受气候影响和非气候压力的影响极大，缺氧区不断扩大，初级生产力水平下降及鱼类种群崩溃；地中海观测到气候升高、藻类水华、浮游动物多样性变化及热带物种出现；波罗的海是该系统温度升高最大的，盐度下降、过度捕捞对商业性主要物种具有负面影响，如鳕鱼。

副热带环流系统主要包括太平洋副热带环流、印度洋副热带环流、大西洋副热带环流。该系统是世界上最大的贫营养区，贡献约 8.3%的渔获量。该系统对渔业的主要影响包括：① 由于热分层和风压改变，低生产力海域扩大；② 变暖导致了初级生产力减少，以及渔获量减少。温度升高因其热膨胀严重影响副热带环流内的小岛国，风速减小、海温和分层增加使营养垂直输送减少，从而导致初级生产力和渔业资源量减少。北太平洋和南太平洋副热带环流自 1993 年扩张以来，海温增加导致关键大洋性渔业，如鲣、黄鳍金枪鱼、大眼金枪鱼和南太平洋长鳍金枪鱼分布发生改变。大量大洋性鱼类物种由于海水表面温度升高，太平洋将持续东移。副热带环流系统内主要的珊瑚生态系统很可能会在 21 世纪消失。

气候变化会使海洋渔业变得脆弱，并进一步对社会经济、粮食安全等产生较大影响。联合国政府间气候变化专门委员会专家预测，相比于 2005 年，2055 年的海洋渔业分布将发生较大的变化，高纬度地区海洋捕捞渔业平均增加 30%～70%，热带地区减少 40%。对热带沿海国、岛国或依赖渔业较高的国家而言，渔业生产力的下降会直接影响其国民生计和社会稳定。高纬度渔业生产力的增加，会增加部分国家的国民生产总值，为全世界提供更多的蛋白质来源，但高纬度渔业生产力的增加和低纬度渔业生产力的减少所产生的社会经济效益还有待于进一步评估。

第三节　全球气候变化与水产养殖业

一、全球气候变化对水产养殖业影响的概述

现在水产养殖占人类水产品消费的近50%，预计这一比例将进一步增加，来满足进一步需求。全球水产养殖集中在世界的热带和亚热带区域，亚洲内陆淡水产量占总产量的65%。大量的水产养殖活动发生在主要河流的三角洲。气候变化将对水产养殖业产生一系列影响，为此，在制定该行业适应战略时，必须了解气候变化（生物物理变化）带来的各项驱动因素、其影响途径、多变性和所带来的风险。

人们已经对可能给水产养殖业带来直接或间接影响的主要因素，以及这些影响的相关实证依据做了充分描述。这些因素包括水体变暖、海平面上升、海洋酸化、天气规律变化和极端天气事件。《政府间气候变化专门委员会第五次评估报告》（简称《第五次评估报告》）确定全球变暖及其对海洋、沿海和内陆水体的影响提供了相关实证。人们坚信，沿海系统和地势较低的地带将面临越来越严重的水淹、海水倒灌、沿海侵蚀和咸水入侵等风险的影响。沿海系统面临的风险最为严重。

每项因素及其对水产养殖业造成的影响之间的关联已经通过多次研究得到了粗略确定，其中一些已得到明确，其关联度强弱不一。例如，对海水中CO_2浓度升高的预测，以及所造成的酸化问题将对双壳类在生长和繁殖方面造成生理影响，可能会影响壳的质量。然而，气候变暖也会增加贝苗的附着和生长速度，扩大水产养殖的纬度范围，因此，气候变化也可能会带来好处。曾有水产养殖者和研究人员报告称，孵化场有大量牡蛎幼苗因水酸度升高而死亡。有关酸化对海洋有鳍鱼的影响仍需要开展更多研究，但胚胎和仔鱼似乎比稚鱼和成鱼对CO_2浓度升高更敏感，可能会产生亚致死影响，如生长速度放慢。人们已发现，气候造成的气温变化和生长速度、疾病易感性、产卵时间、生命周期特定阶段死亡率，以及对养殖过程的直接影响所造成的经济影响之间均存在关联。最后，极端天气事件会通过盐分和温度的变化对代谢反应产生影响，造成生理影响和更长期的生理变化。它还会造成各种社会经济影响，如从水产养殖场逃逸，对基础设施和其他生计资产造成破坏等。

气候变化也会对水产养殖业造成间接影响，主要通过直接影响饲料、种苗、淡水和其他投入物等，其中包括对鱼粉渔业、野生种苗源、大豆、玉米、稻米、小麦等陆地饲料源的影响。疾病可能是另一种间接影响。《第五次评估报告》认识到，在气候变化背景下，疾病对水产养殖业的威胁正在不断加大，很多研究人员已对气候变化对疾病在水产养殖生物中的传播和爆发，以及寄生虫和病原体分布情况的变化展开了研究。例如，弧菌是可能受气候变化严重影响的一种疾病，因为弧菌类喜欢生长在温暖（>15℃）、盐分较低（<25）的水体中。温带和寒带地区软体贝类中的弧菌爆发事件一直与气候变暖相关联。由于鱼和贝

类的养殖环境可以在一定范围内加以调节，尤其是在池塘或循环系统中，因此，要想通过人工调控环境来应对气候相关风险似乎是完全有可能的，尽管需要附加成本。然而，全球水产养殖业主要由中小规模养殖户主导，而他们对养殖系统的调控能力相对有限。

二、气候变化对各区域、各国家水产养殖业的脆弱性的影响

1. 对各区域、各国家水产养殖业的脆弱性的影响

《第五次评估报告》中的预测表明，热带生态系统在面对气候变化时表现出了较高的脆弱性，对以热带生态系统为生的社区造成了负面影响。到 21 世纪中期，气候变化将对亚洲的粮食安全造成影响，其中对南亚的影响最为严重。世界上近 90%的水产养殖活动都集中在亚洲，且多数集中在热带和亚热带。有一项研究曾采用 GIS 模型中的暴露程度、敏感度和适应能力等一系列指标，将孟加拉国、柬埔寨、中国、印度、菲律宾和越南确定为世界上最脆弱的国家。最近，另一项研究采用更先进的建模和数据再次进行了此项评估，得出的结论是，亚洲多数水产养殖国家都十分脆弱，但考虑到所有环境（淡水、半咸水和海洋）后，相比之下孟加拉国、中国、泰国和越南最为脆弱。在其他区域，哥斯达黎加、洪都拉斯和乌干达在淡水养殖类中属于 20 个最脆弱的国家类别，厄瓜多尔和埃及在半咸水养殖类中属于十分脆弱类别，而智利和挪威则在海水养殖类中属于脆弱类别。在这些脆弱性模型中，敏感度是通过水产养殖产量和对国内生产总值的贡献估计出来的，但对于那些水产养殖业刚刚起步，但潜力较大的国家而言，如非洲国家，研究人员则忽略了敏感度，又提出了相对脆弱性估计值。

2. 对各物种和各系统的脆弱性的影响

在设计渔民层面和地方层面机构和结构性适应战略时，可以采用几项不同的方法对各物种和系统的脆弱性进行评估。但最实用的方法可能是按地理因素对水产养殖活动进行分类，如内陆、沿海、干旱热带等，随后按养殖场密度和生产强度进行分类。对于同一地点、同一养殖物种而言，影响系统脆弱性的因素包括技术、养殖管理措施和区域管理。

贫困和小规模利益相关方与大型商业化相关方相比，在抓住机遇、应对威胁方面处于相对劣势。因此，应注重培养整体适应能力，支持贫困和小规模水产养殖户和价值链各行为方最大限度地利用新机遇，应对气候变化带来的挑战。

三、减少气候变化对水产养殖影响的国际行动

一些实用适应措施能有效地应对养殖场、地方、国家，甚至全球层面的气候多变性和气候趋势。有了这些措施，水产养殖户和其他当地相关方就能在应对长期变化/趋势和突发变化（如极端天气事件）方面发挥积极作用：开展水产养殖区划，以最大限度地降低风险（对于新开办的养殖场而言），向风险较小的地区搬迁（对于现有养殖场而言）；适当的鱼类健康管理；提高水资源利用效率、水资源循环利用、鱼菜共生等；提高饲喂效率，以降低对饲料资源的压力和依赖；开发更具适应能力的品种（如具备耐低 pH、

更具有耐盐性、具有生长速度快等特性的品种);保证鱼苗孵化生产优质、可靠,便于鱼苗之后在更艰苦的条件下生长,促进灾后恢复;改进监测和早期预警系统;强化养殖系统,包括改进养殖设施(如更牢固的网箱、深度可调节的网箱以适应水位上下变动、更深的养殖池)和管理措施;改进捕捞方法和增值活动。

有些国家已开始采取行动。例如,越南已采取行动选育耐盐性较好的鲇鱼品种,孟加拉国政府及其伙伴方正在探索各种方案,如采用耐盐性好的品种、加深养殖池、采用深度可调节的网箱、鱼和农作物混养等。

为监测1995年《负责任渔业行为守则》的实施情况,2015年FAO向成员国发放了一份专门针对水产养殖业的问卷。评估包括与机构气候变化适应方法和恢复力治理相关的各项内容(表7-1)。最新的评估凸显出了应对气候变化过程中机构和治理方面的多项弱点,尤其在水产养殖业尚处于起步阶段的地方。要想让各国政府在减缓气候变化风险方面做好防备,就必须首先充分了解该行业在地方和全国层面的脆弱性。这仍是一项全球性空白,应被视为一项重点工作,以加强防备,促进适应措施的开发。

表7-1 水产养殖问卷中有关为减少气候变化相关脆弱性而采取的各项措施的平均得分情况

项目	非洲	亚洲	欧洲	拉丁美洲及加勒比地区	近东	北美洲	西南太平洋	全球
国家数量	14	10	18	19	5	2	2	70
管理好气候变化相关风险的整体防备工作	1.7	2.7	2.9	1.6	2.6	3.5	3.0	2.3
应对灾害的整体防备工作	2.2	2.9	3.1	2.2	2.6	4.0	3.0	2.6
应对生产、环境和社会风险的水产养殖区划工作	2.6	3.0	2.6	2.4	3.0	3.5	4.0	2.5
发生灾害时政府为养殖场提供援助计划	2.3	1.9	1.1	1.3	2.0	0.0	1.5	1.2
养殖户能获得商业保险	1.3	1.3	1.1	1.3	0.3	0.0	1.0	0.8
已落实鱼类卫生管理	2.7	3.5	4.0	3.2	3.2	4.5	3.5	3.3
养殖户能获得机构信贷和小额贷款	2.8	1.3	1.2	1.5	2.5	0.0	1.0	1.2
已将水产养殖纳入沿海管理计划	2.8	3.7	2.9	2.5	2.6	3.5	3.5	2.6
已将水产养殖纳入集水区管理或土地利用开发计划	2.4	3.3	2.9	2.1	3.6	3.5	2.0	2.5
在水产养殖规划和发展过程中考虑到生态系统功能	2.4	3.8	3.6	2.6	2.4	4.0	3.0	2.9
已设立激励机制鼓励养殖户努力恢复生态系统服务和资源	1.8	2.7	1.7	1.8	2.0	4.0	3.0	1.5
已实施最佳管理措施(BMPs)	2.5	4.0	3.0	3.0	2.8	4.5	3.0	3.0

注:每项得分介于0分(不存在该项措施)~5分(已在全国各地确立、完全实施和落实该项措施)。

一项关键措施，即水产养殖区划，在全球范围内均十分薄弱，尤其是在水产养殖业尚处于起步阶段的地方。水产养殖设施的物理条件直接决定着对风险的暴露程度，从而也决定着其脆弱性。例如，选择养鱼网箱在沿海地区所在位置时，需要考虑的因素包括受天气事件的影响程度；水流变化或上游淡水突发涌入；长期趋势，如气温、盐分上升和氧气水平下降。

此类信息对于确定水产养殖区划和确定养殖场位置至关重要。在世界上很多地方，人们在决定内陆和沿海养殖池的空间分布时，考虑更多的是土地和水资源的获取是否方便，而不是避免外来威胁的影响。对于水产养殖业尚处于起步阶段的地区和国家而言，将气候变化和其他风险纳入空间规划和水产养殖区划工作是一项紧迫任务。在水产养殖系统已经难以搬迁的地区，基于风险的区域管理概念就变得至关重要。另外两项措施——灾害发生时的政府援助，以及农民对商业化保险的获取，在亚洲这个最为脆弱的区域和水产养殖主产区却极为有限。

鱼类疾病是导致水产养殖业遭受重大损失的常见原因之一，因此，充分的鱼类健康管理和生物安全工作对于该行业的恢复能力十分关键。在全球范围内，该项措施得分高于其他措施，说明其实施情况良好。然而，由于气候变化可能会提高疾病发生率及其产生的影响，必须进一步加强实施工作，尤其是在亚洲，水产养殖活动更加集中，单位面积内的养殖场密度较高。

一项得分极低的相关措施或“加选”措施是农民对机构信贷的获取。这可能是小规模养殖户在改善养殖条件和投资于加强气候应对能力的技术（如更加坚固的网箱、更深的养殖池、更好的水系统或改良品种）时所面临的主要障碍。

从得分中还可以看出，在将水产养殖纳入沿海区域和集水区管理计划方面所取得的进展十分有限。这会阻碍各方提高恢复能力，其他行业（如农业）的适应措施也可能对水产养殖业造成破坏（如调水工程、沿海海堤和道路）。

为生态系统功能相关考虑（如红树林保护）的实施和执行，以及为生态系统的恢复设立激励机制，两项的得分分别为“低”和“极低”。这突出表明，水产养殖用户和该行业发展规划人员有必要进一步了解气候变化背景下存在的各项威胁因素，以及生态系统服务对水产养殖获得长期成功所具有的重要性。

最佳管理措施（BMPs）也是一项“加选”措施，能提高养殖产品和养殖系统的恢复能力，其得分略高于前几项，是提高恢复能力的一项良好起点。然而，最佳管理措施应在更广泛的范围内加以评价，气候变化带来的威胁则应被纳入最佳管理措施，并加以调整。

四、未来展望

虽然在了解水产养殖业在面对气候变化时的脆弱性方面已取得了进展，但仍需要开展更多研究，以确定其中的驱动进程，并在此基础上开发替代性水产养殖的方法和措施。但决策和规划工作不能坐等知识进步，必须在现有知识的基础上积极应对主要挑战，制定适应战略来最大限度地降低面对气候变化时的脆弱性。很多措施都是水产养殖现有最佳措施中的一部分。因此，对于利益相关方而言，在大方向问题上不会带来重大改变，只需将重点更多地放在优先领域。例如，必须加大力度关注能更好地应对气候变化的水产养殖区划工作，确保将养殖场建在风险暴露程度低的地方，或促使位于高风险地区的养殖场采取应对措施（更深的养殖池，更具恢复能力的品种等）。

地方层面的一项实用适应措施是当地环境监测。水产养殖业对突发气候变化和长期趋势均极为敏感。但除了一些工业化水产养殖以外，目前几乎没有任何综合监测系统能为养殖户提供决策过程中可以利用的信息。长期收集简单数据（如鱼类行为、盐分、水温、透明度和水位）就能提供对决策非常有用的信息，尤其是在变化可能会带来严重后果的情况下。当地收集和共享的信息能帮助养殖户更好地了解生物物理过程，参与解决方案的寻找过程，如快速适应措施、早期预警、长期行为和投资变化等。为实施此类监测系统，需要开展的活动包括监测工作的价值和如何利用监测结果指导决策，为地方利益相关方提供培训。另外，还有必要建立一个简单的网络/平台，用于接受、共享和分析信息，与其他预报工作开展协调和相互连接，为地方利益相关方提供及时反馈。

第四节　全球气候变化与渔业供给的粮食安全

一、概述

传统上，渔业管理一直注重从就业、收入和出口各方面实现捕捞渔业收益的最大化，同时确保渔业资源的可持续性。但近年来，人们开始将注意力转向鱼作为食品和一种必要营养素来源的重要性，同时确保保护生态系统。开展气候变化影响海洋渔业下的脆弱性评价，能够识别出受气候变化危害最大的国家，粮食安全、就业和经济高度依赖渔业部门的国家，以及资源和社会能力有限的低适应能力国家，从而有助于采取措施以降低脆弱性。脆弱性评价在识别最需要采取措施的区域从而优先执行气候适应计划方面发挥着核心作用，且目前脆弱性评价已越来越受到决策者和学术界的重视。

自 2009 年首次对渔业开展全球脆弱性评价以来，许多学者在不同尺度上开展了渔业脆弱性评价。在国家水平上开展脆弱性评价能够识别出脆弱性最高的国家，从而为国家层面的政策响应和适应性管理策略提供指导。统计数据表明，2013 年全球鱼类、甲壳类和软体动物总产量中，57%的产量来自捕捞业，43%的产量来自水产养殖业。在 2013 年全球总捕捞量中，87%的捕捞量来自海洋水域，13%来自内陆水域。全球各国海洋捕捞量占总产量的比重差异显著，因此，尽管某些国家气候变化的脆弱性处于相同等级，但对不同国家粮食安全的影响程度不同。丁琪和陈新军（2017）运用对海洋渔业具有更直接和显著影响的 4 个环境指标：海表面温度异常（sea surface temperature anomalies)、紫外线辐射(UV radiation)、海洋酸化(ocean acidification)、海平面上升(sea surface rise),评估了各沿海国对气候变化的脆弱性。

二、全球渔业的脆弱性评价

丁琪和陈新军(2017)在国家尺度上评估了气候变化影响海洋渔业造成的国家粮食安全脆弱性,研究发现,气候变化下与海洋渔业相关的粮食安全脆弱性与国家发展状况关系密切。非洲、亚洲、大洋洲和南美洲的发展中国家脆弱性最高。脆弱性与适应性的相关性最高($R^2=0.64$),其次是敏感性($R^2=0.57$),而脆弱性与暴露度的相关性较低($R^2=0.42$)(表7-2)。在27个高脆弱性国家中,23个国家也属于高敏感性国家。与脆弱性相关性最高的自变量是人类发展指数HDI($R^2=0.64$),之后是全球治理指数($R^2=0.50$)和出生时的预期寿命($R^2=0.49$)(表7-2)。这表明,发展水平越高、治理能力越强和人口寿命越长的国家,其受气候变化造成的粮食安全风险越小。

表7-2　各指标预测气候变化影响下国家粮食安全脆弱性的决定系数

指　　标	R^2 值
暴露度	0.42
海表面温度异常	0.07
海洋酸化	0.26
紫外线辐射	0.09
海平面上升	0.19
敏感性	0.57
食物依赖度	0.31
就业依赖度	0.30
经济依赖度	0.26
适应性	0.64
人均GDP	0.46
出生时的预期寿命	0.49
全球治理指数	0.50
人类发展指数HDI	0.64

海洋渔业面对气候冲击时的粮食安全脆弱性是暴露度、敏感性和适应性综合作用的结果,欧洲国家具有较低的暴露度和敏感性,以及较高的适应能力,因此,欧洲未出现气候变化的高脆弱性国家。冰岛对气候变化的高敏感性主要因为其海洋渔业对国家GDP具有较高的贡献率。保加利亚、希腊、冰岛和罗马尼亚的中等暴露度被其较低的渔业依赖度和较高的适应能力所补偿,使得这些国家的脆弱性处于低或极低水平。

北美洲国家的海洋渔业依赖度相对较低,高敏感性国家未出现在北美洲。巴巴多斯、多米尼加共和国,以及特立尼达和多巴哥的中等适应性(具有相对较高的出生时的预期寿命、全球治理指数和经济发展水平）部分抵消了其高暴露度。洪都拉斯的极低适应性和中等暴露度导致其具有中等脆弱性。此外，还有7个北美洲国家也具有中等脆弱性，但造成各国脆弱性的潜在因素不同。古巴、牙买加，以及圣文森特和格林纳丁斯具有中等脆弱性主要是因为其高暴露度和严重依赖海洋渔业提供就业机会；而伯利兹、洪都拉斯和尼加拉瓜具有中等脆弱性则主要由其较高暴露度水平下的低水平人均GDP所导致。

高暴露度、高敏感性（主要由于高就业依赖度）和极低适应性导致南美洲的圭亚那具有高脆弱性。尽管委内瑞拉也处于高暴露度，但低敏感性和中等适应性使其气候变化的脆弱性处于中度等级。秘鲁海洋渔业产值占其国家GDP的11%，这导致秘鲁具有高敏感性。

非洲国家大多处于高脆弱性等级。丁琪和陈新军（2017）的研究认为，在27个高脆弱性国家中，15个来自非洲。在研究包含的109个国家中，毛里塔尼亚和莫桑比克的脆弱性最高。非洲国家的高脆弱性主要是因为其高水平的暴露度和渔业依赖度，以及低水平的适应能力。非洲国家严重依赖海洋渔业提供就业机会、创造收入和供应食物。例如，几内亚比绍海洋渔业从业人数占经济活动人口总数的59%；毛里塔尼亚海洋渔业产值占其国家GDP的23%；刚果民主共和国人均动物蛋白日摄入量仅为4.3 g，而38%的动物蛋白来自鱼类。此外，在27个极低适应性国家中，20个位于非洲。

多个亚洲国家，如孟加拉国、柬埔寨、马尔代夫、菲律宾、越南、泰国和印度尼西亚处于高脆弱等级。在上述国家中，孟加拉国、柬埔寨、马尔代夫、菲律宾、越南高度依赖海洋渔业提供就业机会、创造收入和供应动物蛋白。在25个亚洲国家中，10个国家具有高暴露度，而塞浦路斯和以色列的高暴露度被其低渔业依赖性和高适应性所部分抵消。

除新西兰以外，其他大洋洲国家的暴露度均处于相对较高的等级。澳大利亚的高暴露度被其极低的敏感性和高适应性所补偿。但是，斐济、萨摩亚、所罗门群岛和瓦努阿图具有高暴露度，且上述国家高度依赖海洋渔业提供蛋白质和生计来源，而适应能力较弱。

三、展望

掌握气候变化影响海洋渔业对哪些国家产生重大的社会影响，以及造成其气候变化脆弱性的原因为指导未来研究和制定降低气候变化脆弱性的措施提供了非常有用的切入点。研究发现，气候变化造成的国家粮食安全脆弱性（渔业相关）与国家发展状态密切相关，非洲、亚洲、大洋洲和南美洲的发展中国家脆弱性最高。对于气候变化影响海洋渔业造成粮食安全脆弱性最高的国家，非洲国家（佛得角、冈比亚、几内亚、几内亚比绍、毛里塔尼亚和塞内加尔）、亚洲国家（马尔代夫）、大洋洲国家（斐济、萨摩亚、所罗门群岛和瓦努阿图）和南美洲国家（圭亚那）高度依赖海洋渔业以满足其人口对营养的需求，其国内水产品产量作为鱼类蛋白供应的主要来源，且其海洋捕捞量占总产量的

85%以上。

适应性对于降低粮食安全风险具有重要作用，具有高适应性的国家受环境波动的影响较小，且能够更好地把握机会确保国家粮食安全。脆弱性指数与人类发展指数、全球治理指数和出生时的预期寿命关系密切，因此，从发展上述 3 个方面入手制定的促进粮食安全政策可能获得的受益最大。具体措施包括加大对教育的投资，改善治理水平，降低贫困，以及提高渔民的适应能力和健康水平。

稳固水产品贸易、粮食生产和粮食安全的政策通常在国家水平上制定和实施，因此，在国家水平上开展脆弱性评估具有重要意义。丁琪和陈新军(2017)在全球范围内首次系统地评估了全球 109 个国家海洋渔业面对气候冲击时的粮食安全脆弱性。研究表明，非洲、亚洲、大洋洲和南美洲的发展中国家脆弱性等级最高，且造成各国高脆弱性的因素显著不同。在气候变化影响海洋渔业造成粮食安全高度脆弱的国家中，超过 2/3 的国家以海洋渔业作为其水产品供应的主要来源。制定适宜的适应策略和管理措施以降低气候变化的影响，对于维持具有高脆弱性且高度依赖海洋渔业的国家粮食安全具有极为重要的意义。开展气候变化影响海洋渔业下的脆弱性评价，获得气候变化下的高脆弱性国家，对于采取适宜的管理措施以减弱气候变化的影响，从而促进国家粮食安全具有极为重要的意义。

主要参考文献

《当代中国》丛书编委会. 1991. 当代中国的水产业[M]. 北京：当代中国出版社.

《中国农业百科全书》总编委会. 1994. 中国农业百科全书-水产卷[M]. 北京：中国农业出版社.

《中国渔业经济》编委会. 1993~2006. 中国渔业经济(双月刊)[J]. 北京：中国渔业经济杂志社.

《中国渔业资源调查和区划》编委会. 1990. 中国海洋渔业资源[M]. 杭州：浙江科学技术出版社.

《中国渔业资源调查和区划》编委会. 1990. 中国内陆水域渔业区划[M]. 杭州：浙江科学技术出版社.

包特力根白乙,冯迪. 2008. 中国渔业生产：计量经济模型的构建与应用[J]. 中国渔业经济,26(3)：26-30.

曾省存,刘飞,刘明波,等. 2011. 中国渔业保险现状分析和发展模式探索[J]. 中国渔业经济,29(3)：36-47.

陈曦,陈秀霞,陈强,等. 2012. 海洋生物活性物质研究简述[J]. 福建农业科技,(2)：83-86.

陈新军. 2004. 渔业资源可持续利用评价理论和方法[M]. 北京：中国农业出版社.

陈新军. 2014. 渔业资源经济学[M]. 北京：中国农业出版社.

陈新军,刘金立,官文江,等. 2014. 渔业资源生物经济模型研究及应用进展[J]. 上海海洋大学学报,23(4)：608-617.

陈新军,周应祺. 2018. 渔业导论(修订版)[M]. 北京：科学出版社.

丁培峰. 2016. 水产食品加工技术[M]. 北京：化学工业出版社.

丁琪,陈新军. 2017. 基于渔获统计的全球海洋渔业资源可持续利用评价. 北京：科学出版社.

董双林,田相利,高勤峰. 2017. 水产养殖生态学[M]. 北京：科学出版社.

冯源. 2019. 发酵工程在功能性食品中的应用研究[J]. 生物化工,5(2)：140-142.

冯志哲. 2001. 水产品冷藏学. 北京：中国轻工业出版社.

付万冬,杨会成,李碧清,等. 2009. 我国水产品加工综合利用的研究现状与发展趋势[J]. 现代渔业信息,24(12)：3-5.

甘晖. 2014. 几种常见的传统水产调味料的制作方法[J]. 科学养鱼,(6)：76-77.

高福成. 1999. 新型海洋食品[M]. 北京：中国轻工业出版社.

郭思亚,张龙翼,廖秀清,等. 2018. 国内外水产品加工技术研究进展[J]. 四川农业科技,(1)：61-63.

何珊,陈新军. 2016. 渔业管理策略评价及应用研究进展[J]. 广东海洋大学学报,36(5)：29-39.

胡阳,蔡慧农,陈申如. 2014. 烟熏鳗鱼的工艺技术[J]. 食品工业科技,35(22):290-293.
黄硕琳. 1993. 海洋法与渔业法规[M]. 北京:中国农业出版社.
纪家笙,黄志斌,杨运华,等. 1999. 水产品工业手册[M]. 北京:中国轻工业出版社.
姜英杰. 2011. 冷冻鱼糜及鱼糜制品生产工艺技术[J]. 肉类工业,(10):12-14.
焦晓磊,罗煜,苏建,等. 2016. 水产品加工和综合利用现状及发展趋势[J]. 四川农业科技,(10):44-47.
金显仕,窦硕增,单秀娟,等. 2015. 我国近海渔业资源可持续产出基础研究的热点问题[J]. 渔业科学进展,(1):124-131.
康伟. 2014. 海洋生物活性物质发展研究[J]. 亚太传统医药,10(3):47-48.
李健华. 2006. 落实科学发展观 构建健康发展的水产养殖业[J]. 中国渔业经济,(1):4-8.
李可心,朱泽闻,钱银龙. 2012. 国家水产技术推广机构指导并联合渔业合作经济组织开展技术推广服务的分析与探讨[J]. 中国水产,(1):34-36.
李来好. 2001. 水产品质量保证体系(HACCP)建立与审核[M]. 广州:广东经济出版社.
李人光,姜永新,姜瑞勇,等. 2009. 大型海藻作为饲料的综合利用技术[J]. 科学养鱼,(10):64-65
李文抗,孙国兴,李树德,等. 2003. 天津市渔业技术进步贡献率测算及增长对策分析[J]. 中国渔业经济,(s1):28-30.
李雅飞. 1996. 水产食品罐藏工艺学[M]. 北京:中国农业出版社.
梁慧刚,汪华方. 2010. 全球绿色经济发展现状和启示[J]. 新材料产业,(12):27-31.
梁仁君,林振山,任晓辉. 2006. 海洋渔业资源可持续利用的捕捞策略和动力预测[J]. 南京师大学报(自然科学版),29(3):108-112.
林光纪. 2008. 渔业公共资源管理的制度经济学探讨[J]. 渔业研究,(3):1-6.
林光纪. 2012. 重构我国渔业捕捞准入制度的理论探讨[J]. 渔业研究,34(2):163-170.
林洪,张瑾,熊正河. 2001. 水产品保鲜技术[M]. 北京:中国轻工业出版社.
刘学浩. 1982. 水产品冷加工工艺[M]. 北京:中国展望出版社.
吕沛峰,高彦祥,毛立科,等. 2017. 微胶囊技术及其在食品中的应用[J]. 中国食品添加剂,(12):166-174.
苗笑雨,谷大海,程志斌,等. 2018. 超临界流体萃取技术及其在食品工业中的应用[J]. 食品研究与开发,(5):209-218.
闵宽洪. 2006. 我国休闲渔业发展浅析[J]. 中国渔业经济,(4):21-23.
慕永通. 2004. 个别可转让配额理论的作用机理与制度优势研究[J]. 中国海洋大学学报(社会科学版),(2):10-17.
农业部. 2006. 全国渔业发展第十一个五年规划(2006—2010年)[R]. 北京.
农业部. 2011. 全国渔业发展第十二个五年规划(2011—2016年)[R]. 北京.
农业农村部渔业管理局. 2018. 中国渔业统计年鉴[M]. 北京:中国农业出版社.

潘文强. 2019. 膜分离技术在食品饮料行业中的应用[J]. 清洗世界,35(3):56-57.
钱坤,郭炳坚. 2016. 我国水产品加工行业发展现状和发展趋势[J]. 中国水产,(6):48-50.
钱名全. 2003. 水产品的冻制、腌制和干制加工[J]. 渔业致富指南,(17):20-22.
邱采奕. 2019. 超临界流体萃取技术及其在食品中的应用[J]. 科技经济导刊,27(2):149-151.
邱澄宇. 2011. 水产品加工新技术与营销[M]. 北京:金盾出版社.
曲福田. 2011. 资源与环境经济学[M]. 北京:中国农业出版社.
舒展. 2019. 超临界流体萃取油品的工艺研究进展[J]. 广东化工 ,46(5):144-145.
宋利明. 2017. 渔具测试[M]. 北京:中国农业出版社.
孙满昌等. 2004. 渔具选择性[M]. 北京:中国农业出版社.
孙美. 2018. 超高压技术在食品加工中的应用分析[J]. 食品安全导刊,(36):131.
孙翔宇,魏琦峰,任秀莲. 2018. 虾、蟹壳中甲壳素/壳聚糖提取工艺及应用研究进展[J]. 食品研究与开发,39(22):214-219.
孙哲朴,刘辉,武欣雨,等. 2019. 褐藻胶寡糖制备和生物活性的研究进展[J]. 食品工业,40(2):284-289.
汤定明. 2008. 烟熏技术在肉制品加工中的应用[J]. 农村新技术,(4):37-39.
唐道邦,夏延斌,张滨. 2004. 肉的烟熏味形成机理及生产应用[J]. 肉类工业,(2):12-14.
唐启升,陈镇东,余克服,等. 2013. 海洋酸化及其与海洋生物及生态系统的关系[J]. 科学通报,(14):1307-1314.
唐启升,丁晓明,刘世禄,等. 2014. 我国水产养殖业绿色、可持续发展保障措施与政策建议[J]. 中国渔业经济,(2):5-11.
唐启升,丁晓明,刘世禄,等. 2014. 我国水产养殖业绿色、可持续发展战略与任务[J]. 中国渔业经济,(1):6-14.
唐启升,刘慧. 2016. 海洋渔业碳汇及其扩增战略. 中国工程科学,(3):68-73.
唐启升,水产养殖业可持续发展战略研究课题组. 2012. 水产养殖业可持续发展战略研究. 中国家禽,34(11):13-15.
汪之和. 2003. 水产品工业与利用[M]. 北京:化学工业出版社.
王辰龙,吴翔,徐宏青. 2018. 辐照技术在食品中的应用及研究进展[J]. 安徽农业科学,46(8):23-25.
王从军,陈新军,李纲. 2013. 东、黄海鲐鱼生物经济社会综合模型的优化配置研究[J]. 上海海洋大学学报,22(4):623-628.
王武. 2000. 鱼类增养殖学[M]. 北京:中国农业出版社.
王锡昌,汪之和. 1997. 鱼糜制品加工技术[M]. 北京:中国轻工业出版社.
王雅丽,陈新军,李纲. 2011. 基于贴现率的东黄海鲐鱼动态生物经济模型分析[J]. 资源科学,33(11):2157-2161.
王雅丽,陈新军,李纲. 2012. 东黄海鲐鱼渔业资源租金初探[J]. 上海海洋大学学报,21(6):1046-1052.
韦余芬. 2017. 水产品加工行业发展现状分析[J]. 农技服务,34(10):147.
魏友海,张明. 2018. 依靠水产种业创新 促进水产养殖业绿色发展[J]. 科学养鱼,(7),13-16.
吴斌,王海华,刁宏斌. 2016. 中国淡水渔业碳汇强度估算[J]. 生物安全学报,25(4):308-312.
许柳雄. 2004. 渔具理论与设计学[M]. 北京:中国农业出版社.
薛长湖,翟毓秀,李来好,等. 2016. 水产养殖产品精制加工与质量安全发展战略研究[J]. 中国工程科学,(3):43-48.
杨春瑜,柳双双,梁佳钰,等. 2019. 超微粉碎对食品理化性质影响的研究[J]. 食品研究与开发,40(1):220-224.
杨徽. 2011. 基于超高压技术的虾脱壳工艺与品质检测研究[D]. 杭州:浙江大学.
杨文鸽,傅春燕,徐大伦,等. 2010. 电子束辐照对美国红鱼杀菌保鲜效果的研究[J]. 核农学报,24(5):991-995.
杨英. 2019. 微波技术对食品营养成分的影响研究[J]. 云南化工,46(2):91-92.
杨再良. 2018. 食品行业中发酵工程的应用[J]. 食品安全导刊,(33):152-154.
杨正勇. 2006. 我国海洋渔业资源管理中个体可转让配额制度交易成本的影响因素分析——Williamson 的视角[J]. 海洋开发与管理,23(6):150-153.
杨正勇,李晟. 2008. 捕捞业可持续发展之管见[J]. 农业经济与管理,(5):19-23.
姚震,骆乐. 2001. 渔业制度变迁对渔业生产率贡献的分析[J]. 中国渔业经济,(6):16-17.
叶桐封. 1991. 淡水鱼加工技术[M]. 北京:中国农业出版社.
余秀宝,李璇. 2012. 我国渔业捕捞行政许可问题探讨[J]. 法治论坛,(1). 195-205.
俞静芬,朱满达,凌建刚,等. 2011. 紫菜加工研究进展. 农产品加工(创新版),(2):78-80.
袁新华,李彩艳,缪为民. 2008. 我国渔业经济增长的制度经济学分析[C]. 中国水产科学研究院. 2008 中国渔业经济专家论坛论文集. 北京.
张波,孙珊,唐启升. 2013. 海洋捕捞业的碳汇功能[J]. 渔业科学进展,(1):70-74.
张广文,陈新军,李纲. 2009. 东黄海鲐鱼生物经济模型及管理策略探讨[J]. 上海海洋大学学报,18(4):447-452.
张广文,陈新军,李纲. 2010. 渔业资源生物经济模型研究现状[J]. 海洋湖沼通报,(3):10-16.
张广文,陈新军,李思亮,等. 2010. 基于多船队作业的东、黄海鲐鱼生物经济模型及管理策略[J]. 资源科学,32(8):1627-1633.

张龙,刘晓燕. 2012. 盐酸法提取鳗鱼骨钙的工艺研究[J]. 食品研究与开发,33(8):95-97.

张路遥. 2013. 淡水鱼罐头低热强度杀菌技术研究[D]. 无锡:江南大学.

张欣. 2012. 自然禀赋、技术进步与沿海地区渔业经济增长[J]. 科技管理研究,(19):73-77.

张叶,张国云. 2010. 绿色经济[M]. 北京:中国林业出版社.

浙江省海洋与渔业局. 2005. 水产加工[M]. 杭州:浙江科学技术出版社.

周井娟. 2008. 沿海地区渔业现代化水平评价指标体系研究[J]. 农业经济与管理,(2):15-20.

周琼,周劼,段金荣,等. 2012. GIS 技术在渔业领域的应用研究[J]. 生物灾害科学,(3):249-253.

周应祺. 2000. 渔具力学[M]. 北京:中国农业出版社.

周应祺. 2010. 渔业导论[M]. 北京:中国农业出版社.

周应祺. 2012. 应用鱼类行为学[M]. 北京:科学出版社.

朱玉贵,赵丽丽,刘燕飞. 2009. 海洋渔业资源可持续利用研究[J]. 中国人口·资源与环境,108(2):170-173.

Allmon WD. 1992. A causal analysis of stages in allopatric speciation[J]. Oxford Surveys in Evolutionary Biology, 8: 219-257.

Alltech. 2015. Global Feed Survey[R]. Nicholasville Kentucky USA.

Aoki I, Inagaki T, Mitani I, et al. 1989. A prototype expert system for predicting fishing conditions of anchovy off the coast of Kanagawa Prefecture[J]. Nsugaf, 55(10): 1777-1783.

Astudillo MF, Thalwitz G, Vollrath F. 2015. Modern analysis of an ancient integrated farming arrangement: life cycle assessment of a mulberry dyke and pond system[J]. International Journal of Life Cycle Assessment, 20(10): 1387 - 1398.

Bartsch J, Brander K, Heath M, et al. 1989. Modelling the advection of herring larvae in the North Sea[J]. Nature, 340(6235): 632-636.

Bartsch J. 1988. Numerical simulation of the advection of vertically migrating herring larvae in the North Sea[J]. Meeresforschung /Reports on Marine Research, 32: 30-45.

Borgogna M, Bellich B, Zorzin L, et al. 2010. Food microencapsulation of bioactive compounds: Rheological and thermal characterisation of non-conventional gelling system [J]. Food Chemistry, 122(2): 416-423.

Burgess MG , Clemence M , Mcdermott GR , et al. 2016. Five rules for pragmatic blue growth [J]. Marine Policy, 87.

Deangelis DL, Cox DK, Coutant CC. 1979. Cannibalism and size dispersal in young-of-the-year largemouth bass: experiment and model[J]. Ecol Modelling, 8: 133-148.

Edwards P. 2015. Aquaculture environment interactions: Past, present and likely future trends [J]. Aquaculture. Elsevier B. V. , 447: 2 - 14.

Edwards P. 2008a. Rural aquaculture: from integrated carp polyculture to intensive monoculture in the Pearl River Delta, South China[J]. Aquaculture Asia Magazine, (6), 3 - 7.

Edwards P. 2008b. The Changing Face of Pond Aquaculture in China[J]. Global Aquaculture Advocate, (9/10). 77 - 80.

Ehlers P. 2016. Blue growth and ocean governance—how to balance the use and the protection of the seas[J]. WMU Journal of Maritime Affairs, 15(2): 1 - 17.

FAO. 2010. The State of World Fisheries and Aquaculture - 2010[R]. Rome

FAO. 2012. The State of World Fisheries and Aquaculture - 2012[R]. Rome.

FAO. 2014. The State of World Fisheries and Aquaculture - 2014[R]. Rome.

FAO. 2016. The State of World Fisheries and Aquaculture - 2016[R]. Rome.

FAO. Blue growth — the release of marine development potential[EB/OL]. http://www. fao. org/zhc/detail-events/zh/c/234287, 2017 - 8 - 17.

FAO. Blue Growth Initiative[EB/OL]. http://www. fao. org/3/a-mk541c/mk541c02. pdf, 2017 - 8 - 17.

FAO. 1957. Modern fishing gear of the world I[N]. Fishing News. 1959.

FAO. 1963. Modern fishing gear of the world II[N]. Fishing News. 1965.

FAO. 1970. Modern fishing gear of the world III[N]. Fishing News. 1973.

FAO. 1988. Proceeding of Fishing gear and Fishing vessels Design of the World. St. Johns[R]. Cananda.

Fernάndez-Macho J, GonzάlezP, et al. 2016. An index to assess maritime importance in the European Atlantic economy[J]. Marine Policy, (64): 72 - 81.

Fernάndez-Macho J, Murillas A, Ansuategi A, et al. 2015. Measuring the maritime economy: Spain in the European Atlantic Arc[J]. Marine Policy, 60: 49 - 61.

Greenpeace. 2017. An investigation report into China's marine trash fish fisheries[R]. Beijing.

Hilborn R, Costello C. 2017. The potential for blue growth in marine fish yield, profit and abundance of fish in the ocean[J]. Marine Policy, (5): 1 - 6.

Keen M R, Schwarz A M, Wini-Simeon L. 2017. Towards defining the Blue Economy: Practical lessons from pacific ocean governance[J]. Marine Policy, 3(2): 1 - 10.

Moore F, Lamond J, Appleby T. 2016. Assessing the significance of the economic impact of Marine Conservation Zones in the Irish Sea upon the fisheries sector and regional economy in Northern Ireland[J]. Marine Policy, 74: 136 - 142.

Mulazzani L, Trevisi R, et al. 2016. Blue Growth and the relationship between ecosystem services and human activities: The Salento artisanal fisheries case study[J]. Ocean & Coastal Management, 134: 120 - 128.

Patil PG, Virdin J, Diez SM, et al. 2016. Toward a Blue Economy: A Promise for Sustainable Growth in theCaribbean[M]. World Bank, Washington, DC.

Pauli G A. 2010. The Blue Economy: 10 Years, 100 Innovations, 100 Million Jobs[M]. Paridigm Publications.

She J, Allen I, Buch E, et al. 2016. Developing European operational oceanography for Blue Growth, climate change adaptation and mitigation, and ecosystem-based management[J]. Ocean Science, 12(4): 953－976.

Valdemarsen JW, 2001. Technological trends in capture fisheries[J]. Ocean & Coastal Management, 44: 635 - 651.